KB168289

아이디어부터 특허까지

세상에서 가장 쉬운 발명교과서

이 책은 '2006 청소년산업기술체험캠프'에 참여한 청소년들이
발명품을 만들기까지의 과정을 이야기 형식으로 재구성한 것입니다.
내용 전개상 구성과 등장인물 중 일부는 창작되었음을 밝힙니다.

아이디어부터 특허까지

세상에서 가장 쉬운 발명 교과서

이창욱 외 12인 발명 | 이언영 구성 | 한민구(전 서울대 공대 학장) 감수

해냄

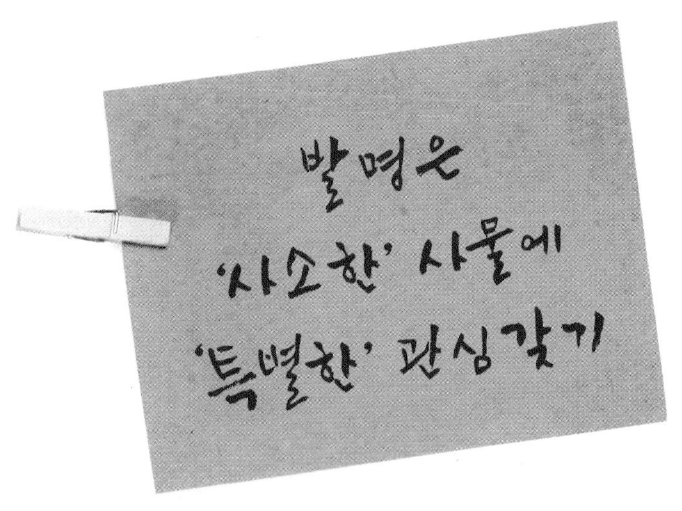

1985년 중학교 2학년 겨울방학, 내게 특별한 기회가 찾아왔습니다. 과학영재교육 프로그램에 한 달가량 참가하게 된 것이지요. 서울 시내에 있는 중학교에서 한 명씩 선정된 우리들은 교과서에서 글과 그림으로만 접하던 과학을 실험을 통해 오감으로 접하는 경험을 하게 되었습니다. 트렌지스터 라디오 회로를 만들던 날, 마지막 회로를 연결하는 순간 귀에 들리던 음악 소리에 쿵쾅쿵쾅 물색없이 뛰던 내 심장 소리의 기억이 새삼스럽습니다.

그해 겨울방학이 끝나갈 무렵, 과학이라는 과목은 내게 더 이상 지루하고 까다로운 과목이 아니었습니다. 암기 과목은 더더욱 아니었습니다. 고백컨대, 과학 과목의 성적이 상당히 높았던 당시 내가 과학 과목을 공부하는 방법은 '단순 암기' 였답니다.

20년이 훌쩍 넘은 그날의 기억을 떠올린 건 이 책을 집필하기로 하고 출판사 담당자와 이야기를 나누던 자리에서였습니다. 까마득히 잊고 살았던 청소년 시절의 소중한 기억은 이 책에 소개될 아이들을 만나는 순간에도, 자료 수집을 위해 도서관 서고를 뒤지면서도, 또 원고를 써 내려가는 순간에도 늘 나와 함께 했습니다.

이제, 지면으로 만나볼 주인공들은 내가 특별한 프로그램을 통해서야 깨달았던 '과학하기'의 참 의미를 이미 머리로, 가슴으로, 온몸으로 받아들인 아이들이었습니다. 이 아이들에게 과학이

나 발명은 결코 먼 나라 이야기이거나 특별한 누군가가 해내는 위대한 과업이 아닙니다. 과학과 발명은 생활 속의 크고 작은 불편을 개선하려는 '남보다 조금 더 적극적인' 반응일 뿐입니다.

또한 아이들은 자신들의 생각을 실제로 구체화시키는 과정에서 겪어야 하는 실패의 기억조차 더 큰 사람으로 성장하는 훌륭한 자양분임을 스스로 깨달아가고 있었습니다. 그리하여 마침내 머릿속에서 맴돌던 생각이 부피와 무게를 갖는 실물로 자신 앞에 놓이는 순간, 아이들의 심장이 얼마나 쿵쾅거렸을지 나는 감히 짐작할 수 있습니다. 확신하건대, 20여 년 전 트렌지스터 라디오의 마지막 회로를 연결하던 때 뛰었던 내 심장 박동보다 몇 배는 더 큰 쿵쾅거림이었을 겁니다.

필요는 발명의 어머니라고 합니다. 나는 여기에 한 가지를 더 붙이고 싶습니다. 불편은 발명의 아버지라고. 필요와 불편을 발견해내는 데에서 과학과 발명은 출발합니다. 그리고 그 발견은 다름아닌 대상에 대한 관심과 관찰에서 비롯됩니다. '사소한' 사물에 대해 '특별한' 관심 갖기, 바로 과학의 시작이요 발명의 출발점이 아닐까 생각합니다. 그리고 이 책이 이 땅의 아이들과 부모님에게 과학과 발명에 대해 특별한 관심을 갖게 되는 불씨가 되었으면 하는 바람입니다.

2007년 봄

이언영

발명은 창조적 리더를 기르는 지름길이다

날이 갈수록 아이들 키우기가 더욱 힘들어집니다. 자식을 훌륭하게 키우는 것은 옛날이나 지금이나 변함없는 부모의 소원일 텐데, 점점 그 길이 멀고 어려워만 보입니다. 좋은 대학, 좋은 직업을 갖기 위해 이제는 초등학교 때부터 혹은 그 이전부터 특별 훈련을 받지 않으면 안 될 것처럼 야단입니다.

하지만 대학에 있는 필자가 본 요즘 학생들은 어찌된 일인지 그런 것 없이 자랐던 옛날 제자들보다 기초 학력이 떨어집니다. 순간순간 정답을 찾는 능력이나 남이 이루어놓은 모범답안을 찾는 데는 능숙하지만 스스로 사고하고 해법을 만드는 데는 익숙하지 않은 것입니다.

21세기를 지식정보사회라고 합니다. 지식정보사회의 리더는 단순히 남보다 많은 지식을 갖고 있고, 시험 성적이 우수한 사람이 아닙니다. 스스로 정보를 만들어내고, 흘러넘치는 정보를 잘 살펴 모두에게 이득이 되는 방향으로 해석하고, 창조할 수 있는 사람입니다. 그러한 리더가 되기 위해 필요한 교육은 과연 무엇일까요?

여기 열세 명의 청소년들이 자신들이 겪은 생활의 불편을 개선해보고자 지난 1년간 대학연구실에서 연구하고, 직접 만들어본 체험현장의 소중한 기록이 있습니다. 학교에서 배운 과목을 단순히 시험을 보기 위해 외우고 잊어버린 학생들이 아니라, 배운 것을 생활에 적용해 새롭게 창조해나가는 과정을 거친 청소년들입니다. 필자는 이 책을 보면서 대한민국의 미래는 아직 밝다는 가능성을 새삼 품어보았습니다.

자신이 알고 있던 조그만 과학 원리에 창의력을 발휘해서 새로운 것을 고안해내는 능력은 앞으로 훌륭한 벤처기업가, 세계 초일류 기업의 CEO, 노벨상 수상 연구자 등으로 열매를 맺을 수 있습니다.

여러분도 이 책을 읽으며, 이런 생활의 불편을 자신이 알고 있던 지식을 바탕으로, 스스로의 노력으로 개선해가는 과정을 간접 경험해보고, 앞으로의 삶에 적용해보기 바랍니다. 그리고 정부나 대학, 기업 등 여러 곳에서 시행하는 다양한 사업들에 적극적으로 참여해보십시오. 여러분이 창조적 리더가 되는 지름길이 될 것입니다.

마지막으로 청소년산업기술체험캠프 사업수행 및 도서 제작을 위해 애써주신 산업자원부와 한국산업기술재단에도 과학기술인을 대표하여 감사드립니다. 앞으로도 21세기 대한민국을 이끌어 갈 보다 우수한 공학인의 배출을 위해 다양한 사업과 프로그램 운영을 위해 애써주시길 부탁드립니다.

2007년 봄

한민구(전 서울대 공대 학장)

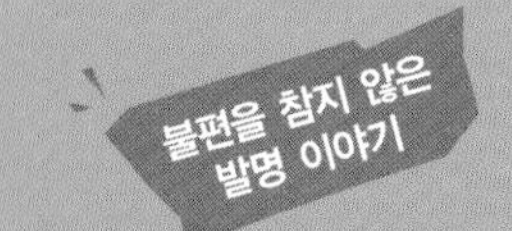

순간의 반짝 아이디어로 탄생한 커터칼

오늘날 전 세계적으로 사용되는 커터칼은 사실 일본의 한 평범한 직공의 업무 개선을 위한 노력으로 탄생되었다. 전자회사에서 일하던 오모는 얇은 전자 석판에 쓰이는 가공지를 자르는 일을 하고 있었다. 그가 쓰던 칼날은 금세 무뎌지기 일쑤였기 때문에 칼날을 강제로 부러뜨려 쓰고 있었다. 하지만 그것도 쉽지 않았다.
'칼날을 좀더 쉽게 자를 수는 없을까?' 고민하던 그는 어느 날 우체국에 갔다가 우표들이 수많은 바늘 구멍으로 서로 연결되어 있어 쉽게 잘린다는 사실을 알게 되었다. '그래, 칼날에도 이렇게 일정한 간격을 두고 자름선을 넣자'고 생각한 그는 곧 작업용 칼로 다른 칼날에 자름선을 넣은 후 책상에 대고 잘라보았다. 결과는 대성공이었다. 회사에서는 그의 아이디어를 적용한 칼날을 제작해 판매했다.

PART 1
불편한 건 못 참아!

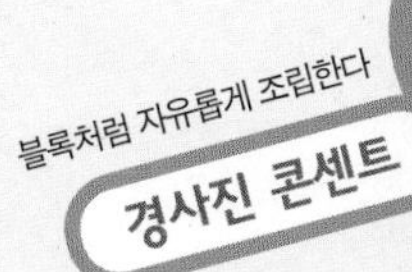

누구나 아는 원리?
부뚜막의 소금도
집어넣어야 짠 법!

현관문을 고정시키고 싶을 때 어떻게 하세요? 흔히 문 아래쪽에 있는 고정 장치를 세워두지요. 마치 말의 발굽처럼 생겼다고 해서 '말발굽'이라고 한답니다. 그런데 이 말발굽은 사용하기에 불편할 때가 종종 있어요.

문 아래쪽에 있으니 발로 올렸다 내렸다 하면 좋은데 그게 쉽지 않거든요. 어디 그뿐인가요. 이 말발굽이란 녀석은 끝이 고무로 되어 있는데 시간이 흐르면 고무 표면이 닳아서 제 기능을 못하게 된다는 문제도 있답니다.

창욱이도 말발굽 때문에 불편을 겪었던 경험이 있어요. 평소 불편을 개선하는 일에 관심이 많았던 창욱이는 좀더 편리한 현관문 고정 장치를 개발하겠다고 팔을 걷어붙였답니다.

'분명 뭔가 새로운 방법이 있을 거야.'

그리고 마침내 획기적인 말발굽을 발명하게 되었답니다. 창욱이의 새로운 말발굽. 어때요, 궁금하지 않나요?

창욱이네 집 미운 오리 새끼

창욱이네 집에는 미운 오리 새끼가 한 마리 있었어요. 도심 한복판, 그것도 고층 아파트에 웬 오리냐고요? 물론, 진짜 오리는 아니었죠. 창욱이네 가족에게 미운 털이 제대로 박혔던 미운 오리 새끼는 바로 현관문 고정 말발굽이었답니다. '현관문 고정'이라는 막중한 임무를 제대로 수행하지 못한 탓이었지요.

창욱이네 집 말발굽이 미운 오리 새끼로 낙인 찍힌 건 이사 오던 첫날이었지요. 이미 닳을 대로 닳은 말발굽은 먼저 창욱이 동생의 미움을 샀습니다. 동생은 이사하는 내내 현관문을 열고 서 있어야 했거든요. 그 다음으로 말발굽을 미워한 사람은 평소 허리가 안 좋으신 어머니였어요. 아버지는 불평을 터뜨리는 동생과 어머니에게 "참을성을 좀 기르라"며 충고를 하셨지요. 그랬던 아버지가 스스로 참을성 없는 사람 대열에 이름을 올리신 건 그로부터 일주일도 채 지나지 않은 어느 아침이었답니다.

새 구두를 신고 기분 좋게 출근하시던 아버지가 말발굽을 발로 고정시키려다 그만 구두 앞쪽에 흠집을 내고야 말았던 겁니다. 평소 동생과 어머니에게 해오신 말이 있는 아버지는 드러내놓고 타박도 못 하시고, 애꿎은 신발장 문에 대고 화풀이를 하셨지요.

그런데, 가만히 생각해보면 말발굽도 불쌍했어요. 부지런히 새것으로 갈아주면 그만인 것을 가족 중 누구도 먼저 나서지 않고 그저 낡은 말발굽 탓만 하니 말입니다. 어머니는 이번 기회에 당장 말발굽을 새걸로 교체했어요.

더 이상 미워하고 싶지 않아

"창욱아, 나와서 이것 좀 받아."

"엄마, 나 지금 좀 바빠요. 그냥 문 열어두고 들어오시면 안 될까요?"

"에그, 그럴 수 있음 내가 왜 널 부르겠냐. 관둬라."

'관둬라' 하시는 어머니의 마지막 말투가 심상치 않습니다. 마치 '툭' 하고 떨어지는 밤송이처럼 어머니의 말투에는 뾰족뾰족 가시가 돋혀 있었습니다. 창욱이는 미니홈피에 사진 올리던 것을 멈추고 후닥닥 현관으로 달려나갔어요. 과연 창욱이의 예상대로였어요. 양손 가득 무와 배추, 파 등 김칫거리를 들고 서 계신 어머니의 안색은 폭발이 임박한 시한폭탄 같았지요.

"대체 이 말굽은 왜 이 모양인지 모르겠다. 새로 갈아 끼우면 뭐하누. 당최 불편하기 짝이 없으니, 원."

서둘러 달려나온 덕분일까요. 어머니의 화는 창욱이에게서 현관문 고정 장치인 말발굽에게로 옮겨갔습니다. 어머니 말처럼 말발굽을 새것으로 교체한 후에도 크게 달라진 게 없었어요. 가족들의 환영 속에 당당히 입성한 새 말발굽은 일주일을 채 넘기지 못하고 또다시 미운 오리 새끼 신세가 되고 말았답니다.

"엄마, 내가 오늘은 이 말발굽을 가만두지 않겠어요."

"네가 무슨 수로…. 그냥 둬라. 원래 그렇게 생겨 먹은걸…."

"야, 말발굽. 너는 왜 이렇게 생겨 먹어갖고…."

순간, 창욱이 머릿속을 '휙~' 하고 건드리는 것이 있었어요.

'어? 말발굽이 원래 그렇게 생겨 먹었다고?'

어머니의 말을 받아 무심코 내뱉은 자신의 말에 창욱이는 깜짝 놀랐던 겁니다.

'왜, 언제부터 말발굽은 이렇게 생겼을까? 오래되어 꺾임 부위가 삐걱거리거나 고무 패킹이 헐거워져서 불편한 것은 그렇다 쳐도 왜 새로 갈아 끼운 것도 이렇게 불편한 것일까?'

어머니의 짐을 들어 주방으로 옮겨드린 후 창욱이는 현관 앞에 쪼그리고 앉아 말발굽을 노려보았어요. 한동안 말발굽 생김새를 요모조모 뜯어보던 창욱이가 천천히 일어섰어요.

'위 아래로 올렸다 내렸다 해야 하는 데다 마모도 잘 되는 말발굽만 탓할 게 아니라, 말발굽을 새롭게 만들어보면 어떨까?'

방으로 돌아온 창욱이는 작업 중이던 미니홈피 창을 닫고 컴퓨터 전원을 끄고 책상을 정리하기 시작했어요. 새로운 일에 몰두할 때 나오는 버릇이지요. 그리고는 포스트잇 한 장을 꺼내 뭔가를 써 내려가기 시작했습니다.

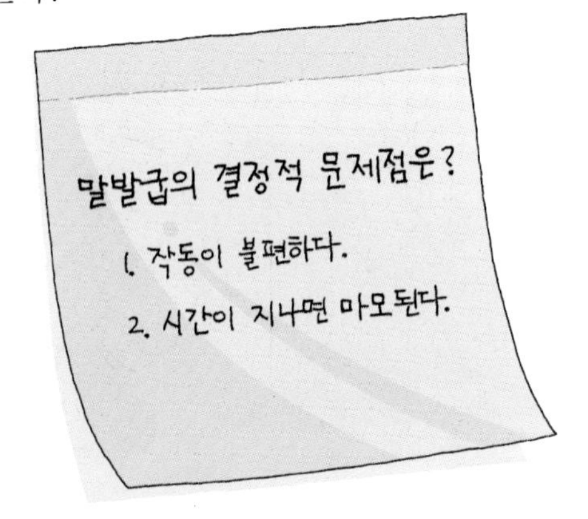

말발굽은 죄가 없다

'하나하나 짚어보자. 먼저, 작동이 불편한 이유부터 찾아볼까? 말발굽을 올리고 내릴 때 문 아래쪽에 있다 보니 손보다는 발을 사용하는 게 좋은데, 문제는 그게 쉽지 않다는 거야'.

그 순간 창욱이 방문이 활짝 열렸어요.

"형, 뭐해?"

"어…, 어, 왔냐?"

"뭐야 이게? 말.발.굽.의.결.정.적.문.제.점?"

"그래, 마침 잘 왔다. 현관 말발굽에 대해서 너도 생각이 많을 테니. 여기 앉아봐."

"왜 이러셔. 말발굽에 대한 아픈 추억을 다시 꺼내란 소리야?"

"내 얘길 잘 들어봐. 말발굽 탓만 할 게 아냐. 말발굽이 무슨 죄냐. 사람들이 그렇게 만들어놓은 게 잘못이지, 안 그래?"

"그래서?"

"말발굽이 애초부터 불편하게 만들어졌다면, 불편하지 않게 만들면 되는 거 아니겠어?"

동생의 눈빛이 반짝이는 듯하더니 이내 사그러듭니다.

"생각은 좋지만, 그걸 형이 만들겠다고? 형이 뭐 에디슨이야?"

"발명이 별거냐. 우선 아이디어부터 차근차근 정리해보는 거지."

창욱이는 조금 전까지 이어가던 생각을 동생에게 이야기하기 시작했어요.

"말발굽이 불편한 이유는 현관문 아래쪽에 있는 걸 발로 들었다 올렸다 해야 한다는 데 있어. 그렇다고 손을 이용하자니 그것도 불편하긴 마찬가지야."

"불편한 것도 있지만, 비위생적이기도 해. 지난번에 음식 배달 온 아저씨가 손으로 말발굽을 올리고 다시 그 손으로 음식 꺼내놓을 때 생각 안 나? 정말 찜찜하더라고."

"맞아. 또 양손에 물건을 들고 있을 때는 여간 불편한 게 아니지. 사실, 조금 아까 엄마가 장 봐오셨다가 한바탕…."

"아하, 그래서 엄마 기분이 저기압인 거로구나?"

"아마 금방 풀리실 거야. 자자, 기존 말발굽이 가진 또 다른 문제로 '마모'를 들 수 있어."

누구나 알고 있는 원리?

어느 일요일, 창욱이는 동네 놀이터를 찾았습니다. 동네 꼬마아이들이 엄마 아빠 손을 잡고 나와 미끄럼틀이며 시소, 그네 등을 재미있게 타고 있었지요. 그때 창욱이의 시선이 한 지점에 꽂혔어요. 예닐곱 살쯤 되어 보이는 아이가 자기보다 훨씬 덩치 큰 아이와 시소를 타고 있는 장면이었습니다. 물론, 큰 아이는 시소 가운데 부분에 앉아 있고 작은 아이는 끝 부분에 앉아 있었습니다.

"예스! 바로 저거야."

창욱이는 자신도 모르게 소리를 질렀어요. 그리고는 쏜살같이 집으로 들어와 자기 방 책상 앞에 앉아 종이와 연필을 꺼내들었습니다.

왼쪽의 그림을 완성한 창욱이는 동생을 불렀어요.

"우와~, 정말 멋져 보인다! 형, 뭔가 될 것 같은데?"

흥분하는 동생을 보니 창욱이는 어깨가 으쓱해졌어요. 그때 아버지가 방으로 들어오셨어요.

"무슨 좋은 일이 있는 게냐? 나도 좀 끼워주렴."

창욱이는 아버지에게 지금까지 상황을 이야기했어요. 이야기를 다 마쳤을 때 아버지는 창욱이의 어깨를 두드리며 칭찬해주셨습니다. 동생의 호응과 아버지의 칭찬을 들은 창욱이는 자신의 아이디어에 자신감이 붙었어요. 더구나 다음날 과학 선생님께 아이디어를 보여드렸을 때 선생님이 해주신 말에 더더욱 기운이 솟았지요.

"나도 평소에 참 불편하다고 여기고 있던 부분이거든. 무엇보다도 누구나 알고 있는 간단한 원리를 이용했다는 점이 마음에 드는구나."

신화 속 발명 이야기

신화 속에서도 발명 아이디어를 찾을 수 있다. 그리스 신화에 등장하는 다이달로스는 미로 궁전에서 탈출하기 위해 고민하던 중 하늘을 나는 새를 보고 '새처럼 하늘을 날아서 도망쳐야겠다'고 결심했다. 다이달로스는 새의 깃털과 밀랍으로 날개를 만들었다. 다이달로스가 만들었다는 이 날개야말로 비행기에 대한 최초의 발명 아이디어는 아니었을까?
인류가 남긴 가장 위대한 발명품 중 하나로 손꼽을 수 있는 '문자'와 관련해서는 중국 신화에 나오는 '창힐'을 들 수 있다. 얼굴이 용처럼 생기고 눈이 네 개였다는 창힐은 거북의 등에 새겨진 무늬와 산의 생김새, 해와 달의 모양, 새의 깃털 무늬 등 자연의 모습에서 힌트를 얻어 우주 만물을 나타내는 기호를 만들었다고 한다. 바로 그 기호가 오늘날 문자의 기원이 된 것은 아닐까.

'새로운 말발굽'이 필요해!

첫째, 밟으면 위로 올라간다.

- 지금까지 말발굽은 밑에서 위로 올리는 방식 → 불편하다
- 위에서 아래로 밟는다면 허리를 구부릴 필요도 없고 밟을 때 힘을 많이 쓰지 않아도 된다.
- 힘이 없는 노인이나 허리가 아픈 사람도 편하게 쓸 수 있다.
- 양손에 짐을 들고 있을 때에도 효과적이다.

둘째, 마모가 적게 되는 소재로 만든다.

기존 말발굽의 두 번째 문제점
→ 마모 때문에 고정하는 힘이 약해지는 것을 막는다.

셋째, 새로운 말발굽에 이름을 붙여주자.

무엇보다도 '밟는다'는 게 가장 큰 특징이니까… '푸싱'이 어떨까?
좋아. 푸싱으로 하자. 푸싱 말발굽? 푸싱 말굽?
말발굽보다는 말굽이 발음하기 편하다!

OK! 푸싱 말굽!!

어떻게 밟는 말발굽을 만들까?

새로운 말발굽은 바로 '지렛대 원리'를 이용한 것이다. 지렛대는 받침점과 힘점, 작용점의 세 가지 요소로 이루어지는데, 그 중에서도 힘점을 밟으면 받침점을 기준으로 건너편 작용점 부분이 위로 향한다는 사실을 이용한 것이다.

아래 그림에서 c를 축으로 하는 지렛대의 원리, 즉 힘의 방향과 운동 방향이 반대라는 것을 이용한다. 만약 g를 밟으면 a가 올라가서 문의 고정이 해제된다. 또 고정이 해제된 상태에서 a를 지면 쪽으로 밀면 다시 고정이 되는 것이다. 이렇게 밟는 동작만 하면 쉽게 고정하고 해제할 수 있어 편리하다.

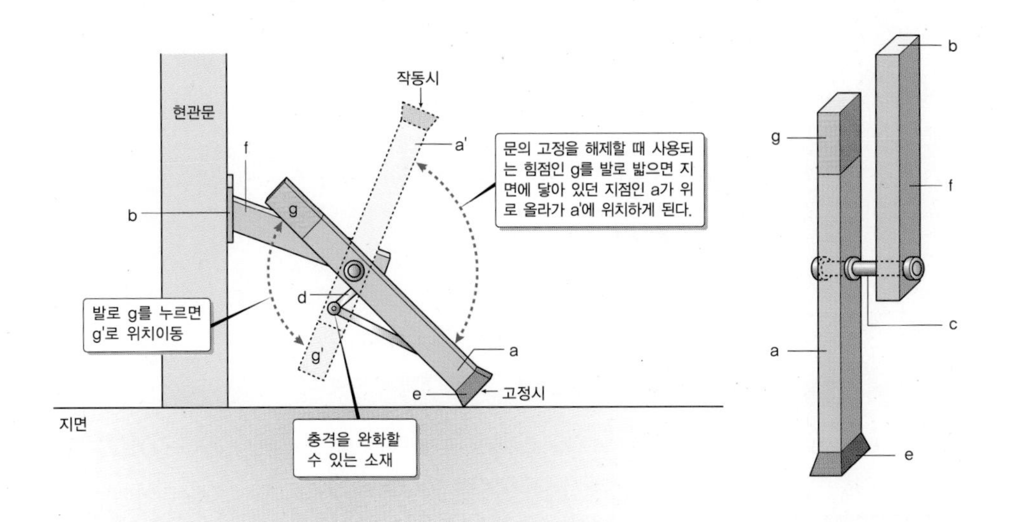

b는 문에 고정된 부분이다. d는 a가 더 이상 돌아가지 않게 해주는 부분으로 f와 연결된다. c는 푸싱 도어 스토퍼의 받침점이 되는 부분이며 e는 a가 보다 땅을 잘 받칠 수 있도록 돕는다. a는 땅에 직접 고정되는 일종의 축이자 작용점으로서 문을 고정하거나 고정을 해제하는 데 중요한 역할을 한다. g는 문의 고정을 해제할 때 사용되는 힘점에 해당된다.

힘점을 누르면 작용점이 올라간다

지레(lever)란 지렛대라고도 하는데, 막대를 어떤 점에서 받쳐서 그 받침점을 중심으로 위아래로 움직일 수 있도록 만든 것입니다. 즉, 막대를 이용해 작은 힘을 큰 힘으로 바꾸는 장치이지요.

지렛대의 원리를 처음 발견한 사람은 그리스의 수학자이며 철학자인 아르키메데스입니다. 기원전 250년경 사람인 그는 "유레카"라는 외침으로 유명합니다.

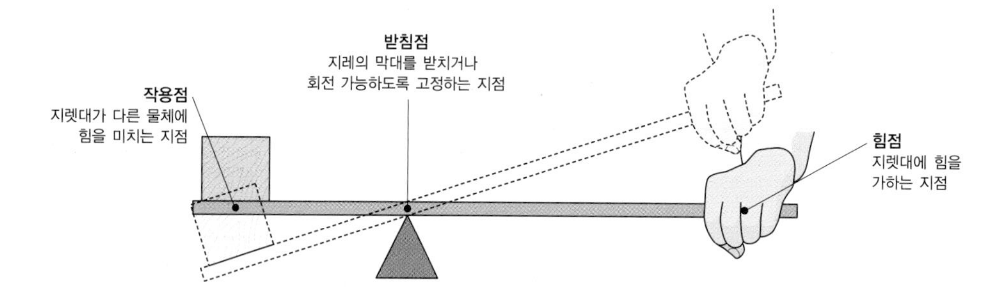

발명작가 왕연중 선생이 말하는 '발명 10계명'

① **더하기도 발명이다** 발명 방법 중 가장 쉬운 것이 바로 '더하기'이다. 발명품의 과반수 이상이 이 방법을 사용했다고 봐도 된다. 예) 지우개+연필=지우개 달린 연필 / 면도날+면도날=두 날 면도날

② **빼기도 발명이다** 이미 있는 물건에서 일부를 없앰으로써 새로운 효과가 나타나도록 하는 것이다. 단 일부를 떼내더라도 다른 문제가 발생하지 않아야 한다. 예) 시멘트 블록에 공간 비우기, 손자루에 구멍을 뚫은 머리빗

③ **모양을 바꾸는 것도 발명이다** 어떤 방법이든 모양을 바꿈으로써 보다 아름답고 편리하게 사용할 수 있다.
예) 산업 재산권 중 디자인권이 이에 해당한다.

④ **반대로 생각하는 것도 발명이다** 일상적인 것도 거꾸로 생각하다 보면 좋은 아이디어를 얻을 수 있다.
예) 양말과 장갑을 반대로 해서 발명한 벙어리 장갑과 발가락 양말

■ 지레의 기본 원리는 '힘의 모멘트'

지레의 기본 원리는 바로 '힘의 모멘트(moment)'에 있어요. '힘의 모멘트'란 물체를 움직일 수 있게 만드는 기동력을 뜻하는데, 그 크기는 물체의 무게와 받침점에서 물체까지의 거리의 곱으로 나타내지요. 즉, 힘점에서 작은 힘을 들이면서도 작용점에서 보다 큰 힘을 내기 위해서는 받침점을 가능한 한 작용점 가까운 곳에 두어야 합니다. 쉽게 말하면, 아래 그림과 같이 어른과 아이가 함께 시소를 탈 수 있는 것은 비록 무게는 다르지만 앉는 위치를 달리함으로써, 받침점을 기준으로 양쪽 힘의 모멘트가 같아졌기 때문입니다.

무게는 각각 다르지만 받침점을 기준으로 거리를 달리함으로써 양쪽 힘의 모멘트가 같아진다.
A의 무게×a = B의 무게×b

⑤ **용도를 바꾸는 것도 발명이다** 기존의 용도를 바꾸어 새로운 용도를 찾아내는 것도 좋은 발명 방법이다.
예) 조명 전등의 파장을 조금 바꾸어 개발한 살균 램프

⑥ **남의 아이디어를 빌리는 것도 발명이다** 기존 제품이나 다른 사람의 발명품에서 아이디어는 따오되 그보다 더 좋은 제품을 만들면 된다.
예) '파리 잡는 끈끈이'를 모방한 '바퀴벌레 잡는 끈끈이'

⑦ **크게 하거나 작게 하는 것도 발명이다** 크기를 달리하고 횟수를 줄이거나 늘리고 좀더 두껍거나 얇게 하여 새로운 가치를 창출한다.

⑧ **폐품을 이용하는 것도 발명이다** 형태와 기능을 그대로 유지하는 폐품을 개선해 멋진 발명품을 만들 수 있다. 예) 천막천을 이용한 청바지

⑨ **재료를 바꾸는 것도 발명이다** 물건의 재료만 바꾸되 고정관념을 깬 아이디어가 돋보이는 방법이다. 예) 종이컵, 종이가방, 나무젓가락

⑩ **실용적인 것만이 발명이다** 사소한 것이라도 많은 사람에게 필요한 물건, 생산되는 즉시 날개 돋힌 듯 팔릴 수 있는 제품이어야 한다.

■ 지레에도 종류가 있다?

1종 지레 받침점이 힘점과 작용점 사이에 있는 지레로, 아래쪽으로 힘을 주면 물체는 위로 들어올려집니다.

시소　양팔 저울　펌프　장도리로 못 뽑기

2종 지레 작용점이 받침점과 힘점 사이에 있는 지레로, 1종과 달리 힘을 주는 방향과 물체가 움직이는 방향이 같습니다.

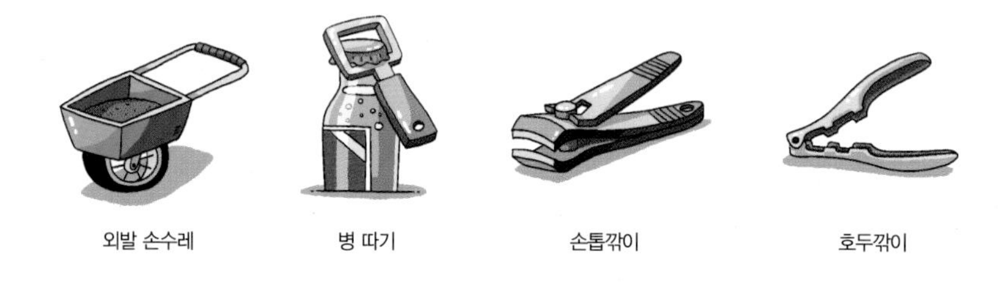

외발 손수레　병 따기　손톱깎이　호두깎이

3종 지레 힘점이 받침점과 작용점 사이에 있는 지레로, 작용점이 힘점보다 멀기 때문에 물체를 들어올리려면 더 큰 힘이 필요합니다.

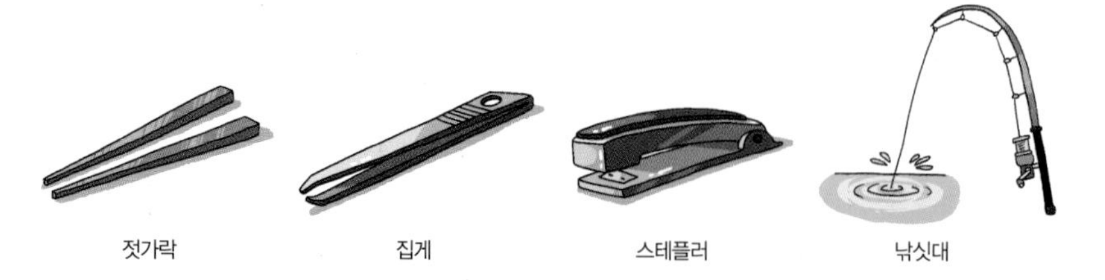

젓가락　집게　스테플러　낚싯대

아이디어 뼈대에 살 붙이기

동생의 지원과 아빠의 격려, 그리고 선생님의 인정까지 받고 나니 내 아이디어에 더욱 자신감이 붙었다. 이제 아이디어를 구체화시킬 차례다. 자, 푸싱 말굽을 어떻게 만들 것인가. 푸싱 말굽 제작을 위해 앞으로 해야 할 일들을 정리해보았다.

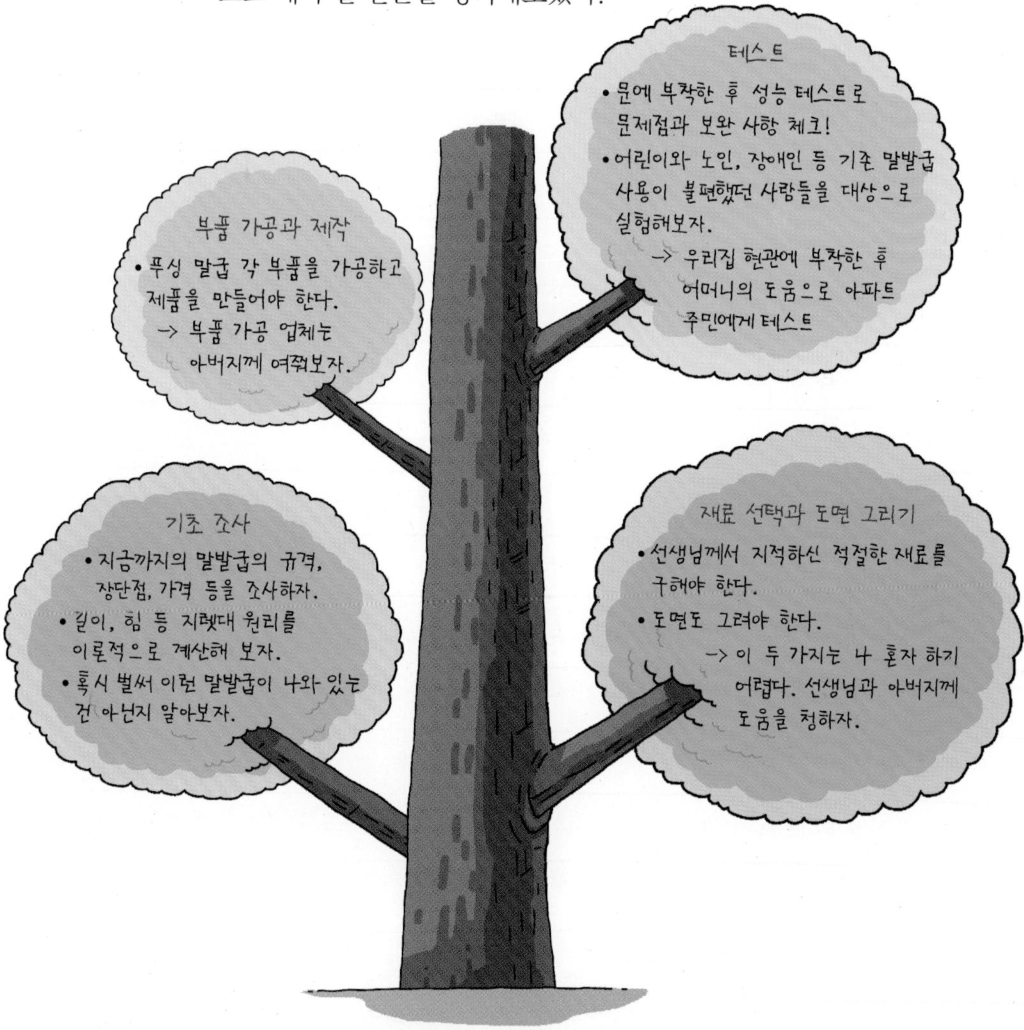

아이디어 처음부터 다시 뜯어보기

내가 구상한 푸싱 말굽은 말발굽의 일부가 문에 고정되어 있고 나머지 부분이 회전하는 형태다. 그래서 발로 밟았을 경우 막대가 회전하여 위로 올라갔다가 다시 밟으면 아래로 내려오는 것이다.

그런데 오늘 학교 자율학습 시간에 문득 '내 아이디어가 얼마나 실용적일까?' 하는 의문이 들었다. 혹시 한 바퀴 돌아오는 과정에서 발에 걸리지는 않을까, 마모가 덜 되기 위해서는 어떤 소재를 쓰는 게 좋을까 등등 생각이 꼬리에 꼬리를 물었다.

그러다 '아이디어 자체를 바꿔보는 게 어떨까' 하는 데까지 생각이 미쳤다. 하지만, 연습장에 아무리 그림을 그려보아도 쉽게 떠오르지 않았다. '자습 시간에 공부도 안 하고 지금 내가 뭐하는 거지?' 하는 생각이 들었지만 펜을 잡은 손길을 멈출 수 없었다.

집에 와서도 계속 시도했지만 쉽게 결론을 내리지 못했다.

아이디어를 처음 고안할 때보다 바꾸는 것이 더 힘든 것 같다. 그냥 처음대로 밀고 나갈까 생각도 들었지만, '더 나은 아이디어가 있을지도 모른다'는 생각에 차마 그만둘 수가 없었다.

아, 어떻게 하면 좀더 실용적이고 편한 말발굽을 만들 수 있을까?

ㅣ자형에서 ㄴ자형으로 변경!

학교 자습 시간에 숙제를 마친 후, 푸싱 말굽의 구조를 변경하기 위해 그림을 그리기 시작했다. 며칠 동안 머릿속으로 고민하고, 연습장에 그려보던 것을 종합해보았다.

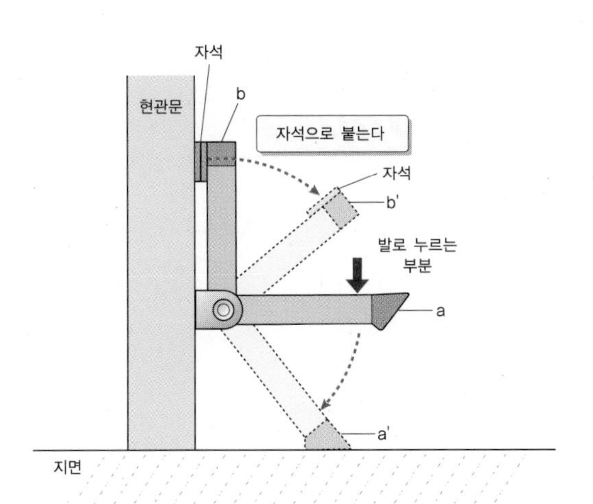

문에 자석으로 고정되어 있던 b는 a를 발로 누르는 힘에 의해 문에서 떨어져 b'로 위치 이동을 한다.
a에서 a'로 옮겨갔던 말굽은 ㄴ자 형의 아래 부분을 발등으로 쳐서 올리면 b'에서 다시 b로 이동하게 된다.

자석으로 붙어 있던 말발굽은 ㄴ자형의 아랫부분을 발로 밟으면 자석이 떨어지면서 아랫부분이 땅에 부착되어 문이 고정된다.

반대로 ㄴ자형의 아랫부분을 발등으로 위로 쳐서 올리면 자석이 붙어서 문을 움직일 수 있게 된다. 이때, 문과 말발굽 사이에 중간 도르래 장치를 달아 말발굽이 너무 빨리 움직이지 않도록 한다. 이때 자석은 사람이 발로 밟기 전까지 말발굽이 내려오지 않도록 돕는다.

이렇게 정리하고 보니, 처음에 생각한 것보다 더 간단하고 좋아 보였다. 가슴이 뛰었다. 아빠와 선생님께 보여드리고 의논해봐야겠다.

다시 원점으로… 역시 토론이 중요해

오늘은 토론의 중요성을 절실히 느낀 날이다. 어제 집에 돌아가 아버지께 보여드렸을 때 곰곰이 생각하시던 아빠는 "ㄴ자 모양의 말발굽과 문을 연결해주는 중간 도르래가 얼마나 튼튼할까?" 하셨다.

그럴 수도 있겠다는 생각이 들었다. 그래도 선생님께 한번 더 보여드리고 싶어 교무실로 찾아갔다. 아니나 다를까. 선생님 역시 "문과 말발굽을 연결하는 중간 도르래가 불안정해 보이고 그림과 같은 결과를 얻기는 힘들 것 같다"고 하셨다.

하지만 선생님께서는 아이디어에 대해 충분히 고민하는 모습이 보기 좋다고 칭찬해주셨다. 어제 저녁에 아빠도 비슷한 칭찬을 해주셨다. 아빠와 선생님께 칭찬을 받아서일까. 새롭게 생각해낸 아이디어가 그다지 효과적이진 않았지만 한편으로는 뿌듯했다.

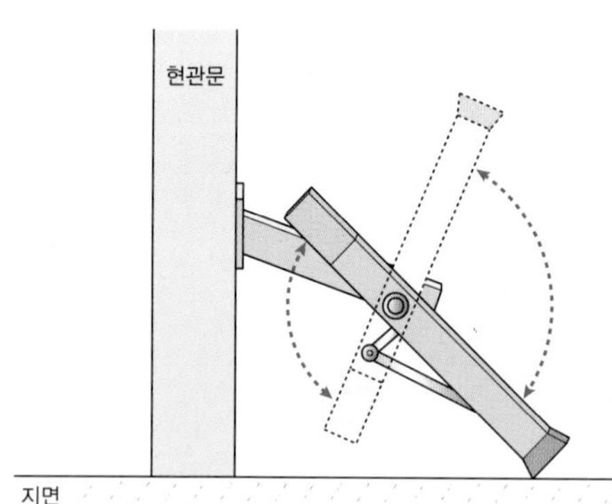

이제 도면을 그릴 차례다. 비록 도안 아이디어는 내가 냈지만, 실제 제작이 가능한 도면은 내가 그릴 수 없다. 그래서 아빠께 부탁해 설계 쪽에서 일하시는 친구분의 도움을 받기로 하였다.

제작 업체를 찾아, 찾아서~

잠깐!
용어 익히기

MC나일론 엔지니어링 플라스틱의 하나. 금속 대체용으로 고온, 고속 회전에서 연속 사용이 가능하다. 강도가 높고 마모가 잘 되지 않으며 내열성도 뛰어나다.

밀링 공작물을 원하는 모양으로 깎아서 가공하는 기계. 보통 넓은 판 위에 가공할 물건을 얹어놓고 밀링 커터를 사용하여 원하는 형상으로 깎아내는 기술을 말한다.

크롬 은백색의 광택이 나는 단단한 금속 원소. 염산과 황산에는 녹지만, 공기 중에서는 녹슬지 않고 약품에 잘 견디기 때문에 도금이나 합금 재료로 많이 쓰인다.(원소 기호 : Cr)

도금 전기 분해의 원리를 이용하여 물체의 표면을 다른 금속(금, 은, 구리, 니켈 등)의 얇은 막으로 덮어 씌우는 것으로 물질의 표면을 매끄럽게 하거나 부식되지 않도록 보호한다.

아빠가 퇴근 길에 완성된 도면을 들고 오셨다. 내가 그렸던 도면과 거의 비슷하면서도 전문가의 향기가 느껴지는 게 기분이 묘해졌다.

이제 도면이 작성되었으니 도면대로 물건을 만들어줄 업체를 찾아야 했다. 아빠와 대구역 사거리에 있는 북성로 기계 공구상 골목에 가보았다. 30여 분을 헤맨 끝에 나의 '푸싱 말굽'을 만들어주시겠다는 사장님을 만날 수 있었다.

가장 먼저 '소재'를 무엇으로 해야 할지 의논드렸다. 사장님은 단번에 명쾌한 답을 내놓으셨다.

"가공하기 쉽고 가볍고 튼튼한 소재라면 'MC나일론'을 따라올 게 없지. 기계 가공이 가능한 플라스틱인 데다 거의 금속에 가깝거든."

플라스틱 종류 중에 MC나일론이란 것을 처음 들어봤지만, 가볍고 튼튼하면서도 가공이 쉽다고 하니 내 아이디어 시제품에 제격이라는 생각이 들었다. 사장님은 또 '푸싱 말굽'을 만들 때 사용될 기술이 '밀링'이라고 했다. 그리고 마모를 방지하기 위해 '크롬 도금'을 하게 될 것이라 하셨다. 밀링은 무엇이고 크롬 도금은 또 무엇일까. 세상은 내가 아는 것보다 훨씬 복잡하고 다양한 것 같다.

물에 전류를 가하면 수소와 산소로 분해된다

전기 분해란 액체 상태의 물질에 전기 에너지를 가하여 산화와 환원 반응이 일어나도록 하여 성분 물질을 분리하는 것이지요. 예를 들어 물에 전류를 가하면 수소와 산소로 분해되는 것을 말합니다.

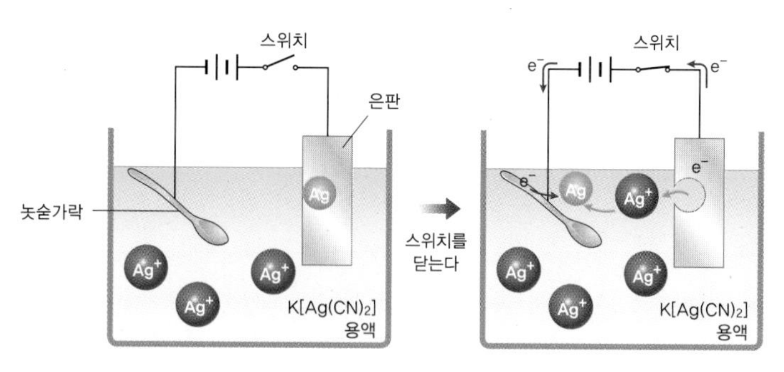

전기 분해 원리를 이용한 도금 과정

■ 전해질 용액

물 등의 용매에 녹였을 때 이온화(중성의 분자나 원자에서 전자를 잃거나(+이온), 전자를 얻거나(−이온) 하는 등 전자 이동이 일어나는 현상)하는 물질을 전해질이라고 하는데, 전해질이 물 등의 용매에 녹아 전기를 잘 통하게 하는 용액이 바로 전해질 용액입니다. 우리 몸 속의 물도 각종 염류가 포함된 전해질 용액이랍니다. 젖은 손으로 전기 플러그를 만지면 감전의 위험이 있는 것도 바로 이 때문입니다.

수소와 산소가 반응하여 만들어진 물이지만, 다시 수소와 산소로 분해하려면 전기 에너지를 가해야 한답니다. 전기를 가하면 (+)극에서는 산화 반응이 일어나 산소를 얻고, (−)극에서는 환원 반응이 일어나 수소를 얻는 것이지요. 단, 순수한 물은 전기 분해되지 않습니다.

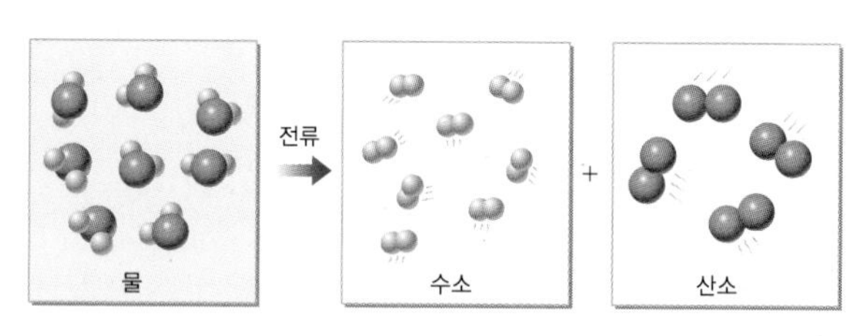

물의 전기 분해 과정

성능 테스트는 다다익선

드디어 기다리고 기다리던 '푸싱 말굽'이 완성되었다. 제품을 내 눈 앞에 두고도 믿어지지 않을 만큼 가슴이 벅차 올랐다. 단순하다고 생각했던 내 아이디어가 이렇게 제품이 되어서 나올 줄이야…. 정말 꿈만 같았다.

하지만, 마냥 들떠 있을 수만은 없었다. 제품 완성이 끝이 아니기 때문이다. 정작 중요한 것은 '테스트'에 통과하는 것! 의도한 대로 효과가 나타나지 않으면 무용지물일 테니까.

성능을 테스트하기 위해 집 현관에 직접 설치했다. 우선 우리 가족부터 시험해보기로 했다. 말발굽으로 마음 고생이 가장 심하셨던 엄마가 첫 번째 타자였다. 엄마는 양손에 물건을 든 채로 실험에 임하셨다.

"어머머, 창욱아. 이거 너무 너무 편하다. 어머머… 신기하기도 하지."

그 다음은 말발굽에 아픈 기억이 있는 동생. 동생은 엄지손가락을 들어 보이며 '최고'라고 대답했다.

엄마가 미리 섭외해놓으셨던 아래층에 사시는 할머니를 모셔왔다. 평소 허리를 숙여 손으로 말발굽을 작동하셨다는 할머니께 나의 '푸싱 말굽' 사용법을 설명드렸더니 잘 이해가 안 간다는 표정이셨다.

그래서 일단 한번 발로 눌러보시라고 했다. 할머니는 "어찌 이런 게 있느냐. 발만 갖다 댔는데 움직이네?" 하시며 놀라면서도 좋아하셨다.

결과는 대성공이었다. 다들 박수를 치며 환호했다. 창피하게도 나는 눈물이 날 뻔했다.

창욱이의 아이디어가 이렇게 번듯한 제품으로 탄생했습니다. 겉모습만 번듯한 게 아니랍니다. 여러 차례 테스트도 무난히 통과해 편리함과 단단함을 모두 만족시키는 것으로 나타났어요. 고정도 잘 되고 밟는 부분의 면적도 여유가 있어 지금까지의 말발굽보다 훨씬 편리했습니다. 처음에는 크기가 좀 큰 게 아닌가 하는 의구심도 들었지만, 보기에만 그럴 뿐이지 실제 기존의 말발굽과는 큰 차이가 없었습니다. 자, 그럼 창욱이의 '푸싱 말굽'을 요모조모 자세히 살펴볼까요?

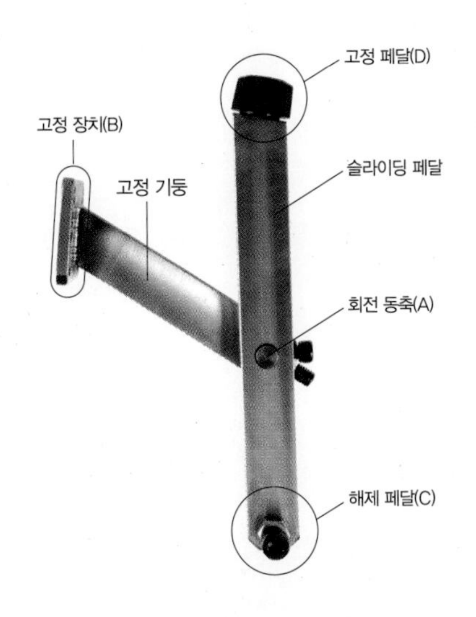

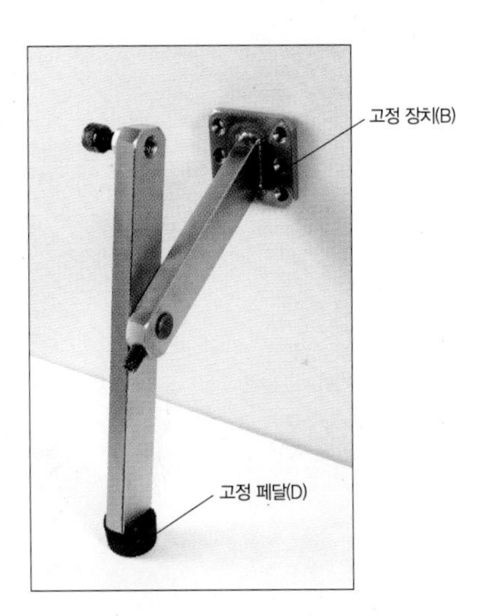

회전 동축(A) 고정 기둥과 슬라이딩 페달을 연결하는 장치
고정 장치(B) 푸싱 말굽을 문에 고정하는 장치
해제 페달(C) 문 고정을 해제하는 페달로, 슬라이딩 기능이 있음
고정 페달(D) 문을 고정시키는 페달로, 슬라이딩 기능이 있고 접촉되는 부분에 고무 등 연질의 재질로 구성

필요는 발명의 어머니?
불편은 발명의 아버지!

어느 가정이나 멀티 콘센트 한두 개쯤은 두고 쓰지요? 그런데 혹시 여러분들은 멀티 콘센트를 쓰다가 불편한 점을 느껴본 적이 있나요?

한솔이네는 자타가 공인하는 '발명 가족'이랍니다. 아버지와 어머니, 누나, 그리고 한솔이는 모두 특허 몇 개씩은 갖고 있는 발명가들이지요. 이번에 한솔이의 눈에 띈 녀석이 바로 '멀티 콘센트'였답니다.

어느 날, 누나와 함께 게임을 하던 중 그만 누전으로 인해 콘센트가 타버리는 사고가 일어났던 거지요. 콘센트 표면이 수평이다 보니 전선 코드 머리가 서로 부딪칠 뿐 아니라 때론 전선끼리 엉켰던 것입니다.

필요가 '발명의 어머니'라면 불편은 '발명의 아버지'라고 믿는 한솔이는 매우 간단하면서도 효과 만점인 새로운 멀티 콘센트를 발명해냈답니다. 자, 지금부터 한솔이의 발명 이야기 속으로 함께 떠나볼까요?

새 컴퓨터 입성 하루 만에 내린 게임 금지령

"누나, 이제 그만 좀 해. 나 숙제 해야 한단 말이야."

오늘도 누나는 컴퓨터를 독차지할 모양인가 봅니다.

'이럴 줄 알았으면 친구네 집에서 좀더 하다 오는 건데….'

아침 밥상에서 누나가 친구 생일 파티 때문에 늦게 올 거라는 이야기만 하지 않았어도 그렇게 서둘러 친구네 집을 나서지는 않았을 겁니다. 하지만, 역시 참는 자에게 복이 오는 법일까요? 그날 퇴근하시는 아버지의 두 손에 안겨 들어오는 귀여운 녀석을 만나게 될 줄은 꿈에도 몰랐으니까요. 아버지의 선물은 바로 한솔이의 컴퓨터!

"자, 이제 컴퓨터 때문에 싸우는 일 없기다? 알았지?"

"네!"

한솔이와 누나는 누가 먼저랄 것도 없이 힘차게 대답하고 서둘러 컴퓨터를 설치했습니다. 구멍이 네 개 뚫린 멀티 콘센트에 누나의 컴퓨터와 한솔이의 컴퓨터 플러그를 연결하고 프린터기의 플러그도 꽂았지요.

다음 날은 마침 일요일. 점심을 먹고 누나와 한솔이는 게임 삼매경에 빠졌습니다.

"누나, 이러니까 마치 PC방에서 게임하는 것 같아, 그렇지?"

"응, 정말 재밌는걸?"

그런데 잠시 후 어머니의 비명 소리가 들렸어요. 무슨 일인가 뒤를 돌아보니, 아뿔싸! 멀티 콘센트에서 뿌연 연기가 피어오르고 있는 게 아니겠어요?

"누리, 한솔! 당장 컴퓨터 꺼! 이제부터 엄마가 허락 할 때까지 무조건 게임 금지얏!"

콘센트에 불이 붙을 때까지 아무것도 몰랐던 누리와 한솔이는 청천벽력과도 같은 어머니의 명령에 그저 고개를 떨굴 수밖에 없었습니다.

'에잇! 이게 다 콘센트 때문이야.'

왜! 콘센트 표면은 모두 수평이지?

아버지는 운동을 마치고 돌아와 어머니에게 자초지종을 들으시고는 "큰일날 뻔했다"며 한숨을 내쉬셨어요. 그리고 얼마 후 누나와 한솔이를 부르셨어요.

"하마터면 우리 가족의 보금자리가 불 탈 뻔했구나. 우리뿐 아니다.

이웃에게도 큰 해를 끼칠 뻔했어."

"네, 잘못했어요. 앞으로 조심할게요."

"그래, 그러나 저러나 게임 금지령이 내려졌다지?"

"네~."

"음~, 아버지가 누리랑 한솔이에게 만회할 기회를 줄까?"

아버지는 콘센트에 불이 붙은 것은 플러그에 연결한 전선이 서로 겹쳐 엉키면서 열이 발생했기 때문이라면서 이를 개선할 수 있는 방법을 한번 찾아보라고 하셨습니다. 그 아이디어의 가치가 인정되는 날부터 '게임 금지령'을 해제하자고 어머니께 건의해보겠다는 말과 함께. 누리와 한솔이의 두 눈이 허공에서 만나 반짝 빛났습니다.

접지형 멀티 콘센트

"각자 방법을 찾아보고 다음에 다시 이야기하는 걸로 하자, 어때?"

"좋았어, 누나."

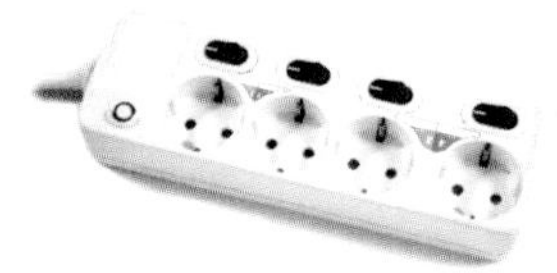

개별형 멀티 콘센트

다음 날 학교를 마친 한솔이는 곧장 전자상가를 찾았습니다. 그곳에 가면 해답을 찾을 수 있을 것이라 생각했지요. 두어 시간 넘게 상가 구석구석을 뒤지고 다녔지만, 모양이나 플러그 구멍 숫자만 조금 다를 뿐 모두 비슷비슷했습니다.

집으로 돌아오는 버스 안에서도 온통 콘센트 생각뿐이었던 한솔이는 하마터면 정류장을 지나칠 뻔했답니다.

전자상가 조사

"모양이나 플러그 구멍 숫자만 다를 뿐이군. 전선들이 꼬이지 않게 할 방법은 없을까?"

그래, 블록 쌓기가 열쇠야!

"한솔아, 미안한데 숙제 좀 이따가 하고 동생이랑 좀 놀아줄래? 엄마 시장 다녀올게."

한솔이에게는 다섯 살배기 동생이 있어요. 오늘따라 숙제가 많지만, 하는 수 있나요.

"새별아, 뭐 갖고 놀까?"

"블록!"

"좋아, 형이랑 블록 쌓기 놀이하자. 자, 우리 다리를 만들어볼까?"

동생 새별이가 위로
나란히 쌓은 블록

새별이는 앙증맞은 손으로 블록을 손에 쥐고 형 한솔이가 쌓은 위로 하나 둘 블록을 쌓아갔습니다.

"새별아, 이렇게 똑같이 쌓으면 어떻게 해. 한 칸씩 밀리게 쌓아야 다리가 되지. 자, 이렇게…."

"아, 맞아, 이거야!"

새별이가 꽂은 블록을 다시 뽑아 다리 모양으로 쌓아가던 한솔이가 난데없이 소리를 지른 건 그때였어요.

"콘센트를 이 블록처럼 만들어 쓴다면, 직각으로 세울 수도 있고 이렇게 경사지게 만들 수도 있어. 플러그가 계단처럼 되어 있다면, 전선 코드 머리 부분이 부딪힐 일도 없고 전선이 꼬일 일도 없잖아."

한솔이는 슬슬 아이디어의 윤곽이 잡혀가는 것을 느꼈습니다.

한솔이가 동생 새별이를 도와 층이 나게 쌓은 다리 모양의 블록

아이디어 회의

"우리 한솔이, 뭐하니?"

저녁 식사 후 한창 아이디어 스케치에 빠져 있는 한솔이에게 아버지가 다가와 물으셨어요. 한솔이는 스케치를 보여드리며 대략적인 아이디어를 설명했습니다.

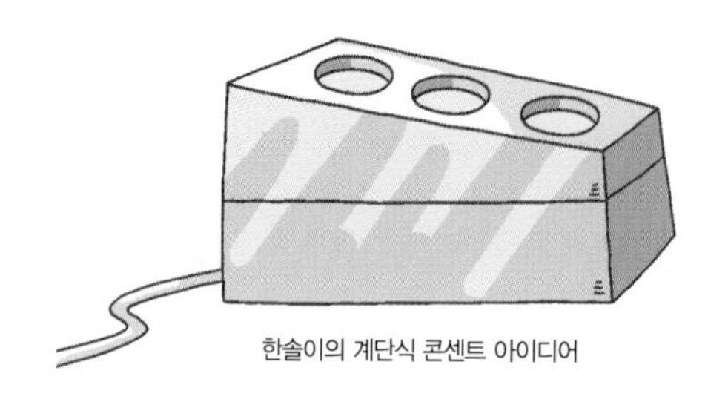

한솔이의 계단식 콘센트 아이디어

"으흠, 제법인데? 우리 이쯤에서 누나와 아이디어를 나눠볼까?"

누리와 한솔이는 아버지와 이마를 맞대고 앉았습니다. 먼저 한솔이가 '계단식 콘센트' 아이디어를 설명했어요. 그 다음은 누리 차례.

"난 콘센트 구멍을 잘못 찾아 생기는 불편함을 없애는 방법을 생각했어요. 지금은 모든 콘센트가 동그란 원모양이잖아요. 그래서 가끔 제 구멍을 잘 찾지 못해 답답할 때가 있어요. 이렇게 타원 모양이면 한 번에 꽂을 수 있을 거라고 생각해요.

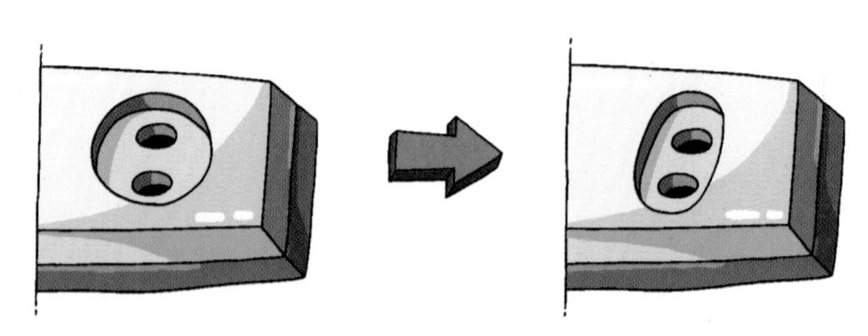

콘센트 구멍을 원형에서 타원형으로 바꾼 누나 누리의 아이디어

그런데 한솔이 이야기를 듣고 나니, 전선 꼬임을 막기

위해서는 내 아이디어보다는 한솔이 것이 훨씬 나은 것 같아요."

누리와 한솔이의 이야기를 가만히 듣고 있던 아버지가 잠시 후 입을 여셨어요.

"이러는 건 어떨까. 한솔이와 누리의 아이디어를 하나로 합쳐보는 거야. 계단 모양으로 하되 콘센트 내부 모양은 타원으로 하는 거지, 어때?"

발명가가 되기 위한 자세 ①

- **도전적인 사고 방식을 가져라** 시시콜콜한 불만들 속에서 근본적인 해결 방법을 모색하는 사고 방식을 가져라. 발상의 전환이야말로 발명의 커다란 밑거름이다.
- **관찰력을 키워라** 문제의식을 가지고 주위를 살펴보면 분명 바꾸어야 할 부분들이 눈에 들어올 것이다. 관찰력은 발명가가 갖추어야 할 가장 기본적인 사고 방식이다.
- **여러 가지 답을 생각하라** 발명에는 정답이 없다. 아니, 여러 개의 정답이 있다는 표현이 옳을 수도 있다. 하나의 정답을 구하는 데에도 여러 가지 방법이 있음을 명심하자.
- **고정관념을 깨뜨려라** 발명적 사고는 곧 고정관념을 탈피한 파괴적인 생각이다. '그릇은 땅에 떨어지면 깨진다'는 통념을 깨뜨린 것이 플라스틱 그릇임을 잊지 말자.
- **전문 분야가 아닌 것도 생각하라** 발명가에게는 전문 분야의 경계를 넘나들며 다방면의 이치나 원리를 두루 이해하고 다른 분야에 응용할 수 있는 열린 마음이 필요하다.

-『번뜩이는 아이디어 발명·특허로 성공하기』 중에서

'경사진 콘센트'가 필요해!

첫째, 콘센트는 왜 수평으로만 만들어질까?

수평으로 된 멀티 콘센트 → 플러그를 끼우고 뽑을 때 불편하다. 전선이 꼬여 불편할 뿐 아니라 누전의 위험까지 있다.

둘째, 계단처럼 경사를 두면 문제가 해결된다.

- 코드를 꽂고 뽑을 때 훨씬 편하다.
- 전선이 꼬일 염려가 없다.

셋째, 플러그 모양을 원형에서 타원형으로 바꾸면?

좁은 공간에서 플러그를 꽂을 때 원형보다 훨씬 편리하다.

그런데…문제가 있다!

지금 나오는 플러그는 모두 원형이다… 이걸 다 바꿔야 하는데…?

잠깐! 이왕이면 기존 표준과 호환되는 발명을…

발명을 할 때 염두에 두어야 할 것이 바로 '표준'과의 호환성이다. 아이디어의 실용성은 기존 표준에서 벗어나지 않을 때 발휘된다. 계단식 콘센트가 새로 나왔을 때 지금까지 쓰던 콘센트를 버려야 한다면? 또 플러그 모양을 원형이 아닌 타원형으로 바꾸는 문제도 이 표준과의 호환성 잣대에 비추어 고민해봐야 할 것이다.

어떻게 전선이 겹치지 않는 콘센트를 만들까?

■ **기존 수평식 콘센트**

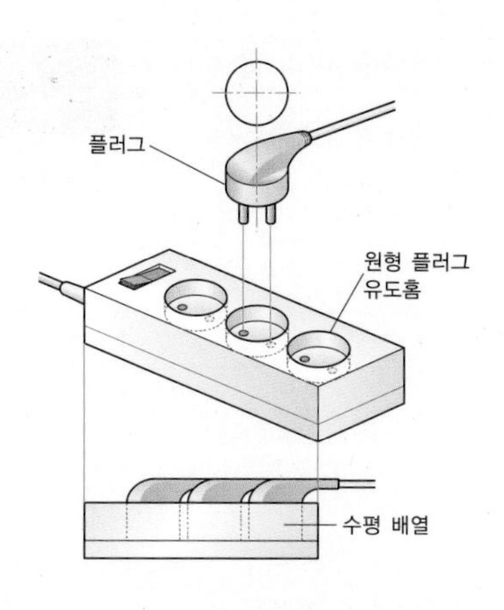

콘센트에 여러 개의 플러그를 꽂을 경우 구조상 수평으로 배열되어 전선이 꼬이거나 단선되기 쉽다. 또한 플러그 유도홈이 원형이라 꽂을 때 방향 설정이 어렵다.

■ **새로운 경사진 콘센트**

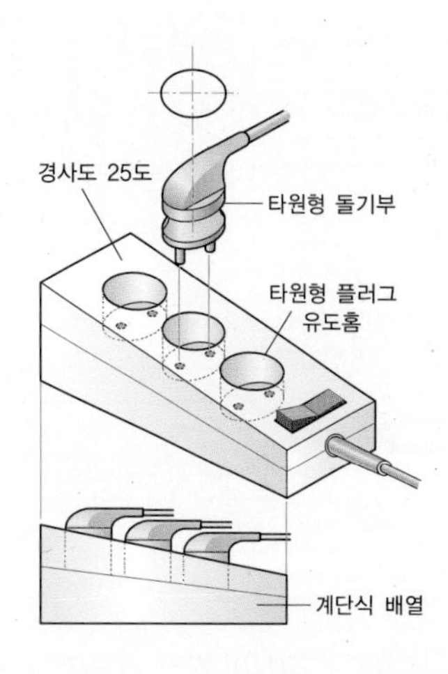

여러 개의 플러그를 계단식으로 배열시켜 단선 원인을 제거하고 플러그 유도홈을 원형에서 타원형으로 바꾸면 플러그를 꽂을 때 방향 설정이 보다 정확해진다. 또 플러그 잡기가 편리하다.

■ **아이디어의 장점 및 차이점**

콘센트를 25도로 경사지게 하여 계단식으로 플러그를 꽂음으로써 전선 간 꼬임 및 단선으로 접지되는 것을 미리 예방한다. 또 플러그 모양을 기존 원형에서 타원형으로 바꾸어 어둡고 좁은 공간에서 플러그를 꽂을 경우 훨씬 편리해진다.

멀티 콘센트는 병렬식 회로를 이용한 것

아이디어를 정리한 후 한솔이가 가장 먼저 한 일은 멀티 콘센트를 분해해 내부 구조를 알아내는 것이었어요. 콘센트가 여러 개 달려 있어 한꺼번에 전기를 연결해 쓸 수 있는 멀티 콘센트의 원리부터 알아내야 하니까요. 그럼 우리도 한솔이를 따라 멀티 콘센트의 작동 원리와 더 나아가 여러 전기 장치들의 연결 방식에 대해 알아볼까요?

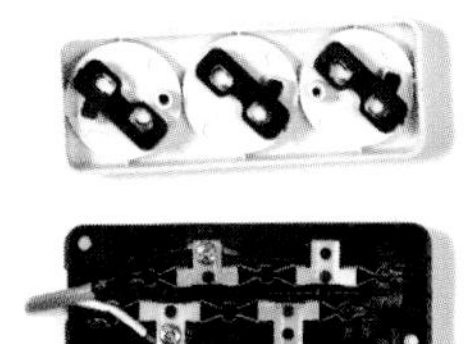

멀티 콘센트의 내부 구조

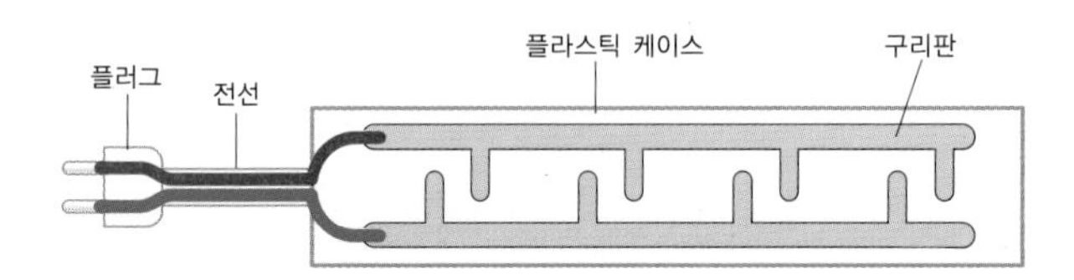

그림과 같이 보통 두 전선이 각각 긴 구리판에 연결되어 있고, 구리판은 각 콘센트의 단자와 연결되어 있습니다. 즉, 멀티 콘센트는 콘센트에 연결된 두 개의 전선에 병렬로 여러 콘센트를 다시 연결해놓은 것입니다.

아래 그림에서처럼 멀티 콘센트는 병렬 회로 연결을 응용한 것입니다. 가정용 의 경우 멀티 콘센트에 여러 전기 기구를 연결하면, 멀티 콘센트의 각 구멍을 통해 220V가 동일하게 제공되는 것이지요.

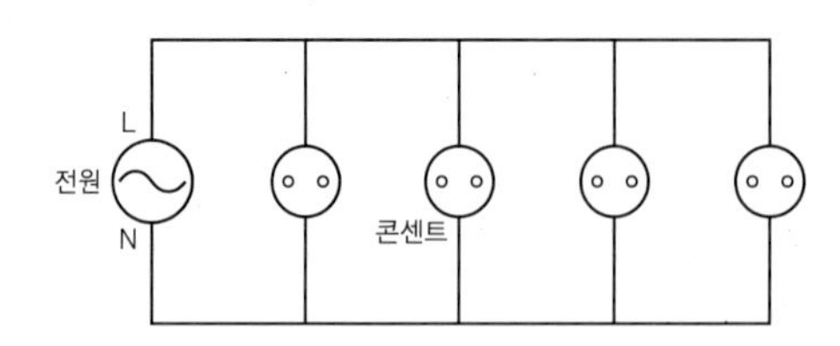

직접 연결해 '직렬' 나란히 이어 '병렬'

■ **직렬 회로**

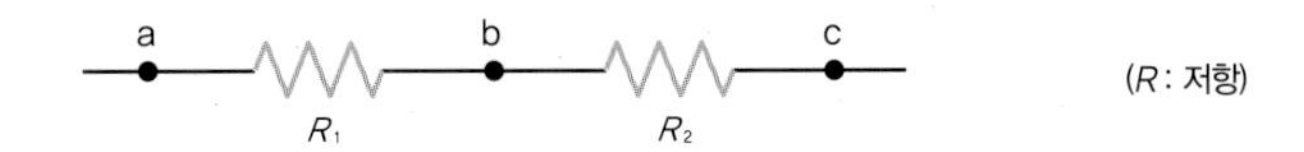

잠깐!
옴의 법칙

1826년 독일의 물리학자인 옴(Ohm)이 발견한 법칙으로 '전압이 커지면 커질수록 전류의 세기가 커지고 전기 저항이 크면 클수록 전류의 세기는 약해진다'는 법칙이다. 오늘날의 전기 기구들을 구성하는 모든 전기 회로는 옴의 법칙을 따르고 있다. 즉, 전기 회로에 적절한 전기 저항기를 달아 전기 기구에 필요한 만큼의 전류가 흐르도록 하는 것이다. 전기 저항의 단위인 옴(Ω)은 그의 이름을 따서 붙인 것이다.

직렬이란 직접 연결되었다는 말입니다. 즉, 일직선으로 연결하여 (+)극과 (−)극이 서로 닿아 있다는 것이지요. 직렬 회로에서 전류는 오직 하나의 경로만 갖게 됩니다. 직렬 회로에서 전류는 첫 번째 소자뿐만 아니라 두 번째, 세 번째… 소자의 저항도 받기 때문에 회로의 총 저항은 각 저항의 합이 됩니다. 즉, 위의 그림에서 전체 회로의 저항은 $R=R_1+R_2$가 되는 것이지요.

이때 회로에 흐르는 전류는 회로에 걸린 전압을 총 저항으로 나눈 것과 같습니다. 이것이 바로 '옴(Ohm)의 법칙'입니다.

직렬 회로의 총 전압은 각 소자에 걸리는 전압의 합과 같습니다. 예를 들어 전구 10개를 직렬로 연결시켰을 경우 각 전구에 10V의 전압이 걸렸다면 총 전압은 100V가 되는 것이지요.

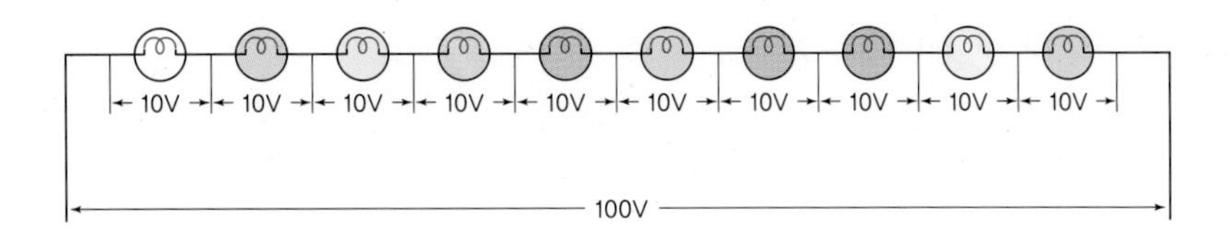

직렬 회로의 장점

전기 기구를 한꺼번에 켜고 끌 수 있으며 전기 기구나 부품의 통제가 쉽습니다.

직렬 회로의 단점

소자를 연결할 때마다 전구의 밝기가 어두워지며, 회로의 한 곳이 끊어지면 모두 작동하지 않게 됩니다.

생활 속 직렬 회로

- 장식용 전구 _ 전류가 흐르는 길이 하나로, 전구 하나를 빼면 모두 꺼집니다.
- 누전 차단기 _ 어느 곳이라도 지나치게 센 전류가 흐르면 전체에 흐르는 전류가 차단되도록 되어 있습니다.
- 멀티 콘센트의 작은 단추 _ 멀티 콘센트의 작은 단추는 누전 차단기 역할을 합니다.
- 퓨즈 _ 전기 제품에 지나치게 센 전류가 흐를 때 가장 먼저 녹아서 전기 제품이 손상되는 것을 방지합니다.

■ 병렬 회로

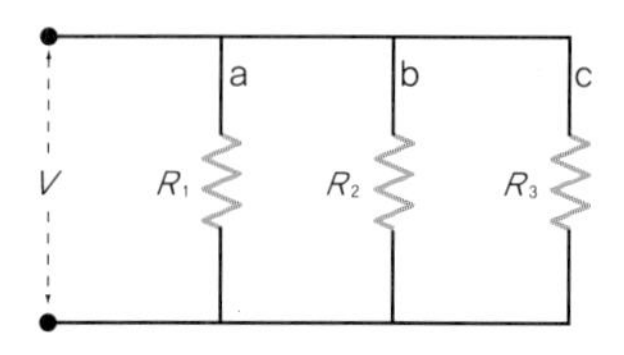

'나란히 잇기'라고도 하며 전기 회로에서 같은 극끼리 연결하는 것을 말합니다. 각 소자는 회로 내의 같은 두 점에 연결되어 있으므로 각 소자에 걸린 전압은 모두 같은 크기입니다. 따라서 회로의 총 전류는 병렬 회로의 전류의 합과 같습니다.
병렬 연결 회로에서 한 개의 전구가 끊어지더라도 다른 전구는 아무런 영향을 받지 않습니다. 또한 전구를 한 개 더 병렬로 연결시키더라도 다른 쪽 회로에 영향을 미치

지 않으므로 각 전구의 밝기도 바뀌지 않습니다.

다음 그림은 직렬 회로 두 개를 다시 병렬로 연결해놓은 것입니다. 두 직렬 회로 모두 100V의 전압이 걸리게 되고 전체 전압은 여전히 100V로 일정합니다.

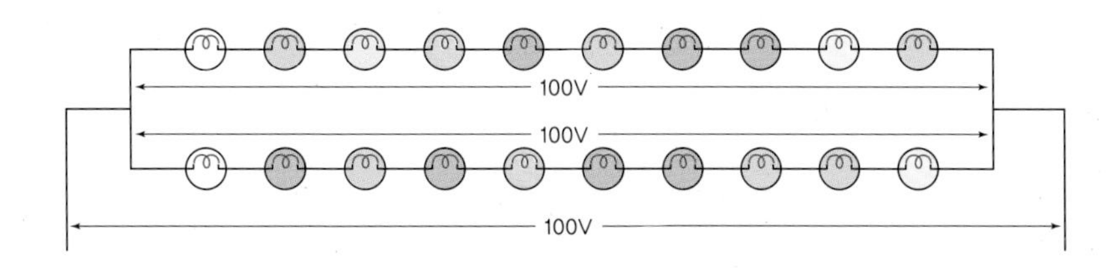

병렬 회로의 장점

전기 기구를 따로 켜거나 끌 수 있으며 많은 종류의 전기 기구들을 동일한 전압으로 사용할 수 있습니다.

병렬 회로의 단점

전체 통제가 어렵고, 전선이 많이 들고 회로가 복잡해집니다.

생활 속 병렬 회로

- 천장의 형광등 _ 형광등 하나가 고장나도 다른 형광등은 켜집니다. 또한 스위치 하나로 일부분만 켜고 끌 수 있습니다.
- 집 안의 가전 제품 _ 여러 가전 제품 중 한 가지를 켜거나 끌 때 다른 제품들의 전원에는 영향을 받지 않습니다.
- 멀티 콘센트 _ 연결된 여러 제품 중 한 개가 꺼져도 다른 제품은 영향을 받지 않습니다.
- 공사 중 안전 표시등 _ 전구 한 개가 끊어졌을 때 공사 중 안전 표시등이 모두 꺼지면 위험하므로 병렬로 연결되어 있습니다.

실용성의 벽에 부딪히다

'경사진 콘센트'의 기본적인 구상을 끝내고 본격적인 제작에 들어가기로 했다. 하지만, 아버지는 기존 콘센트와의 호환성 문제를 먼저 해결하지 않으면 안 될 거라고 하셨다. 선생님께서도 발명품의 실용성을 높이기 위해서는 반드시 해결해야 할 문제라고 하셨다.

그리고 선생님께서는 내게 몇 가지 고민해야 할 점을 던져주셨다.

첫째, 기존의 수평식 콘센트는 무용지물? 지금 현재 시중에 나와 있는 멀티 콘센트는 모두 수평식이다. 경사진 콘센트가 아무리 편리하고 안전하다지만, 만약 기존의 멀티 콘센트를 버리고 새로 구입해야 하는 것이라면 이 아이디어가 얼마나 실용적일 수 있을까?

둘째, 기존의 플러그 역시 무용지물? 원형으로 제작된 기존의 플러그를 모두 갖다 버려야 하는가? 아무리 좋은 아이디어라 해도 실현 가능성이 떨어지거나 불편함을 감수하는 대신 지불해야 하는 비용이 너무 크다면 별로 가치가 없는 일 아닐까?

들어보니 정말 큰 문제다. 따라서 나는 첫째, 기존의 수평식 콘센트를 활용하는 방안을 찾아야 한다. 그리고 둘째, 타원형의 플러그를 계속 고집할 것인가를 결정해야 한다.

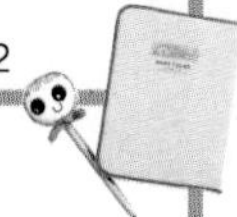

바꿀 건 과감히 바꾸자

수업 시간 내내 집중할 수가 없었다. 머릿속은 기존의 수평 콘센트를 살리면서 경사진 면을 만들어내는 생각으로 가득했다. 그리고 수업이 끝나갈 무렵, 한 가지 아이디어가 떠올랐다. 수평면 위에 마치 벽돌로 계단을 쌓듯 높이가 다른 하나하나의 콘센트들을 끼워 넣으면 어떨까 하는 것이었다.

집에 돌아와 블록으로 경사진 콘센트의 모양을 만들어보았다.

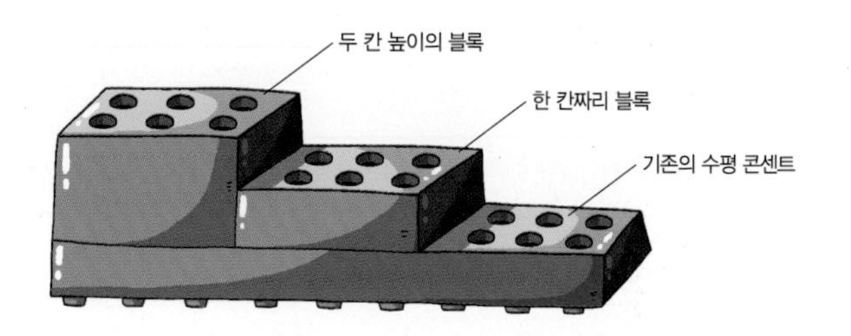

괜찮은 생각인 것 같다. 이렇게 되면 기존의 수평 콘센트를 살리면서도 각각의 구멍에 높이가 다른 콘센트를 끼워 넣으면 된다.

소켓 형태의 플러그 제작
기존 콘센트에 끼워서 쓸 수 있도록 잡기가 편리한 플러그를 제작하고, 특히 플러그 측 손잡이 부분은 잡기 편리하도록 돌출부를 둔다.

그리고 플러그의 모양을 타원으로 바꾸는 것도 기존의 원형 플러그에 타원 모양의 플러그를 어댑터처럼 끼워 쓰면 해결될 문제 같다.

계단식 콘센트를 하나의 블록으로!

내 의견을 들은 누나는 낱개의 콘센트들이 수평 콘센트에 잘 붙어 있을지가 문제라고 했다. 누나의 지적에 대해 방과 후 선생님과 상의했다. 선생님께서도 충분히 고려해볼 지적이라고 하셨다. 그리고 한 가지 더, 계단식 콘센트를 각각 만들 게 아니라 아예 하나로 만들면 어떻겠냐고 제안해주셨다.

선생님 말씀처럼 계단을 하나로 만들면 기존의 수평식 콘센트에 한번만 끼워 쓰면 되니까 훨씬 편하기도 하고 또 이음새도 훨씬 안전해질 것 같다. 역시 백짓장도 맞들면 나은가 보다. 한 사람의 생각에 여러 사람의 의견이 더해지면서 아이디어는 훨씬 탄탄해지는 것 같다.

기존의 수평식 콘센트 위에 통으로 만든 계단식 콘센트를 합쳐보았다.

퇴근하신 아빠와 함께 도안을 만들어보던 중 또 다른 아이디어가 떠올랐다. 가운데가 볼록하고 양쪽으로 경사가 진 계단으로 만들면 플러그를 꽂고 뽑기가 훨씬 편하지 않을까, 하는 것이었다.

양쪽 계단식 콘센트를 기존의 수평식 콘센트 위에 합쳐보았다.

아쉽지만 버릴 건 버려야 한다

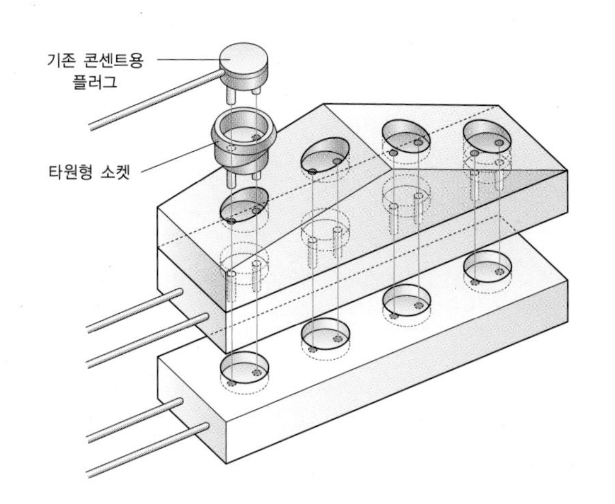

아버지가 그려오신
경사진 콘센트 도안

아빠가 퇴근길에 경사진 콘센트의 도안을 갖고 오셨다. 지금까지 종이에 연필로 그려오던 내 아이디어가 이렇게 근사한 도안으로 탈바꿈하다니…. 도안을 보고 있으니 마치 진짜 경사진 콘센트를 눈앞에 둔 것처럼 마음이 설렌다.

그런데, 좀 복잡하다는 생각이 들었다. 경사진 콘센트는 기존의 것보다 편하고 안전하기 위해 만든 것인데 플러그 머릿부분에 별도의 소켓 형태로 플러그를 만들어 끼워야 하니까.

아빠 역시 나와 같은 생각이라고 하셨다. 그래도 이건 누나가 낸 아이디어니까 누나의 허락을 받고 다른 방법을 찾아보는 게 좋겠다고 하셨다. 맞다. 발명품의 효율성을 높이는 일도 중요하지만, 누나의 기분을 상하게 한다면 소용없는 일이다.

조심스럽게 누나에게 아빠와 나의 의견을 이야기했다. 도면을 보며 우리의 이야기를 듣던 누나는 "그럴 수 있겠다"면서 우리의 뜻에 따르겠다고 했다. 역시 누나는 마음이 넓다. 만약 나라면 어땠을까? 나를 무시하는 거 아니냐며 토라졌을지도 모른다.

아이디어에 아이디어를 더하는 재미

아빠와 함께 경사진 콘센트를 제작해주실 공장의 사장님을 만났다.

사장 아저씨는 우리의 도면을 보더니 '멋진 아이디어'라고 반가워하셨다. 그리고 기존 멀티 콘센트 위에 경사진 콘센트를 붙여 호환성을 부여하는 것도 좋지만 그러자면 경사가 높은 부분은 기존 콘센트와 새롭게 부착되는 콘센트 사이에 공간이 너무 많아지니 그냥 일체형으로 만들어도 좋겠다고 제안하셨다.

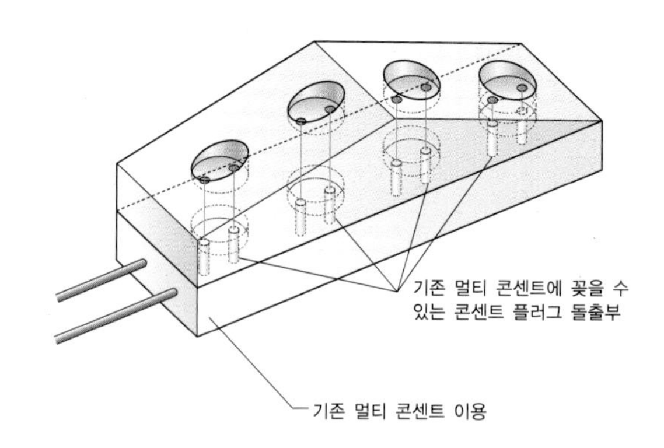

경사진 콘센트(블록형)
경사면에 플러그를 배치하고, 아래에는 기존 수평식 콘센트에 꽂을 수 있도록 플러그를 구성하면 호환성을 가질 수 있다.

그리고 아빠의 설명을 들으시더니 갑자기 "좋은 생각이 떠올랐다"고 외쳤다. 여기에 어댑터 하나만 더 첨가하면 벽에도 고정시켜 쓸 수 있을 거라는 것이다.

아저씨의 이야기를 듣고 아빠가 그 자리에서 도안을 추가시켰다. 우와! 정말 멋진 아이디어였다.

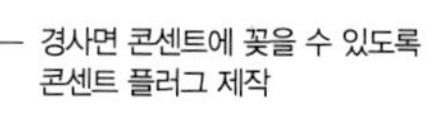

벽면에 설치된 지점에서 콘센트 플러그를 뽑아서 사용하기 위해 경사면 상단에 결합되는 별도의 콘센트 블록을 제작한다.

야호, 드디어 완성이다!

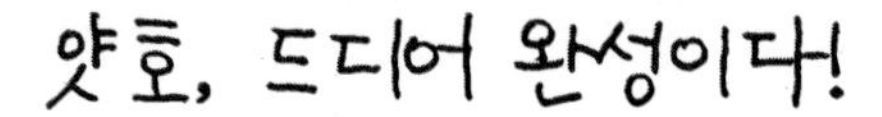

학원에 갔다가 집에 와보니 내 책상 위에 작은 상자가 놓여져 있었다. 뭘까 궁금해하는 내게 엄마는 내가 무척 기뻐할 선물이라며 빨리 뜯어보라고 하셨다.

테이프를 뜯고 상자를 여는 순간, 나도 모르게 "얏호!" 하며 환호성을 질렀다. 뽀얀 색의 '경사진 콘센트'가 얌전히 담겨 있는 게 아닌가. 당장 시험해보고 싶었지만, 엄마는 "아빠가 퇴근한 후에 함께 시험해보자고 하셨다"며 좀 기다려보자고 하셨다.

이윽고 아빠가 들어오셨다. 우리 가족은 떨리는 마음으로 경사진 콘센트를 들고 모여 앉았다. 콘센트를 전원에 연결하는 '막중한' 임무는 내가 맡기로 했다. 두두두둥~~. 콘센트를 연결하고 거실에 있는 누나와 내 컴퓨터 두 대의 전원 플러그를 꽂았다. 오호! 전선의 꼬임 없이 아주 여유 있게 꼽혔다. 그리고 컴퓨터 전원을 켰다.

결과는? 성공이었다. 나는 어린아이처럼 팔짝팔짝 뛰었다. 온 가족이 모두 기뻐하는 모습을 보며 동생은 영문도 모른 채 덩달아 신이 나 거실을 이리저리 뛰어다녔다.

"엄마 아빠, 그럼 이제 다시 게임할 수 있는 거지요?"

나와 누나는 거의 동시에 소리쳤다. 엄마와 아빠는 웃으시며 "너무 많이 하면 다시 게임 금지령을 내릴 것"이라며 게임을 허락하셨다. 우리는 다시 게임을 할 수 있게 되었다는 사실이 더더욱 기뻤다.

오늘의 감동을 절대 잊지 못할 것 같다. 발명은 정말 신나는 놀이다.

인간은 타고난 발명가

인간은 발명하는 능력을 타고났다. 이는 곧 인간과 동물을 구분하는 가장 뚜렷한 차이일지도 모른다. 인간은 다른 동물에 비해 결코 힘이 세거나 강하지 않다. 그럼에도 만물의 영장으로 살아갈 수 있는 이유는 새로운 것을 끊임없이 발명할 수 있는 두뇌를 가졌기 때문이다. 곧 발명하는 능력은 인간의 중요한 특징 중 하나인 셈이다.

발명품은 인류를 살아갈 수 있게 했고 어려운 일들을 처리할 수 있도록 해주었다. 인류의 조상은 두 발로 직립 보행을 하게 되면서부터 이미 돌로 연장을 만들었다. 원시인이 사용했던 돌을 인류 최초의 발명품으로 보는 이유가 여기에 있다. 인간은 물건만 발명한 게 아니다. 물건을 만들 수 있는 새로운 방법도 개발해냈다. 그 중 하나가 바로 농사짓는 기술이다.

발명품 요모조모 뜯어보기

한솔이의 아이디어가 실제 제품으로 탄생되었습니다. 이미 이름난 발명 가족의 구성원답게 멋진 아이디어 발명품을 만들어낸 한솔이에게 박수를 보내고 싶군요.
이번 기회에 한솔이는 '아이디어에 아이디어를 더해가는 즐거움'을 제대로 맛보지 않았을까요?
자, 그럼 이제부터 한솔이가 발명해낸 '경사진 콘센트'의 면모를 요리조리 살펴봅시다.

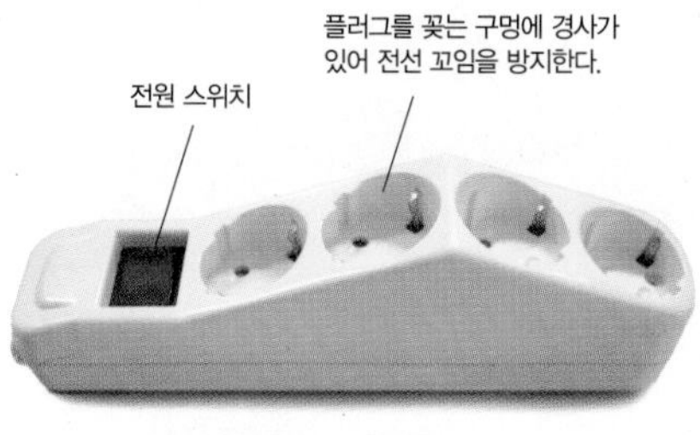

경사진 콘센트 본체

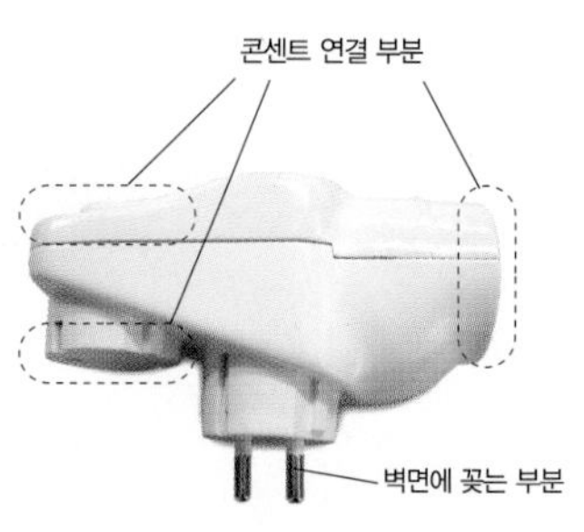

벽면에 연결하는 어댑터

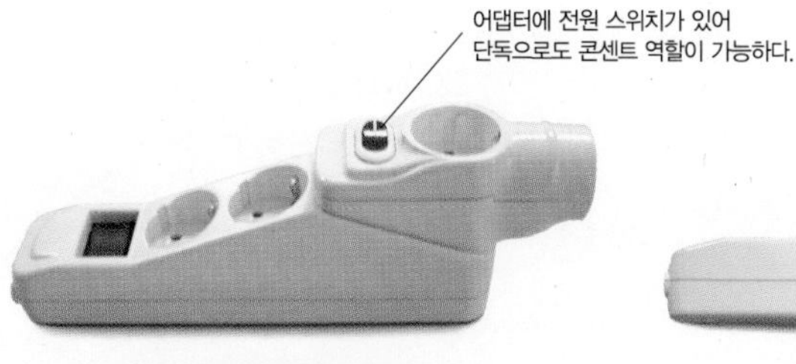

본체에 어댑터를 부착한 모습

본체에 어댑터를 부착한 측면

1년 365일,
언제나 뽀송뽀송한 우산의 꿈

여러분, 비 오는 날 외출하기 싫지요? 가장 큰 이유는 우산을 들어야 하는 번거로움과 비에 옷이 젖을 때 겪는 불쾌함 때문일 겁니다. 그 중 빗물이 옷에 튀는 경우는 실제로 우산을 쓰고 있을 때보다 차에 올라타기 위해 젖은 우산을 접을 때가 더욱 많습니다.
태영이는 친구들을 만나려고 삼촌께 선물받은 새 옷을 입고 집을 나섰다가 낭패를 당했어요. 그 후로 펴고 접을 때 빗물에 젖지 않을 수 있는 우산이 있었으면 좋겠다고 생각했답니다.
여름방학 내내 '물을 묻히지 않는 우산'을 개발하는 데 모든 열정을 쏟아부었던 태영이. 과연 성공했을까요? 자, 지금부터 태영이가 발명해낸 '늘 뽀송 우산'의 탄생 과정을 따라가봅시다.

스타일 완전 구겼네

"애, 비도 오는데 무슨 새 옷을 입고 나서니?"

여름방학이 시작된 지 보름쯤 지났을 무렵, 태영이는 친구들과 모처럼 시내 나들이를 계획했습니다. 머리도 식힐 겸 영화 한 편 보기로 한 것이지요. 더운 날씨 탓에 학원 오가는 것 외에는 외출을 삼갔던 태영이인지라 내심 가슴이 설레기도 하였답니다.

그러니 이런 날 어찌 새 옷을 입고 싶지 않겠어요. 마침 며칠 전 집에 들른 삼촌이 사주신 멋진 체크무늬 남방에 베이지색 면바지가 옷장 안에 가지런히 걸려 있었습니다. 삼촌이 쇼핑백에서 꺼내 건네는 순간부터 '아하, 이번 친구들 만나러 갈 때 입고 가야지' 하고 일찌감치 찜해둔 터였어요.

그런데 하필이면 오늘, 아침부터 주룩주룩 굵은 빗줄기가 내리는 겁니다. 며칠간 쨍쨍하던 하늘이 하루아침에 이처럼 낯색을 바꿀 줄이야…. 어머니 말에도 일리가 있는 것 같아 다시 서랍을 뒤지기 시작했어요. 시내로 가는 버스 시간은 점점 다가오고, 마음이 급해져 서둘던 태영이는 서랍장 문을 닫다가 그만 손가락을 찧게 되었어요. 화가 잔뜩 나 있는 태영이를 보다 못한 어머니.

"그러다 버스 놓칠라. 엄마가 차로 데려다줄 테니 따라나와라. 엄마도 마침 시내에 볼일이 있고…."

결국 삼촌이 사주신 새 옷을 입고 집을 나선 태영이는 우산을 쓰고 어머니 차가 주차되어 있는 곳으로 향했어요. 차 문을 열고 앉아 우산을 접으려는 순간, 빗물은 순식간에 손목을 타고 주루룩 미끄러졌습니다. 하지만 거기서 끝이 아니었어요. 차 문을 닫은 뒤 우산을 접어 다리 앞쪽으로 옮기는 순간, 우산에 묻어 있던 빗방울들이 두두둑 바지 위로 떨어졌던 겁니다.

바지에 떨어진 빗물을 털어내며 짜증내는 태영이에게 어머니는 "원래 그런 걸 갖고 뭘 그리 화를 내냐"며 나무라셨습니다. 약속 장소로 가는 내내 태영이의 입은 석 자쯤 나와 있었답니다.

원래 그런 게 어딨어?

사실, 어머니의 말이 틀리진 않았지요. 우산 접다가 빗물에 젖은 게 어디 하루이틀 일이었던가요? 매번 일어나는 일인데도 그날만큼은 솟아나는 화를 참기가 힘들더란 말입니다. 아무래도 '새 옷'을 집 나서자마자 더렵혔다는 이유가 컸겠지요.

드디어 약속 장소에 도착한 태영이.

"오호, 정태영~. 너 옷 샀냐?"

"저 녀석, 머리에도 힘 좀 줬는데?"

날씨만큼이나 잔뜩 찌푸린 태영이 속마음을 알 리 없는 친구들은 태영이의 말끔한(?) 옷차림과 살짝 무스를 바른 머리카락에 흥분을 해댑니다.

"야~야, 그러지 마. 나 지금 심기 불편하다."

"왜?"

"여기 봐. 우산 접다가 빗물이 튄 정도가 아니라 아예 들이부은 것 같지 않냐? 누가 보면 실수한 줄 알 거다."

그러자 장난끼 가장 많은 녀석이 나섭니다.

"태영이, 너 혹시?"

친구 녀석의 농담에 다들 한바탕 시원하게 웃어제끼고 나니 태영이 마음도 어느 정도 풀리는 듯했습니다. 그날 화제는 자연스럽게 비 오는 날 일어났던 사연들로 채워졌지요.

"난 우산 접을 때 빗물이 팔로 미끄러지는 거 싫어서 차 탈 때는 아예 우산 먼저 접고 탄다니까. 차라리 비를 좀 맞는 게 낫지."

"내 우산에서 떨어지는 비는 그렇다 쳐도, 버스 탔는데 옆 사람 우산에서 떨어지는 빗물에 신발 젖으면 정말, 우~."

"맞아, 맞아. 나도 그런 경험 있어."

그러고 보니, 비에 젖은 우산 때문에 겪어야 하는 불편함이 제법 많았습니다. 그러나 결론은 하나. '누구나 겪는 일인데, 그냥 참아야지'

였습니다. 그때 태영이가 나섰습니다.

"불편함은 개선되어야 하는 법. 내가 누구냐. 우리 학교 발명 동아리 회원 아니냐."

우산의 불편함!
1. 접었을 때 빗물이 뚝뚝
2. 차에 타서 접을 때 빗물이 팔꿈치로 주르륵

친구들 앞에서 큰소리를 치긴 했지만, 사실 태영이도 자신은 없었습니다. 하지만 '남아일언중천금'. 태영이는 이번 여름방학을 고스란히 바치더라도 반드시 방법을 찾아내고야 말겠다고 입술을 앙다물었습니다.

발명의 첫걸음은 '지피지기'

다음 날 아침에 일어나자마자 태영이는 베란다 창고를 뒤지기 시작했습니다. 혹 망가진 우산이 있는지 찾기 위해서였지요. 몇 분 후 드디어 '해체용'으로 제격인 우산을 하나 발견했습니다. 우산살 한두 개는 휘었고 하나는 꺾인, 그야말로 지금 당장 고물상으로 이사가야 될 만큼 낡은 우산이었지요.

"대체 그 우산으로 뭘 하려는 거냐?"

아침부터 베란다 창고를 뒤지는 아들을 유심히 바라보시던 어머니가 낡디 낡은 우산 하나를 들고 제 방으로 향하는 태영이에게 물으셨습니다.

"조금만 지켜봐주세요."

방으로 들어와 신문을 깔아놓고 우산을 조심스레 내려놓았어요. 그리고 펜치와 드라이버 등이 담긴 공구 가방을 옆에 놓고 우산을 지탱

하고 있던 부품을 하나하나 풀어나가기 시작했습니다.

"음, 우산살이 이렇게 생겼군. 1단 우산이나 2단 우산이나 접히는 원리는 같은데, 2단 우산은 이렇게 중간에 꺾이게 되어 있어서 접히는 거로구나."

태영이는 이날 우산살을 다 펼쳐보았어요. 그러면 뭔가 해답이 나올 것이라 생각했지만 아무리 궁리를 해보아도 우산 면을 타고 흘러내릴 빗물을 없앨 방도가 떠오르지 않았습니다.

머리 감는 모자에서 힌트를 얻다

며칠 후 태영이는 어머니와 함께 막내이모네 집을 찾았습니다. 둘째 사촌 동생의 백일 잔치에 초대받아서였지요. 처음에는 가지 않겠다고 버텨보았지만 어머니는 평소와 달리 적극적이셨어요. 지난 며칠 동안 방안에 콕 틀어박혀 있던 태영이에게 기분 전환이 필요하다는 이유에서였지요.

이모네 집에 도착한 태영이는 며칠 동안 북적대던 머릿속 생각들을 내려놓고 첫째 사촌 동생과 함께 이리저리 뒹굴며 놀았어요. 오후가 되어 땀 범벅이 된 사촌 동생을 이모가 목욕시킨다며 욕실로 데려갔습니다. 태영이는 씻기 싫다며 버티는 사촌 동생을 달래기 위해 욕실문 앞에 앉았습니다. 이모는 동그랗게 생긴 구멍 뚫린 모자를 조카의 머리에 씌웠어요.

"어? 이모, 이게 뭐야?"

"응, 애들 머리 감길 때 씌우는 모자야. 이걸 이렇게 씌우면 물이 안 흘러서 나도 편하고 애들도 편하거든."

그 모습을 별 생각없이 바라보던 태영이의 머릿속에 문득 떠오르는 생각이 있었어요. 서둘러 필기 도구를 찾아 메모를 시작했습니다.

"그래, 바로 이거야!"

모자를 아래로 향하게 했을 경우

모자를 위로 젖혔을 경우

자연이 준 발명품 ① - 흡착기의 모델이 된 삿갓조개

삿갓조개는 얕은 바다에 사는 연체동물로 바위에 몸을 달라붙게 할 수 있어 강한 파도에도 휩쓸려 가지 않는다. 삿갓조개가 바위에 단단히 붙어 있을 수 있는 이유는 바로 빨아들이는 힘이 아주 강한 근육질의 커다란 발 덕분이다. 삿갓조개 발이 지니는 강한 흡착력을 이용한 것이 바로 흡착기이다. 흡착기는 다루기 힘든 물체를 옮기는 데 매우 유용하게 쓰이는데, 예를 들어 표면이 매끄럽고 모서리가 예리한 판유리 등을 옮길 때 요긴하다.

※ 흡입력 : 흡착기를 매끄러운 표면에 대고 누르면 반대 방향으로 튀어오른다. 이때 흡착기 안쪽으로 공기 압력이 낮은 공간이 생기게 되는데, 이는 흡착기 가장자리 부분이 밀폐되어 공기가 들어오지 못하기 때문이다. 즉, 바깥쪽 압력이 안쪽 압력보다 높기 때문에 물체의 표면에 밀착될 수 있는 것이다.

'물을 묻히지 않는 우산'이 필요해!

지금 시중에 나오는 우산은 접을 때 우산 면이 아래로 향하기 때문에 물이 뚝뚝 떨어진다. 이는 머리 감는 모자를 아래로 향하게 했을 때와 모양이 똑같다.

만약 우산이 접히는 형태를 아래 모자와 같이 물이 얼굴 쪽이 아닌 머리 쪽으로 다시 모이게 하는 방식으로 바꾼다면, 물이 아래로 떨어지는 것을 막을 수 있다.

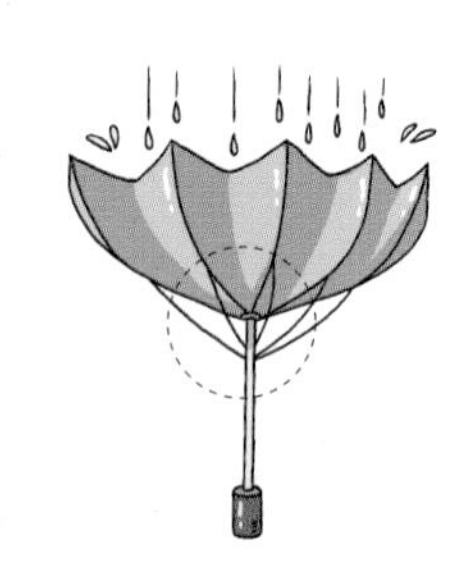

점선 부분에 모인 물을 아래로 모아 버릴 수 있다면 우산을 접었을 때 물이 뚝뚝 떨어지는 현상을 막을 수 있다.
이렇게…

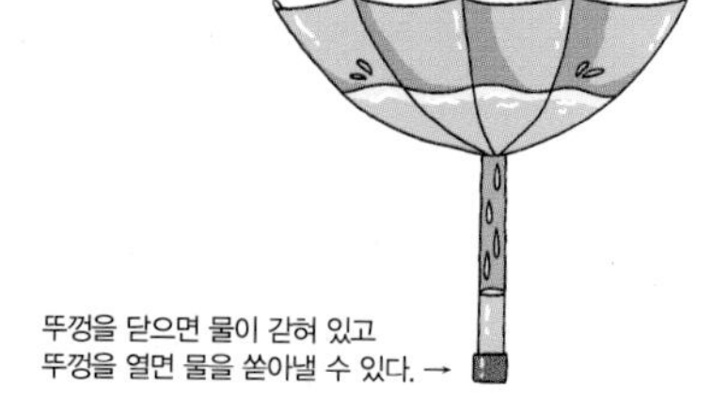

뚜껑을 닫으면 물이 갇혀 있고
뚜껑을 열면 물을 쏟아낼 수 있다. →

어떻게 하면 접었을 때 우산에서 물이 흐르지 않을까?

원리부터 찾아라

이 우산은 우산살이 거꾸로 접히는 동시에 파이프 안으로 우산이 들어가 물이 떨어지지 않는다. 거꾸로 접히는 방식으로 차에서 내릴 때나 탈 때에 빗물을 최대한 덜 맞을 수 있고 우산에 묻은 빗물이 옷에 묻는 일도 일어나지 않는다. 또한 뚜껑으로 우산 표면에 남아 있던 물을 막을 수 있어 실내 이동 시 우산에서 빗물이 흐르는 것을 방지할 수 있다.

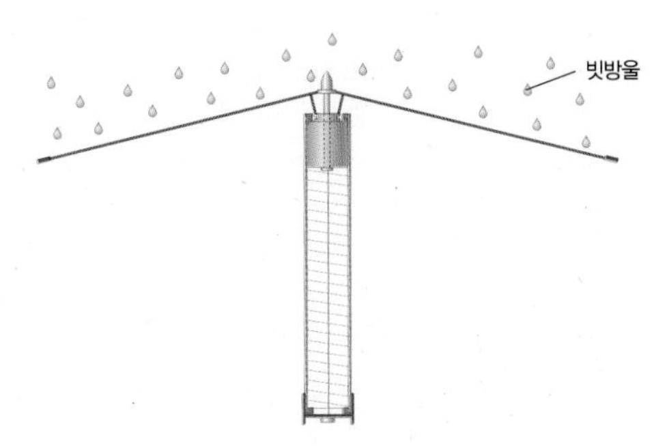

① 우산을 폈을 때의 단면도

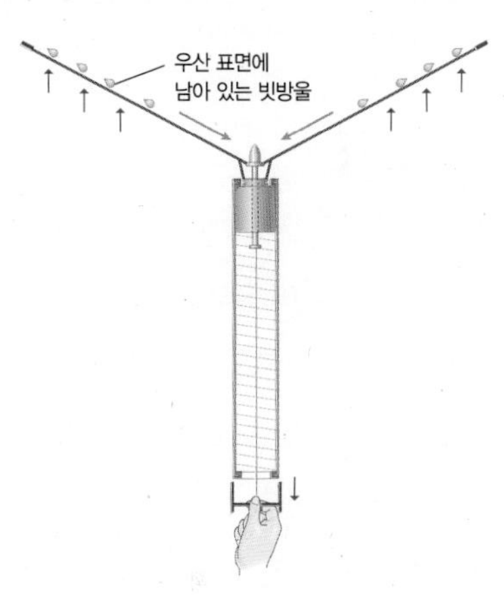

② 뚜껑을 밑으로 당기면 우산살이 위로 올라간다.

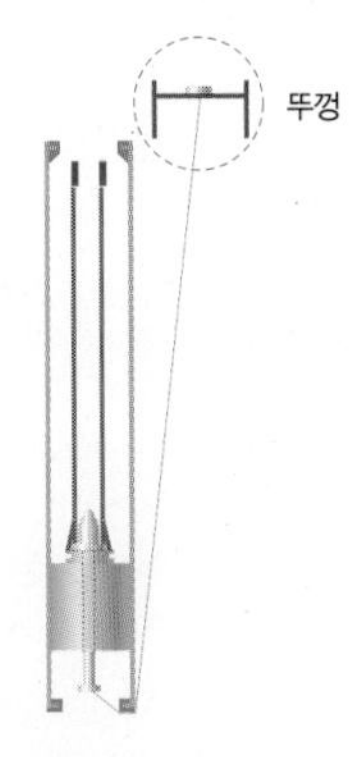

③ 뚜껑을 당겨서 우산을 통 안으로 집어넣는다.

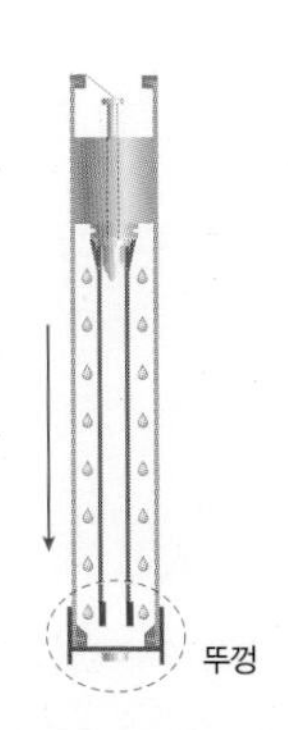

④ 통을 뒤집으면 빗물이 위에서 뚜껑 쪽으로 모이게 된다.

⑤ 차에 탈 때 옷이 젖지 않는다.

우산은 빗면의 원리로 펴고 접는다

무심코 우산을 펴고 접고 하지만 실제로 이 우산을 펴고 접는 데 빗면의 원리가 사용된다는 사실을 알고 있나요? 빗면의 원리는 지레의 원리, 도르래의 원리와 더불어 적은 힘으로 물체를 이동할 수 있도록 해주는 고마운 원리랍니다.

■ 빗면의 원리란?

물체를 높은 곳으로 끌어 올릴 때 주로 도르래를 이용합니다. 하지만 이 외에도 쉽게 활용할 수 있는 것이 바로 빗면이지요.

쉬운 예로 트럭에 무거운 물건을 올린다고 생각해봅시다. 별도의 기계를 이용하면 쉽겠지만, 그런 장비 없이도 어렵지 않게 물건을 들어 올릴 수 있습니다.

최대한 긴 널빤지를 구해 한 면을 트럭에 걸쳐놓고 물건을 널빤지 위에서 끌어 올리는 겁니다. 이렇게 하면 비교적 적은 힘으로도 무거운 물건을 올릴 수 있습니다.

이때 빗면의 경사가 낮으면 낮을수록 물체를 끄는 힘은 작아지게 되는 것이지요. 하지만 물체를 이동시키는 거리가 길어져 시간도 그만큼 오래 걸립니다.

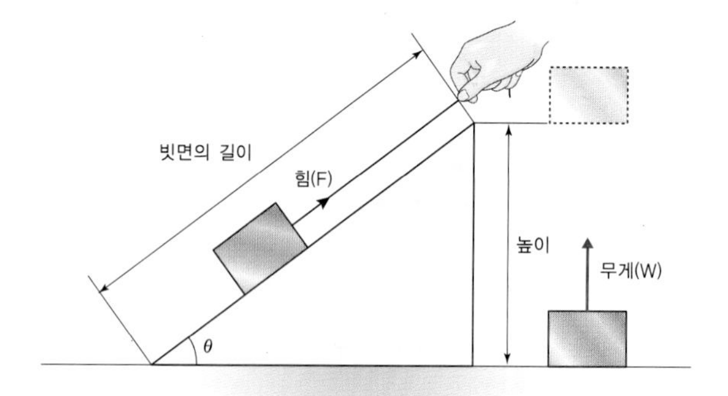

위의 그림은 빗면의 원리를 설명한 것이다. 빗면을 이용했을 때 필요한 힘(F)은 물체를 위로 들어 올릴 때 필요한 힘(W : 무게와 같은 값)보다 줄어들게 된다.

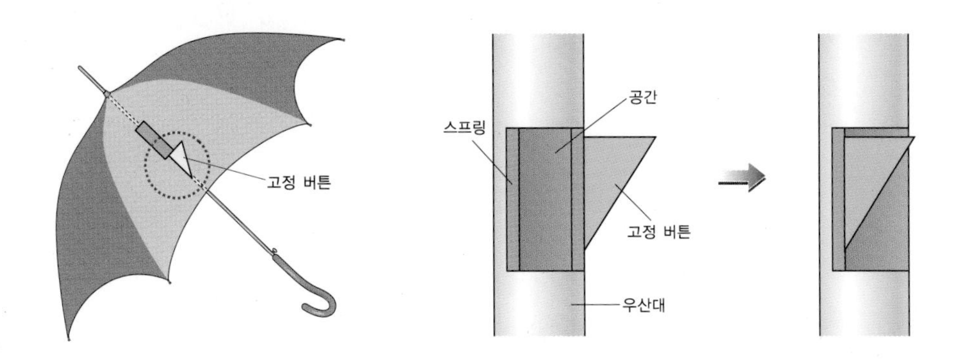

■ 빗면의 원리를 이용한 우산의 고정 버튼

우산의 고정 버튼은 우산을 쉽게 펴고 닫을 수 있도록 도와주는 장치입니다. 위의 그림처럼 우산이 펴진 상태로 유지될 수 있는 것은 바로 고정 버튼이 우산을 펴 있는 상태로 고정시켜주기 때문입니다.

우리가 우산 손잡이에 있는 버튼을 누르면 'U자' 모양의 스프링이 접히면서 빗면 모양으로 생긴 고정 버튼이 우산대 속의 공간으로 들어가게 됩니다. 바로 이러한 원리로 우산을 접을 수 있는 것이지요.

좀더 자세히 설명하자면, 왼쪽 그림과 같이 버튼을 누를 때 빗면 모양을 이용하게 됩니다. 즉, ②번 화살표의 방향처럼 버튼의 아래쪽에서 위쪽으로 힘을 가하면 ①번 화살표의 방향처럼 수직 방향으로 누르는 것보다 적은 힘이 드는 것이지요.

①의 방향처럼 수직으로 누르는 것보다 ②의 방향처럼 아래에서 위로 누르는 것이 훨씬 힘이 적게 든다.

■ 빗면의 원리를 사용한 예

비탈길 높은 산을 오를 때 일직선이 아닌 비탈길을 이용하는 것도 그만큼 힘이 덜 들기 때문입니다.

나선형 계단 계단의 기울기가 완만할수록 힘은 덜 듭니다. 큰 병원에 환자용으로 난 나선형 계단이 따로 있는 이유도 여기에 있습니다.

나사못 나사못에 나 있는 빗면 모양의 홈은 못을 보다 적은 힘으로 박을 수 있도록 고안된 것입니다.

끙끙~, 내 손으로 샘플 만들기

내 손으로 물 안 묻히는 우산을 직접 만들어보기로 한 날. 기본 재료는 못 쓰게 된 우산이다. 먼저 우산살과 우산천, 우산대 등을 분해하였다. 그리고 작성한 도안대로 다시 조립을 해나갔다. 나사를 풀어 우산이 접히는 방향을 반대로 하여 다시 조립하고, 우산을 담을 통은 위아래가 뚫린 단단한 종이 원통을 이용하였다.

하루 종일 우산과 씨름한 끝에 가까스로 완성! 실제 작동을 시켜보니 처음 아이디어를 구상했을 때보다 효과가 좋은 것 같았다. 다만, 우산의 전체 크기와 우산을 담는 통의 크기가 조금 큰 것 같다. 우산은 휴대하기 편해야 하는데 이 부분이 마음에 걸린다.

■ 우산을 펼 때

1. 우산을 펼치기 위해 뚜껑을 빼는 모습. 뚜껑을 우산 몸체에 연결하여 분실의 위험을 없앴다.

2. 우산의 중심 막대를 밀어서 우산을 펼치는 모습. 아직 시제품이다 보니 중심 막대를 밀 때 힘이 제법 들어간다. 좀더 부드럽게 보완할 필요가 있다.

3. 처음 우산을 펼치면 이렇게 거꾸로 된 모양이 된다.
따라서 우산의 모습을 갖추려면 손으로
꺾음 부분을 눌러주어야 한다.
한 번에 제 모습으로 변하게 할 수는 없을까?

■ 우산을 접을 때

4. 우산을 폈을 때의 모습. 3번 과정에서 손으로
우산살의 꺾이는 부분을 눌러 제대로 모습을 갖추었다.

5. 실내로 들어와서 우산을 접기 위해 중심 막대를 당기는 모습.
기존에 우산을 접을 때 우산살이 아래로 향해 물이 바닥에
떨어지는 문제를 해결하였다. 물이 우산 가운데로 모이기 때문에
바닥에 떨어질 염려가 없다.

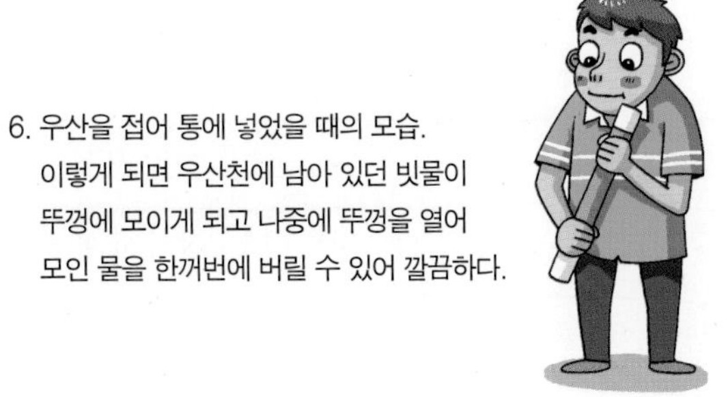

6. 우산을 접어 통에 넣었을 때의 모습.
이렇게 되면 우산천에 남아 있던 빗물이
뚜껑에 모이게 되고 나중에 뚜껑을 열어
모인 물을 한꺼번에 버릴 수 있어 깔끔하다.

결정적 문제로 벽에 부딪히다

지난번, 선생님께 발명품을 갖다드린 후 의견을 듣기로 한 날이다. 방과 후 과학실로 선생님을 뵈러 갔다. 내 발명품에 대해 자신이 있었던 나는 가벼운 발걸음으로 문을 열고 들어갔다.

잠시 후 과학실로 오신 선생님께서는 종이 한 장을 꺼내 놓으셨다. 선생님께서 종이에 쓴 문제의 초점은 '우산살'이었다. 우산살은 내 아이디어의 핵심인데, 그 부분에서 문제가 발견된 것이다.

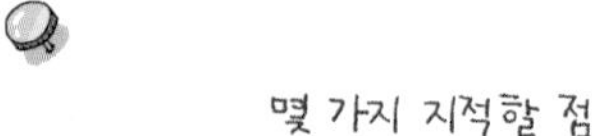

내가 생각한 발명품은 통에서 우산살을 밀어내 반대로 접는 형식이다. 따라서 우산 지지대 부분을 짧게 해야 가능할 것이라고 생각했던 것이다. 하지만 이 방법으로는 우산살이 제대로 지탱되기 힘들고, 지지대 연결 부분이 짧기 때문에 우산을 접고 펼 때 불편하다.

선생님과 한 시간여 동안 이야기했지만 뾰족한 방법이 생각나지 않았다. 하지만 이런 문제를 그냥 넘겨버린다면, 차라리 물이 흐르는 것을 참아내는 게 더 나을 정도라는 생각이 든다. 그럼, 내 발명품은 무용지물이 될 게 아닌가. 어떻게 해야 할까?

결점 인정, 다시 시작!

내가 만들 발명품이 지닌 문제가 속속들이 드러났다. 처음 문제를 발견했을 때만 해도 솔직히 의기소침해 있었다. 하지만, 생각을 달리하기로 했다. 발명왕 에디슨도 처음부터 완벽한 발명품을 만들어냈던 것은 아니리라.

처음으로 돌아가 시작하고자 한다. 베란다 창고에 넣어두었던 망가진 우산들을 다시 꺼냈다. 지난번에는 1단 우산만 분해해 보았는데(사실, 1단 우산이 훨씬 쉬울 것 같아서였다) 이번에는 2단 우산도 분해해 보았다. 크기가 너무 크다는 단점을 보완하기 위해서는 1단에서 2단으로 바꿀 필요가 있기 때문이다. 물론, 훨씬 더 복잡해지겠지만….

먼저, 우산 지지대를 보다 튼튼히 해야 한다. 기존의 발명품에는 우산을 받치는 지점이 우산 끝쪽으로 치우쳐 있다.

우산의 힘이 실리는 부분을 중앙으로 옮겨보는 건 어떨까. 그렇게 되면, 크기가 너무 크다는 단점도 보완할 수 있다. 내가 생각한 건 1단 우산이었지만, 이것을 2단 우산으로 바꾸는 거다.

우산살을 기존의 하나에서 두 개(a와 b)로 나누면 우산도 더 잘 펴지고 크기도 줄어들게 된다.

우산살에 힘이 가해지는 부분이 우산대의 가운데로 이동해 왔으니 우산을 펴는 방법도 1단 우산이 아니라 2단 우산의 형태를 빌려와야겠다. 2단 우산은 우산을 접고 펴는 부분에 스프링을 사용해 자동으로 움직이게 하고 있다. 내가 '물 안 묻히는 우산'을 만드는 이유가 좀더 편리해지고자 하는 거니까 수동이 아닌 자동으로 우산을 펴고 접을 수 있어야 한다는 사실을 잊고 있었다.

그런데 과연 이 그림대로 만들 수 있을까? 내일 선생님께 보여드리고 상의해야겠다.

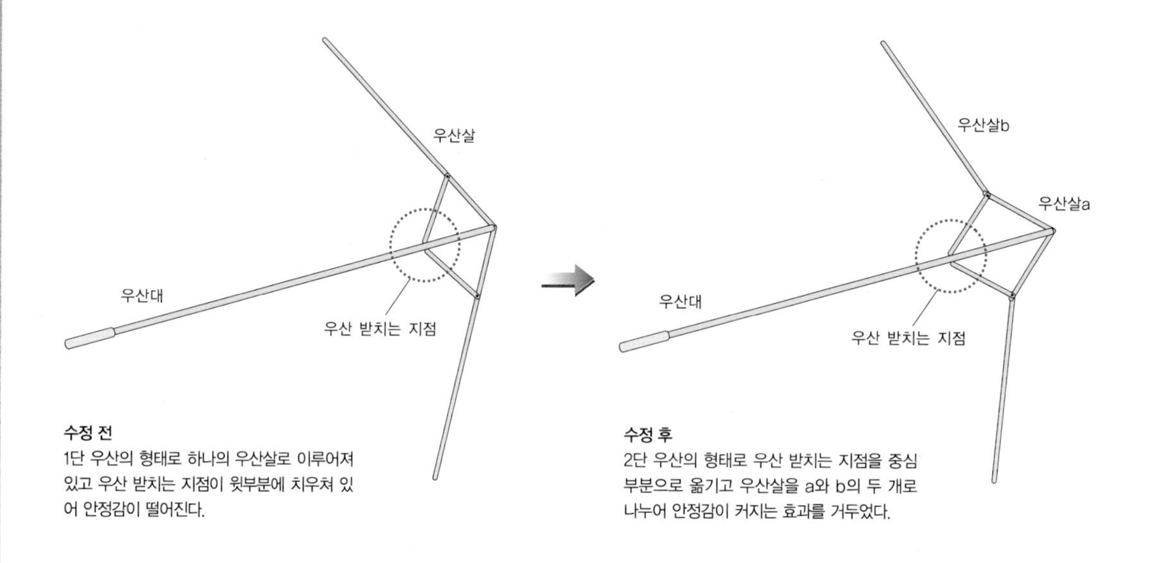

수정 전
1단 우산의 형태로 하나의 우산살로 이루어져 있고 우산 받치는 지점이 윗부분에 치우쳐 있어 안정감이 떨어진다.

수정 후
2단 우산의 형태로 우산 받치는 지점을 중심 부분으로 옮기고 우산살을 a와 b의 두 개로 나누어 안정감이 커지는 효과를 거두었다.

한 단계 더 앞으로!

선생님께 개선된 안을 설명드렸다. 훨씬 나아진 것 같다고 하셨다. 다만 우산을 담는 통에 대해, 기존처럼 둥근 통을 사용하면 아무래도 휴대가 불편하다는 지적과 함께 차라리 이 부분을 단순화하여 통 대신 천으로 덮을 수 있다면 좋겠다는 의견을 주셨다. 내가 미처 생각하지 못했던 부분이었다. 선생님과 함께 지금까지 정리된 내용을 그림으로 그려보았다. 그리고 선생님께서 미리 알아두신 제작 업체에 필요한 부품을 의뢰해주시겠다고까지 하셨다. 이제 며칠 후면 내가 고안한 '물 안 묻히는 우산' 2탄이 탄생된다.

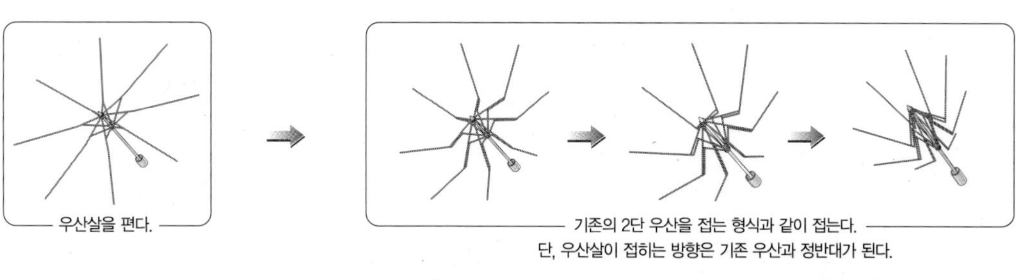

우산살을 편다.

기존의 2단 우산을 접는 형식과 같이 접는다.
단, 우산살이 접히는 방향은 기존 우산과 정반대가 된다.

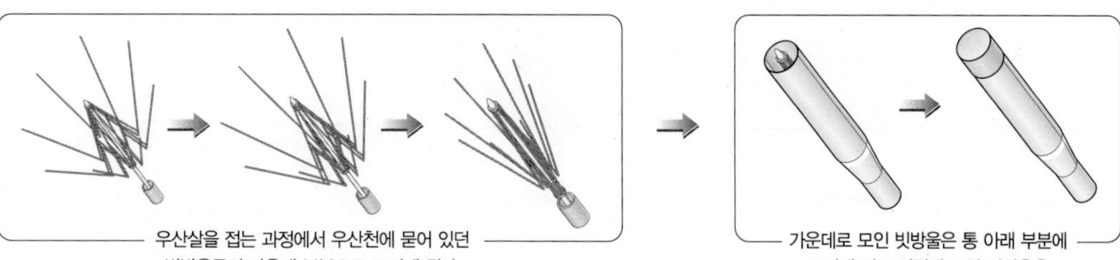

우산살을 접는 과정에서 우산천에 묻어 있던 빗방울들이 가운데 부분으로 모이게 된다.

가운데로 모인 빗방울은 통 아래 부분에 고이게 되고 이렇게 모인 빗방울은 나중에 뚜껑을 열어 버리면 된다.

부속 연결, 드디어 완성!

주문했던 부속이 왔다. 선생님의 도움을 받아 처음부터 끝까지 직접 조립해나갔다. 우산살이 워낙 얇다 보니 부속들을 연결시키는 게 만만치 않았다. 하지만 인내심을 갖고 하나하나 연결시켰다.

우산살에 씌우는 천은 가장 나중에 붙이기로 하였다. 먼저 우산살의 작동이 잘 되는지부터 살펴야 하기 때문이다. 그런데 안타깝게도 처음 원했던 '자동 시스템'은 적용시키지 못했다. 그러기 위해서는 보다 복잡한 과정이 필요하기 때문이다.

하지만 너무 아쉬워하지 않기로 하였다. 내가 처음 고안했던 아이디어를 부족하게나마 시연시켰고, 또 가장 중요한 핵심 아이디어는 그대로 적용시켰으니까.

우산살을 접고 있는 모습

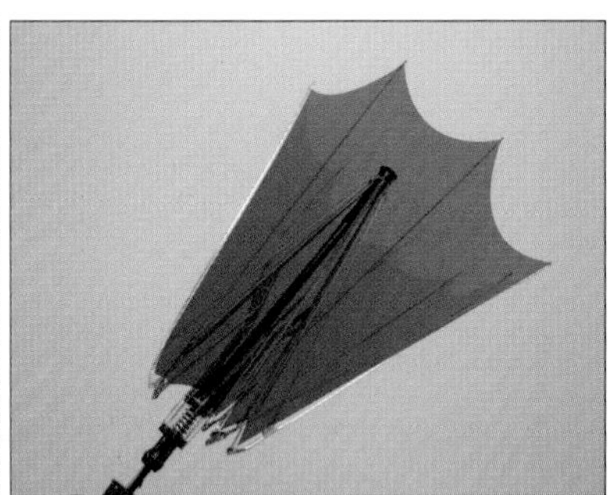

우산살을 접은 모습

발명품 요모조모 뜯어보기

태영이가 혼자 만들었던 첫 번째 '물 안 묻히는 우산'의 약점과 미흡한 점을 보완한 두 번째 작품이 탄생하였습니다.
기본적인 원리는 같지만, 보다 활용도가 높고 편리한 우산으로 거듭난 것입니다.
비록 우산살이 접히고 펴질 때 기존의 우산처럼 부드럽지 못하다는 문제를 안고는 있지만, 이는 기술적인 부분을 보완해나간다면 충분히 더 나은 '우산'으로 발전해 나가리라 믿습니다.
자, 그럼 태영이가 고안해낸 '물 안 묻히는 우산'을 요모조모 살펴볼까요?

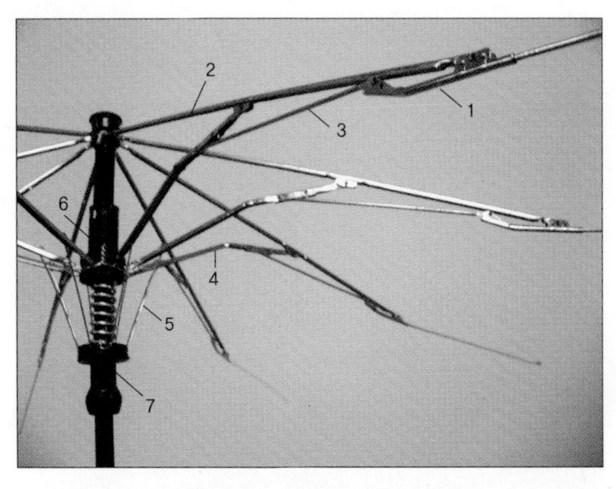

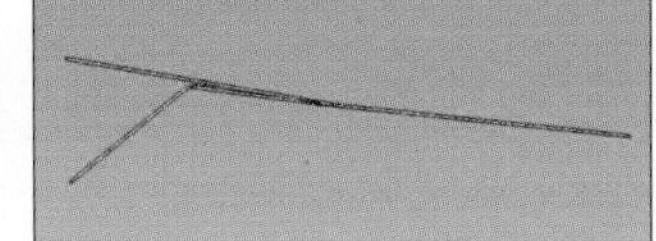

우산이 펴졌을 때의 날개부

- 1과 2는 우산의 총 길이를 결정하게 하는 요소이다.
- 3은 우산을 2단으로 접을 때 1의 이동성을 결정하는 역할을 한다.
- 4에서 주는 각이 1에 영향을 주어 우산이 확실히 펴질 수 있게 된다. 각이 적으면 우산 끝이 위로 향하게 되고, 그 각이 과도하게 크면 차후 우산을 접을 때 그 두께가 커지므로 적당한 각을 주어야 한다.
- 5는 6과 7 사이에 고정되어 있는 용수철의 탄성력을 각 부분(1~4)에 전달해주는 가장 기본이 되는 부분으로, 4와의 조인트 위치에 따라 우산이 펴질 수 있는 힘을 조절할 수 있다.

알약형 양념 캡슐

단 한 번에 음식 간 맞추기

혹시 요리해본 경험이 있나요? 처음 요리에 도전할 때 가장 먼저 찾게 되는 게 바로 요리책일 텐데요. 하지만 그것도 결코 쉬운 일은 아닙니다. 요리책에 소개된 '간장 한 큰술'이니 '설탕 두 작은술'이니 하는 용어들도 낯선 데다가 분량도 대개 '리터' 단위로 적혀 있기 때문이지요.

병준이는 몸살로 앓아 누우신 어머니께 시원한 콩나물국을 끓여드리려고 마음 먹었습니다. 재료를 갖추어놓고 끓이기에 도전한 병준이. 하지만, 요리책에 적인 이름 모를 단어들 앞에서 그만 무릎을 꿇고 말았답니다. 결국 병준이는 어머니를 위한 콩나물국을 끓여낼 수 있었을까요?

자, 지금부터 병준이가 벌인 콩나물국과의 한판 전쟁이 어떤 결과를 낳았는지 함께 따라가봅시다.

효자 노릇, 아무나 하는 게 아니네

"엄마, 어디 아프세요?"

"…으응, 병준이 왔구나. 밥은 먹었구?"

"그럼요. 지금이 몇 신데요. 엄마는요?"

"아까 병원 다녀와서 입맛도 없고 기운도 없고 해서…, 그냥 우유 한 잔 마셨다."

아닌 게 아니라 어머니의 안색이 너무나 안 좋아 보였어요. 야간 자율학습을 마치고 병준이가 집에 들어온 시각이 밤 11시. 그때까지 식사도 못하고 계신 어머니를 바라보자 마음이 아팠습니다.

가방을 내려놓고 옷을 갈아입은 병준이는 주방 불을 켰습니다. 어머니께 뭐라도 챙겨드리고 싶었던 것이지요. 가스레인지 위에 놓인 냄비에는 어제 저녁 어머니가 김장하면서 끓여놓으신 배춧국이 바닥을 드러내고 있었습니다.

'좋아, 이번 기회에 아들 노릇 좀 해보자.'

앞치마까지 입고 냉장고 문을 열었습니다. 그때 병준이 눈에 들어온 것은 야채통에 담겨 있는 노오란 콩나물 꾸러미.

'그렇지. 몸살에는 뭐니뭐니해도 시원한 콩나물국이 제격이지. 좋았어.'

냉장고에서 꺼낸 콩나물을 씻어 소쿠리에 담아놓고, 파도 꺼내 다듬어놓고, 마늘이 담긴 통도 꺼내놓았습니다. 물론 멸치도 잊지 않았지요.

"준비 완료! 자, 어디 한번 해볼까?"

그런데 어쩌면 좋을까요. 병준이가 떠올릴 수 있는 재료란 재료는

다 찾아놓았는데 도대체 어디서부터 어떻게 해야 할지 그저 막막할 뿐이었어요. 지금까지 수도 없이 먹어본 콩나물국이건만, 정작 어떻게 끓여야 하는지 아무런 생각도 나지 않는 게 아니겠어요?

그때 문득 책장에 꽂힌 요리책이 떠올랐습니다.

"그렇지, 요리책이 있었지!"

낱개 포장된 조미료는 있는데…

"뭐야 이게, 콩나물 200g, 다진 마늘 1큰술에 소금은 1작은술? 대체 큰술은 뭐고 작은술은 뭐야?"

싱크대 어디를 뒤져봐도 책에서 요구하는 계량 스푼이나 계량 컵을 찾을 수가 없었습니다. 가만히 생각해보니 어머니께서 요리하실 때 단 한번도 그런 계량 도구들을 사용하는 걸 본 적이 없었어요.

막무가내로 콩나물국을 끓이자니 공연히 아까운 재료만 버릴 것 같고, 그냥 여기서 접자니 실로 간만에 어머니를 위해 착한 마음 먹은 게 허무했습니다. 이러지도 저러지도 못하고 있는데 안방 문이 열리고 어머니께서 초췌한 모습으로 나오셨습니다.

"병준아, 뭐하니? 이게 다 뭐야? 웬 콩나물?"

"엄마에게 끓여드리려구 하는데, 어떻게 끓여야 할지 모르겠어요."

"저런, 우리 아들 다 컸구나. 엄만 괜찮다. 내일 아침에 엄마가 끓일

게, 그냥 놔두고 들어가 공부하렴."

병준이는 공연히 어머니 일만 만들어드린 것 같아 죄송해졌어요. 그래서 도로 냉장고에 넣어두는 일을 맡겠다고 자청했지요. 어머니께서는 그러라 하시고는 인스턴트 대추차 한 봉을 꺼내셨습니다.

"어, 잠깐만요, 엄마. 커피 말고 대추차도 이런 게 있어요?"

"어디 대추차뿐이니? 생강차, 홍차… 많이 있지. 왜, 너도 한 잔 타 줄까?"

"아, 맞다. 조미료도 이렇게 포장된 게 있죠? 지난 여름에 놀러가서 그걸로 찌개 간도 맞췄는데…."

"그렇지. 그런데 그건 한 번 쓰기엔 좀 양이 많아서 불편하지."

어머니의 이야기를 듣던 병준이는 뭔가 생각이 떠오른 듯 서둘러 방으로 들어갔습니다.

1~2인용 낱개로 양념을 포장하면?

'커피믹스처럼, 혹은 기존의 조미료 낱개 포장처럼 각각 필요한 만큼의 양념을 미리 담아놓고 쓰면 좋을 텐데…. 그런데 엄마 말처럼 조미료 포장은 분량 조절이 마음대로 되지 않지. 게다가 이것저

것 다양하게 섞여 있어서 선택할 수가 없단 말이지. 흠….'

병준이는 책상 앞에 앉아 골똘히 생각에 잠겼어요. 잠시 후 어머니가 야식거리를 챙겨 방으로 들어오셨습니다.

"병준아, 출출하지? 이것 좀 먹으면서 하렴."

"엄마, 보통 국이나 찌개를 끓일 때 어떤 양념들을 넣으세요? 파나 마늘 그런 거 말고 가루로 된 것들 중에서요."

"국이나 찌개도 그렇고, 무슨 반찬을 만들든 기본적으로 들어가는 재료들이 있긴 하지. 그런데 왜?"

"저처럼 처음 음식을 하는 사람도 쉽게 간을 맞추려면 1인분이나 2인분씩 포장이 되어 있으면 좋겠다는 생각이 들어서요."

"가루로 된 재료라…. 뭐 기본적으로 소금, 설탕, 고춧가루, 멸치나 새우 갈아놓은 것 등이 있겠지? 네가 끓이려던 콩나물국은 엄마가 내일 끓일 테니 다른 생각하지 말고 공부나 하렴. 네 마음만으로도 엄마는 벌써 다 나은 것 같다."

어머니가 방을 나가신 후에도 병준이는 생각을 멈추지 않았어요. 그리고 다시 주방으로 가서 소금과 설탕, 고춧가루 등을 가지고 방으로 들어왔습니다. 흰 종이 위에 각각의 가루들을 쏟아봤어요.

'이것들을 조금씩, 그러니까 1인분씩 담으면 어떨까? 아니야. 그건 너무 불편해. 쓰레기도 너무 많이 나올 테고. 그래도 양념 가루들을 1인분씩 담는 것, 그것밖엔 방법이 없는데 말이지….'

시계는 벌써 자정을 가리키고 있었습니다. 미처 마치지 않은 숙제가 있었던 병준이는 부랴부랴 숙제를 마치고 잠자리에 들었습니다. 양념 아이디어는 내일로 잠시 미뤄두고 말이지요.

그래, 바로 그거야!

다음날 아침상은 어머니께서 끓이신 얼큰한 콩나물국이었습니다. 콩나물국을 마주하자 밤사이 깜박 잊고 있던 양념 포장 아이디어 생각이 이어졌습니다. 잠시 후 식사를 마친 병준이가 서둘러 등교 준비를 하는데 여느 때와 같이 어머니께서 비타민 C 한 알을 챙겨주셨습니다.

비타민 C를 목으로 넘기면서 문득 '양념을 이 약처럼 고체로 만들면 어떨까?' 하는 생각이 스쳤어요. 학교로 향하는 차 안에서도 내내 그 생각이 떠나지 않았습니다. 하지만 생각해보니, 가루들을 고체로 만드는 별도의 작업이 필요할 거라는 생각이 들었지요. 그래도 알약처럼 만드는 아이디어는 꽤 괜찮은 것 같았어요. 다시 그 지점에서 생각을 확장시켜나갔습니다.

"맞아, 캡슐형 알약이 있었지! 그건 그냥 먹어도 되는 거잖아. 그 안에 가루약을 담아 먹는 거니까."

"캡슐 안에 양념 가루들을 넣는거야. 음~, 이거저것 섞어서 1~2인분 식으로 담아도 되고 각각 종류별로 양념들을 담아도 되고. 그건 그때그때 각자 취향에 맞게 담으면 되겠다!"

그렇게 되면 굳이 양념뿐만 아니라 커피나 코코아, 녹차 등도 캡슐에 담아도 좋겠다는 생각이 들었습니다. 기존의 방식으로는 1회용 포장지가 쓰레기로 남았는데, 캡슐에 담으면 쓰레기도 안 생기고 좋겠다는 판단이 섰던 것입니다.

'알약형 양념 캡슐'이 필요해!

첫째, 초보자들도 쉽게 음식을 만들 수 있다.

- 음식 만들 때 초보자들이 가장 어려워하는 부분이 간 맞추는 것.
- 요리책에 나오는 한 큰술 등의 용어는 익숙하지 않고, 집에 계량컵이 없는 한 몇 그램 식으로 정확한 양을 맞추기도 쉽지 않다.
- 물을 붓고 알약형 캡슐만 넣으면 누구나 쉽게 조리할 수 있다.

둘째, 음식 솜씨에 관계 없이 음식의 표준 맛을 낼 수 있다.

커피를 잘 못 타는 사람도 인스턴트 일회용 포장 커피로는 기본적인 맛을 유지할 수 있다. 따라서 음식 솜씨가 없는 주부들에게 인기가 있을 것이다.

셋째, 양념을 흘릴 걱정도 없고 낭비도 없다.

양념 그릇에서 양념을 덜어 냄비에 넣을 때 흘릴 경우가 있는데, 알약형 캡슐을 이용하면 그런 불편은 없어진다.

넷째, 자취생, 독신자, 맞벌이 부부, 여행용 상품 등으로 활용 가능하다.

다섯째, 일회용 쓰레기의 발생을 줄일 수 있기 때문에 미래 환경 친화적 상품이 될 수 있다.

어떻게 하면 알약형 캡슐을 만들 수 있을까?

원리부터 찾아라

이 아이디어는 내용물이 일정하게 들어 있으면서 편리하게 섭취할 수 있도록 만들어진 알약의 형태를 응용하였다. 즉, 알약 캡슐이 체내에서 녹는 성질을 이용한 것이다.

일정 크기의 캡슐에 소금이나 조미료, 설탕, 고춧가루, 후춧가루 등의 양념을 혼합해 넣거나 또는 각각 분류해 넣는다. 그리고 캡슐 바깥에는 그램(g)으로 표기하는 대신 '미역국 1인분' '콩나물국 1인분' 등으로 표시한다. 음식마다 필요한 양념의 양이 다르기 때문이다.

예) 콩나물국 2인분을 끓일 경우, 물을 넣고 끓인 다음 재료를 넣고 콩나물국용 1인분 캡슐 두 개만 넣으면 된다.

기존 음식 간 맞추기

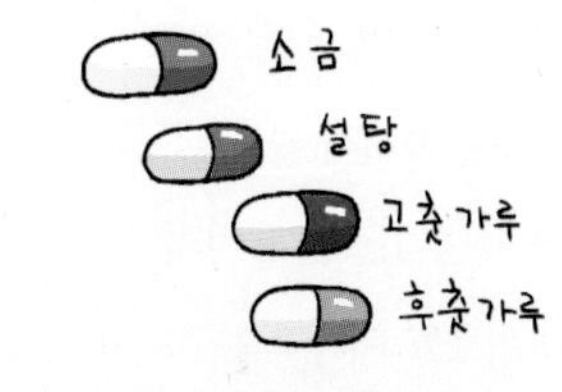

알약형 양념 캡슐로 간 맞추기

잠깐! 아이디어 더하기

웰빙 캡슐 캡슐 재료에 몸에 좋은 비타민, 칼슘 등을 첨가하여 건강까지 생각한 제품을 만들 수 있다.

환경 보호 시중에 나온 인스턴트 양념 포장은 용량이 커서 쓰고 난 후 보관도 불편하고 낭비도 심하다. 이런 문제도 해결하고 커피와 녹차 등에도 적용하면 일회용 쓰레기 발생을 줄일 수 있다.

캡슐이 체내에서 녹는 이유는 젤라틴

병준이는 알약형 캡슐에서 아이디어를 얻었습니다. 결국 물에서 녹는 캡슐의 성질을 이용한 것이지요. 그렇다면 알약형 캡슐은 어떤 원리로 만들어지는 것일까요? 캡슐을 만드는 재료가 무엇이며 또 어떻게 체내에서 녹게 되는지 알아봅시다.

■ 약을 캡슐로 만드는 이유

약을 캡슐로 만드는 이유는 크게 두 가지가 있습니다.

첫째는 일반적인 알약으로 만들기 어려운 경우랍니다. 알약은 짧은 시간에 높은 압력을 주어 찍어내는 방법(타정)으로 만드는데, 이런 방법을 썼을 때 약의 성분에 따라 성질이 변하거나 뭉치지 않는 경우가 있기 때문이지요. 또 약의 맛이 너무 쓰고 냄새가 독할 경우 목넘김을 쉽게 하기 위해 캡슐 안에 약을 넣기도 합니다.

둘째는 약이 치료를 해야 하는 장기에 안전하게 도착하도록 돕기 위해서입니다. 예를 들어 대장을 치료하기 위한 약인데 대장에 도착하기도 전에 약이 녹아버리면 약효를 제대로 발휘할 수 없으니까요. 그래서 대장약의 경우 약이 대장까지 무사히 도착할 수 있도록 성격이 다른 세 가지 막으로 캡슐을 만든답니다. 물과 함께 캡슐로 된 약을 먹으면 위를 거치는 동안 하나의 막이 녹게 되고 다음 소장을 거치면서 가운데 막이 녹고 목적지인 대장에 도착하면 마지막 하나의 막이 녹는 것이지요.

> 잠깐!
> **알약형 캡슐은 주스와 먹으면 안 돼요!**
>
> 과즙 음료에는 대개 비타민 C와 신맛을 내는 성분인 주석산이 함유되어 있다. 그런데 산성에서 부작용을 일으키는 약이 있을 수 있기 때문에 과즙 음료와 알약형 캡슐은 함께 먹지 않는 것이 좋다. 예를 들어, 몸에 열이 날 때 먹는 해열제에는 위를 자극시키는 성분이 있어서 심할 경우에는 위 점막에 출혈이 생길 수도 있다. 그런데 물이 아닌 과일 주스로 약을 복용하면 그 자극이 한층 심해지는 것이다.

■ 연질 캡슐과 경질 캡슐

캡슐에는 연질 캡슐과 경질 캡슐의 두 종류가 있습니다. 흔히 볼 수 있는, 둘로 분리되는 캡슐이 경질 캡슐이고 하나로 연결된 말랑말랑한 캡슐은 연질 캡슐입니다. 하지만 두 캡슐의 주 원료는 모두 '젤라틴'이라는 물질이에요. 젤라틴은 성분은 단백질이지만 아미노산 등 영양적으로 중요한 성분이 없거나 적어 영양가가 거의 없고 약효에 영향을 미치지 않아 약의 껍질로 사용하는 거랍니다.

■ 캡슐의 주 성분, 젤라틴

젤라틴은 뜨거운 물에서는 녹아서 졸(sol)이 되는데, 이를 다시 냉각시키면 겔(gel)이 됩니다. 우리가 흔히 젤리라고 말하는 것이지요. 그런데 이 젤리화된 젤라틴은 60℃ 전후에서 성질이 변하여 다시 녹아버리게 됩니다.

이러한 젤라틴의 주요 성분은 콜라겐이라는 동물의 결합 조직에 존재하는 것인데, 집에서 사골을 푹 고아낸 후 식히면 뭉글뭉글하게 굳는 것이 바로 콜라겐입니다. 이를 가열하면 액체로 있다가 식으면 젤리처럼 변하게 됩니다.

젤라틴의 분자 구조

잠깐! 분자란?

분자란 물질의 성질을 가지고 있는 최소의 단위이다. 즉 두 개 이상의 원자가 어떤 힘에 의해 일정한 형태로 연결된(화학적으로 결합된) 입자다.

분자는 온도와 압력에 따라 고체, 액체, 기체 상태 등 다양한 모습으로 존재할 수 있는데, 상태가 변하더라도 분자 내의 원자간 결합의 길이는 변하지 않는다. 다만 분자간의 거리가 변할 뿐이다. 물론, 이러한 분자는 쪼개져 다시 원자로 될 수 있으며 분자의 종류는 새로운 물질이 발견되면서 계속 증가하고 있다.

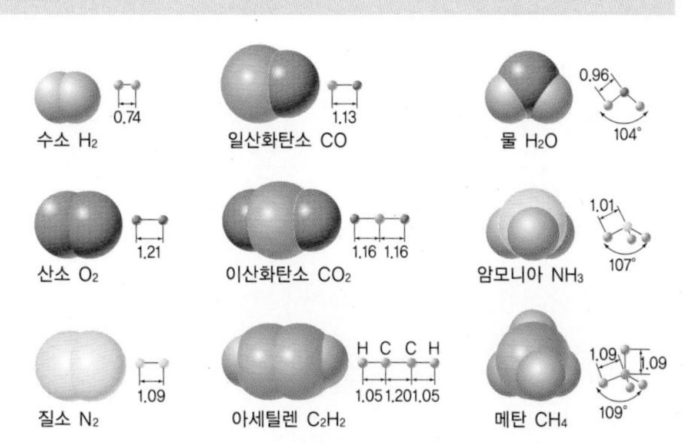

분자의 여러 가지 모양

캡슐 녹이기 실험, 그리고 좌절

내 아이디어의 핵심은 바로 캡슐이다. 캡슐의 크기와 무게를 어떻게 정할 것인가를 고민하기 전에 과연 내 생각처럼 캡슐이 물에 녹을 것인가를 먼저 파악해야 한다. 그래서 하교길에 병원에 들러 빈 캡슐을 10개 구해왔다.

먼저 캡슐 두 개에 소금과 설탕을 조금씩 넣고 물에 넣어보았다. 얼마 만에 녹는지 재보기 위해 시계도 옆에 준비해두었다.

결과는? 실망스러웠다. 시간이 지나도 캡슐은 모양만 약간 누그러질 뿐, 전혀 녹을 기미를 보이지 않는 것이었다. 알아보니 알약형 캡슐은 물이 아니라 위산에 녹는다고 한다.

그럼, 식초에 녹여보면 어떨까? 식초 안에 양념이 들어 있는 캡슐을 넣어보았다. 과연 얼마 지나지 않아 캡슐이 녹고 그 안에 있던 양념이 밖으로 나왔다. 그런데 식초로 음식을 할 수는 없지 않은가!

그렇다면, 위산이 아닌 물에 잘 녹는 캡슐을 만들어야 한다!

여기에 한 가지 더! 빈 캡슐과 안에 담기는 내용물의 화학적 성분이 잘 결합되지 않아야 한다는 사실도 알아냈다. 보관 중에 캡슐과 안에 담기는 내용물이 섞이면 곤란하기 때문이다.

아, 산 넘어 산이다!

기초부터 차근차근~

오늘은 야간 자율학습을 하지 않고 일찍 귀가했다. 어제 못다 한 실험을 해야 했기 때문이다. 우선, 기본적인 재료들을 준비해 식탁 위에 펼쳐놓았다.

찬 물에서의 결과
캡슐을 넣은 지 한참 뒤에야 캡슐의 겉과 속 모두가 녹았다.

뜨거운 물에서의 결과
캡슐을 넣은 뒤 얼마 되지 않아 겉이 녹는 것을 볼 수 있었다. 속의 알맹이가 녹기까지는 시간이 걸리지만, 찬물보다는 빨리 녹는다.

다행히 끓는 물에서는 캡슐이 잘 녹았다. 국을 끓일 때 처음부터 물과 함께 캡슐을 넣으면 다른 재료들이 익는 동안 충분히 안의 양념이 녹을 수 있을 거라는 생각이 들었다.

그런데 문제가 생겼다. 가만히 지켜보니 소금이 담긴 캡슐에서 흘러나온 소금이 다 녹지 않고 알맹이가 계속 떠 있는 게 아닌가. 그때 문득 과학 시간에 배운 '용해도'라는 용어가 떠올랐다. 온도를 높여주면 내용물이 빨리 녹을 수 있지만, 물의 양에 따라 내용물의 전체가 녹을 수도 있고 녹지 않는 부분이 생길 수도 있는 것이다.

그래서 이번에는 처음보다 더 많은 양의 캡슐을 넣어보았더니 적은 양일 때보다 잘 녹지 않았다. 뿐만 아니라 끈적끈적한 점성이 나는 물질로 변해갔다.

재료의 종류와 물의 온도에 따른 용해도

용해도란 어떤 온도에서 용매 100g 속에 최대로 녹을 수 있는(포화 상태) 용질의 그램(g)수를 말합니다. 용질의 종류와 온도에 따라 용해도는 달라지게 됩니다.

■ 용해와 용액, 용매와 용질

용해 두 종류 이상의 물질이 골고루 섞이는 현상입니다.

용액 용해에 의하여 생긴 균일한 혼합물을 말합니다.

용매 두 물질이 섞일 때 양이 더 많은 쪽을 가리킵니다.

용질 두 물질이 섞일 때 양이 더 적은 쪽을 가리킵니다.

■ 포화 · 불포화 · 과포화 용액

포화 용액 일정한 온도에서 더 이상 용해될 수 없는 한계까지 녹아 있는 최대량의 용질을 포함한 용액입니다. 즉, 용매 100g에 용질이 용해도만큼 녹아 있는 용액을 포화 용액이라고 합니다.

불포화 용액 일정한 온도에서 용매 100g에 용질이 용해도보다 적게 녹아 있는 용액을 불포화 용액이라고 합니다. 즉, 용질이 더 녹을 수 있는, 포화 상태에 이르지 못한 용액을 말합니다.

과포화 용액 불포화 용액과 반대의 의미로서 포화 상태보다 더 많은 용질이 녹아 있는 경우로, 불안정한 용액입니다.

잠깐!

용해도 측정

온도, 용매의 종류에 따라 용해되는 정도가 달라진다. 알약이 녹는 것에 영향을 주는 것은 일단 용해도, 온도, pH 정도이다.

단, 양에 관계없이 섞이는 두 물질 중 한쪽이 액체이면 액체 물질이 용매가 된다.

예) 수용액 – 용매가 물인 용액
알코올 용액 – 용매가 알코올인 용액

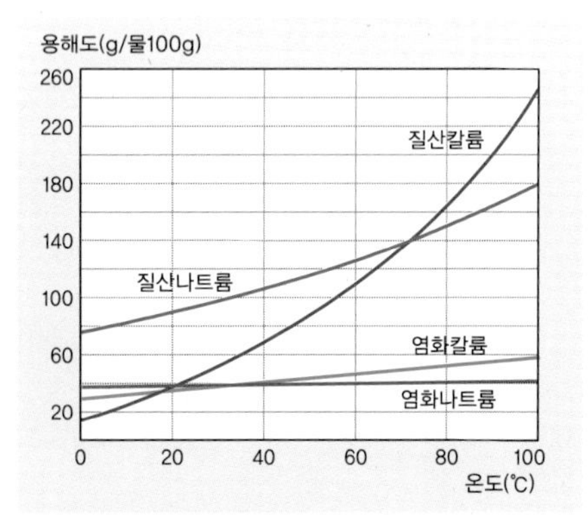

용해도 곡선

새롭게 발견한 복병, 캡슐의 색깔

사실 아이디어를 발전시키면서 커피나 코코아, 율무차 등에도 적용할 수 있을 거라고 생각했었다. 하지만, 그건 곤란하다. 만약 코코아를 이렇게 캡슐 형태로 만들어 타 마신다면, 아마도 젤리 형태의 코코아를 떠먹어야 할 것이다.

오늘은 직접 내가 만든 캡슐로 국물을 만들어보기로 하였다. 최적의 음식 맛을 내기 위해서는 어느 정도의 분량을 넣어야 할지 실험해봐야 하기 때문이다. 지난번에 실패했던 콩나물국에 도전해볼까.

콩나물은 뚜껑을 덮고 익혀야 한다는 사실을 떠올리며 어느 정도 끓을 때까지 기다렸다가 뚜껑을 열었다. 앗! 그런데 이상한 일이 벌어졌다. 국물 색깔이 붉은 빛으로 변해버린 것이다. 순간 '내가 고춧가루를 넣었던가?' 떠올렸지만, 분명히 소금이 담긴 캡슐만 넣었다.

국물을 떠 간을 보았다. 소금의 짠맛과 함께 야릇한 맛이 더 느껴졌다. 순간, 캡슐의 빨간색 표면이 눈에 들어왔다. 아뿔싸! 바로 이 녀석 때문에 국물도 빨개지고 맛도 이상해진 거로구나!

내가 찾은 자료에 의하면 분명 캡슐 재료인 젤라틴 자체는 '무색, 무취, 무미'라고 나와 있으니, 분명 범인은 빨간색 염료임에 틀림없다.

색이 없는 투명 캡슐이 필요해

시중에 나와 있는 캡슐은 모두 색깔이 들어 있다. 그러면 방법은 하나다. 색이 없는 투명한 캡슐을 만들어야 한다는 소리!

오늘, 과학 선생님을 찾아갔다. 사실 처음 아이디어가 떠올랐을 때부터 한번 찾아가 의논드리고 싶었지만 용기가 나지 않았었다. 그리고 내심 나 혼자 힘으로 해보고 싶다는 욕심도 생겼던 게 사실이다.

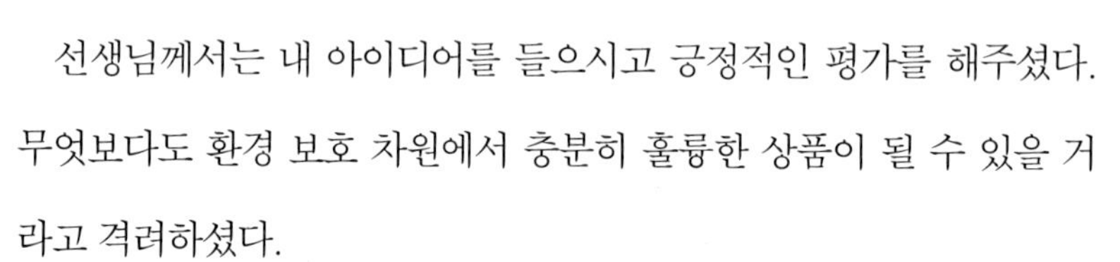

선생님께서는 내 아이디어를 들으시고 긍정적인 평가를 해주셨다. 무엇보다도 환경 보호 차원에서 충분히 훌륭한 상품이 될 수 있을 거라고 격려하셨다.

'진작 선생님께 의논드릴걸' 하는 후회가 일었다. 그래도 지금까지 혼자 실험해온 나 자신이 대견해지는 것도 솔직한 심정이었다.

안타깝지만, 선생님께서도 투명 캡슐을 만들 방법을 찾기는 힘들 거라고 하셨다. 그러면서도 식약청에 한번 문의를 해볼 테니 기다려보라는 말씀을 해주셨다.

선생님과 이야기하던 도중 한 가지 생각이 더 떠올랐다. 캡슐 안에 양념 같은 가루 외에도 액체로 된 과일즙을 넣어보는 건 어떨까 하는 것이었다. 그럼 녹는 속도도 훨씬 빠를 테니까.

천만다행, 투명 캡슐이 내 손에…

선생님께서 나를 찾는다는 소식을 듣고 교무실로 달려갔다. 선생님께서는 빙그레 웃으며 상자 하나를 건네셨다. 떨리는 마음으로 상자를 열어보니, 그 안에 투명한 캡슐들이 마치 보석처럼 반짝이고 있는 게 아닌가. 너무 기뻤다.

이제 이 안에 어떤 재료들을 담을 수 있을지 부지런히 실험하는 일만 남았다. 서둘러 집에 돌아온 나는 투명 캡슐들을 늘어놓고 지금까지 구상해온 내용물들을 하나씩 꺼내 실험에 착수하였다.

종류	사전 조사	실험 및 제안	결과
오렌지즙	시중의 농축액을 보면, 홍삼 등 약재는 액기스로 판매하지만 과일의 경우 액기스만 따로 판매하는 경우가 없다.	오렌지를 농축시켜 캡슐에 넣으면 휴대하기도 간편하고 언제 어디서나 컵 하나만으로 손쉽게 주스를 만들어 먹을 수 있다.	작은 캡슐 안에 오렌지즙을 넣으려니 어려웠다. 스포이드로 넣으면 될 거라 생각했는데, 손에 가해지는 힘 조절이 어려웠고 스포이드 끝 부분에서 둥근 방울 모양으로 나오는 탓에 고생했다.
커피 설탕 프림	일회용 커피의 중량은 12g인데, 커피와 설탕, 프림 등이 한꺼번에 들어 있어 기호에 따른 선택이 힘들다.	기존 일회용 커피처럼 한꺼번에 담을 수도 있고, 따로 담아 개인 취향에 맞추어 커피 맛을 선택할 수도 있다. 또 흘릴 염려도 없어 위생적으로도 좋다.	실험 결과 사람들이 가장 즐겨 마시는 밀크커피의 경우 캡슐 한 개를 2g으로 만들면 커피 5개, 프림 4개, 설탕 3개의 비율이 가장 이상적인 맛을 내는 것으로 판단되었다.

고심 끝에 선택된 재료를 모으다

며칠간의 실험과 고심 끝에 모두 여덟 가지의 재료를 선택하였다. 지금까지 나타난 문제점들과 장점들을 분석하여 고른 재료들은 소금, 커피, 조미료, 설탕, 고춧가루, 산수유차, 프림이었다.

이 재료들을 모아놓고 투명한 캡슐에 담았다. 캡슐에 내용물을 쉽게 채우기 위하여 깨끗한 종이 위에 재료들을 충분히 준비하였다. 캡슐을 열어 그 안에 준비된 재료를 가득 채우고 난 뒤 캡슐 뚜껑을 닫으면, 알약형 양념 및 다용도 캡슐 완성!

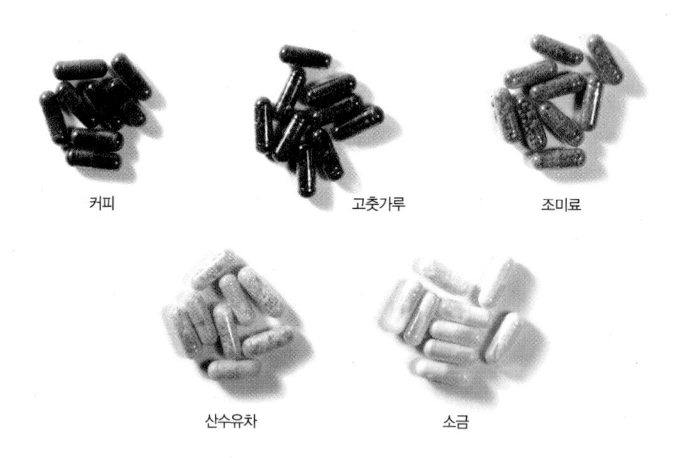

발명품 요모조모 뜯어보기

어머니를 생각하는 병준이의 갸륵한 효심이 만들어낸 '착한 발명품', 알약형 양념 및 다용도 캡슐입니다.

투명한 캡슐 속에 색색가지로 들어 있는 내용물들을 보니 요리가 한결 간단하고 즐거워질 것 같은 예감이 드는군요.

게다가 굳이 표기를 해놓지 않아도 속에 담긴 내용물을 한눈에 알 수 있으니 일석이조입니다. 병준이가 고안한 이 캡슐은 모든 가루 형태의 재료에 적용이 가능하다는 장점을 지닙니다. 또한 여행 등을 위한 휴대용 상품으로도 개발이 가능하겠고요.

무엇보다도 제품 개발에 큰 비용이 들지 않는다는 점과 미래 사회의 큰 문제인 환경 보호에 앞장 서는 제품이라는 데에 그 매력을 더합니다.

속이 들여다보이는 투명한 캡슐 안에 소금, 고춧가루 등 가루로 된 내용물을 담는다.

투명 캡슐 안에 준비된 재료(소금, 설탕, 고춧가루 등)를 담는다. 속이 들여다보이기 때문에 내용물을 시각적으로 구별할 수 있다. 캡슐 안에 담을 내용물의 양은 각자 기호에 맞게 조절하면 된다.

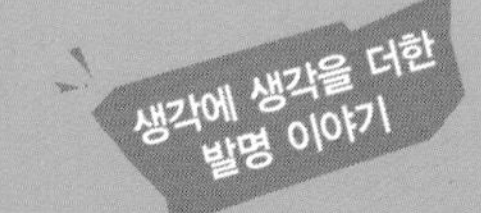

담배와 밀짚의 조합으로 탄생한 빨대

음료수를 마실 때 요긴하게 쓰이는 빨대도 발명 특허 상품이라는 사실을 아는 사람은 별로 없을 것이다. 게다가 그 빨대가 담배와 밀짚에서 발명되었다는 사실을 아는 사람이 얼마나 있을까. 빨대를 발명한 주인공은 담배 공장에서 담배 종이 마는 일을 하던 마빈 스톤이라는 사람이다. 1888년 어느 날 퇴근 후 선술집에 들른 마빈 스톤은 여느 때처럼 밀짚으로 위스키를 마시고 있었다. 술잔을 손으로 잡으면 위스키의 온도가 올라가 맛이 변하기 때문이었다. 하지만 밀짚 특유의 냄새가 술맛을 떨어뜨리기도 했다. 마빈 스톤은 밀짚을 대신할 만한 것을 고심하던 중 자신이 매일 공장에서 만지는 담배를 떠올리게 되었다. '담배 내용물을 없애고 종이를 둥글게 말면 냄새 없이 위스키를 마실 수 있겠다'는 데 생각이 미친 그는 곧 실천에 옮겼다. 그는 곧 종이 빨대로 특허를 출원했고 종이 빨대는 상품이 되어 날개 돋친 듯 팔리게 되었다.

PART 2
더하기만 잘해도 발명왕

이중 선풍기

선풍기 두 대를 하나로!

사이좋게 함께 쐬는 선풍기 바람

무더운 여름날, 대책없이 흐르는 땀방울로 온몸이 젖었던 기억은 누구에게나 있을 겁니다. 요즘에야 에어컨을 갖춘 가정이 많아졌지만 불과 10여 년 전만 해도 에어컨은 그리 흔치 않았답니다. 하긴, 에어컨이 있다 해도 매달 날아오는 전기세 고지서가 부담스러워 어디 마음껏 틀 수나 있나요?

그렇게 보면 예나 지금이나 서민들의 무더위를 날리는 일등 공신은 역시 선풍기입니다. 그런데 윤환이는 선풍기 때문에 어머니께 호되게 혼난 경험이 있답니다. 동생과 선풍기 쟁탈전을 벌이다 그만 어머니께서 아끼는 장식품을 깨뜨리고 말았거든요.

그러던 어느 날, 윤환이는 동생과 동시에 선풍기 바람을 쐴 수 있는 기막힌 방법을 찾아내게 됩니다. 1 더하기 1은 1 이상일 수도 있음을 증명한 윤환이의 아이디어, 그 즐거운 발명 이야기가 궁금하지 않나요?

선풍기 쟁탈전, 그 결과는…

"휴~ 덥다 더워, 정말 너무 덥다."

학원에서 돌아오는 길에 동생을 만난 윤환이는 가방을 내려놓기 무섭게 거실에 있는 에어컨 전원을 켰습니다. 그런데 어찌된 일일까요? 충분한 시간이 흘렀지만, 에어컨에서는 그 어떤 소리도 들리지 않았습니다.

"오빠, 혹시 망가진 거야?"

동생은 울상이 다 되었습니다. 에어컨 전원을 껐다가 켜보기를 수차례. 하지만 에어컨은 묵묵부답. 꿀먹은 벙어리가 따로 없었지요.

참다 못한 동생은 차라리 씻겠다며 욕실로 들어갔고, 윤환이도 에어컨과의 말없는 싸움을 접고 선풍기 앞에 앉았습니다. 강풍으로 버튼을 맞추고 눈을 감고 앉아 있자니 그래도 견딜 만했습니다. 이렇게 평화가 찾아오는 듯했습니다. 적어도 동생이 샤워를 마치고 나오기 전까지는 말이지요.

"오빠, 좀 비켜봐! 선풍기가 오빠 거야?"

"억울하면 먼저 차지하지 그랬냐?"

윤환이는 동생의 불평을 못 들은 척했습니다. 그러나, 사건은 바로 그 순간에 터지고야 말았습니다. 동생이 씻고 나온 수건을 돌돌 말아 윤환이 쪽으로 던진다는 것이 그만 어머니가 아끼시는 도자기 장식 인형 쪽으로 날아갔고, 인형이 바닥으로 떨어져 산산조각이 났던 것입니다. 순간, 동생은 울음을 터뜨리고 말았습니다.

"아앙, 어떻게 해! 아~아~앙~."

둘이 동시에 바람을 쐴 수는 없을까?

"너 때문이야. 왜 수건은 던지고 난리야!"

"오빠가 조금만 일찍 양보했어도 괜찮았잖아!"

"몰라, 암튼 오늘 엄마한테 혼날 각오해!"

"칫~."

이윽고 저녁 7시, '딩동' 벨소리가 울렸습니다.

"왜들 그렇게 힘이 없어? 무슨 일 있었니?"

"엄마, 에어컨이 이상해요. 망가졌나봐요."

"그래? 에어컨도 더위 먹었나? 저녁 아직 안 먹었지? 조금만 참아. 엄마가 저녁 준비할게."

윤환이의 가슴은 콩닥콩닥 뛰었습니다. '엄마가 알아차리시기 전에 먼저 자수하는 게 낫지 않을까?' 하는 마음과 '아니야, 어쩌면 모르고 지나치실 수도 있잖아' 하는 두 마음이 서로 옥신각신 티격태격. 조마조마한 마음으로 저녁 식사를 마친 후 윤환이는 어머니께 고백을 하기로 마음먹었습니다.

"엄마, 사실은요. 이모가 선물해주신 도자기 인형을 제가 깨뜨렸어요."

"뭐야? 아니, 어쩌다가?"

뒤에서 윤환이와 어머니의 대화를 듣고 있던 동생이 나섰습니다.

"에어컨이 망가져서 선풍기를 틀었는데요, 오빠랑 나랑 선풍기 차지하려고 싸우다가…."

다행히도 어머니는 그리 크게 화를 내지 않으셨어요. 대신 두 남매

에게 30분 동안 손들고 서 있으라는 벌을 내리셨습니다.

30분 만에 손을 내려도 좋다는 어머니의 허락이 떨어졌어요. 팔의 통증이 사그러들자 윤환이는 당장 내일 일이 걱정되었습니다. 에어컨을 고치지 못했으니 내일도 동생과 선풍기 쟁탈전을 벌여야 할 테니까요. 게다가 어머니는 전기료도 아낄 겸 에어컨 수리는 좀더 후에 생각해보자고 하셨습니다.

"엄마, 그럼 우리 선풍기 하나 더 사요."

"조금만 불편하면 되는데 뭐하러 또 사니? 더우면 샤워를 하든가 세수를 하든가 하렴."

윤환이의 입이 석 자는 더 나왔습니다. 하지만 어머니께 더 이상 조르지는 못했답니다. 어머니가 아끼시는 도자기 인형을 깨뜨린 게 못내 마음에 걸렸기 때문이지요. 그날 밤 잠자리에 든 윤환이.

'좋은 방법이 없을까? 동생이랑 선풍기를 동시에 쐴 수 있는…'

꼬리에 꼬리를 물고 이어지는 생각들로 그날 밤 좀체 잠을 이룰 수 없었답니다.

선풍기에 두 개의 얼굴을 달아보자

다음 날 아침, 윤환이는 학교에 가기 위해 마을버스를 탔습니다. 마침 출근 시각과 겹친 마을버스는 사람들로 빼곡했습니다. 그나마 다행히도 버스 안은 에어컨 바람 덕분에 서늘한 기운이 감돌 만큼 시원했습니다.

에어컨 바람이 나오는 구멍을 찾아 자리를 잡고 선 윤환이는 문득 버스의 자리마다 에어컨 구멍이 두 개라는 사실을 깨달았습니다. 하나는 자신처럼 서 있는 사람의 얼굴을 향해 수평으로, 다른 하나는 앉아 있는 사람을 향해 비스듬히 나 있다는 것을 발견한 것이지요.

'선풍기도 바람이 두 곳에서 나오면 좋겠다'는 생각이 떠오른 것은 바로 그때였어요.

'선풍기에 얼굴을 하나 더 붙이면 간단하잖아!'

그러는 사이 어느새 마을버스는 학교 앞에 정차했습니다. 버스에서 내려 교실로 향하는 내내 윤환이는 얼굴이 두 개인 선풍기 생각에 빠져 있었습니다.

교실에 들어와 자리에 앉은 윤환이는 서둘러 필기도구를 꺼내 머릿속에 떠오른 아이디어를 그림으로 표현하기 시작했습니다. 아침부터 고개를 숙이고 뭔가를 열심히 적고 있는 윤환이 옆으로 단짝친구 영현이가 다가왔어요.

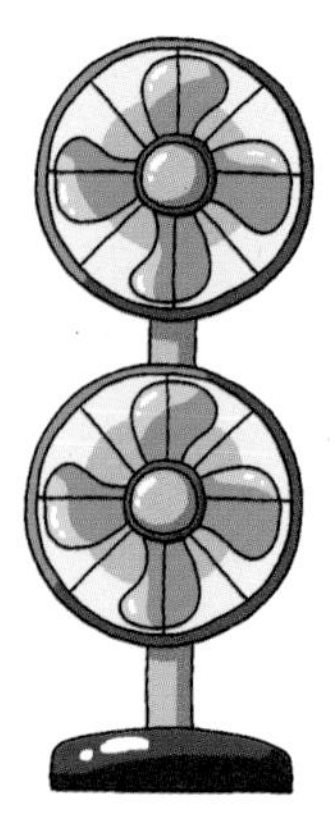

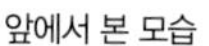
앞에서 본 모습

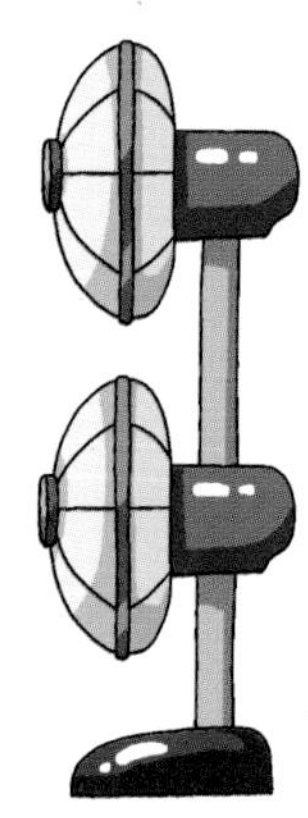

옆에서 본 모습

"뭐해? 어? 이게 뭐야?"

"어, 이거 어때? 얼굴이 두 개 달린 선풍기야."

"얼굴이 두 개라고? 왜?"

윤환이는 어제 있었던 동생과의 일을 영현이에게 이야기했습니다. 물론, 어머니께 혼나고 벌 선 이야기는 쏙 빼놓은 채로요. 아무리 친한 친구 사이라 해도 숨기고 싶은 비밀은 있는 법이니까요. 영현이는 괜찮은 생각인 것 같다며 응원해주었습니다. 그러면서 한마디 덧붙였습니다.

"얼굴이 두 개면 무거울 텐데. 저 기둥이 안 쓰러지고 서 있을까?"

윤환이가 미처 생각하지 못한 부분이었습니다. 하지만 분명 괜찮은 아이디어라는 판단이 선 윤환이는 본격적인 아이디어 구상에 들어가기로 했답니다.

'이중 선풍기'가 필요해!

첫째, 바람 나오는 얼굴을 위 아래의 두 개로 만들면?
두 사람이 동시에 바람을 쐴 수 있다.

둘째, 두 개의 날개를 시간차를 두어 회전시키면?
선풍기 날개가 앞에 올 때까지 시간을 단축시킬 수 있다.

* 문제점 하나!

얼굴이 하나에서 두 개로 늘어나면 그만큼 무겁다. 선풍기 기둥이 얼굴의 무게를 잘 버틸 수 있는 방법을 찾아야 한다.

* 문제점 둘!

이미 시중에는 얼굴이 두 개인 이단 선풍기가 있다. 그러나 이는 회전이 되지 않기 때문에 위 아래 두 개의 선풍기 모두 한 방향만을 향한다.
따라서 정반대 방향에 두 사람이 앉아 있을 경우, 두 사람이 동시에 바람을 쐴 수 있는 선풍기를 만들어야 한다.

어떻게 얼굴이 두 개 달린 선풍기를 만들까?

원리부터 찾아라

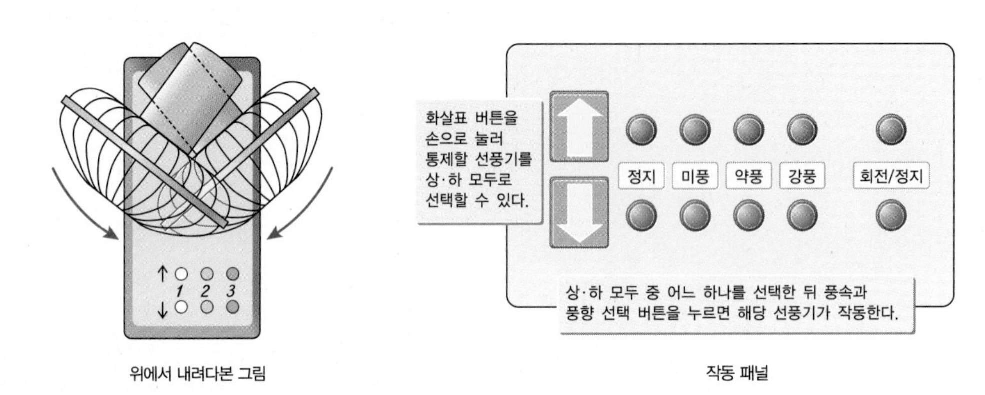

위에서 내려다본 그림

작동 패널

이중 선풍기를 위에서 내려다본 그림. 위와 아래의 선풍기의 회전 방향이 서로 다른 것을 나타낸 것이다.

- 오른쪽 그림은 선풍기의 풍속, 풍향, 동작시킬 선풍기를 선택할 수 있는 작동 패널이다.
- 작동 선풍기 선택(위, 아래, 둘 다)

  패널 왼쪽의 화살표를 누르면 불이 켜지고 현재 작동할 선풍기의 위치(상, 하)를 알 수 있다. 즉, 위쪽 화살표를 누르면 위의 선풍기가 작동하고, 아래쪽 화살표를 누르면 아래쪽 선풍기가 작동한다. 위쪽 화살표를 누르고, 아래쪽 화살표를 다시 누르면 두 개의 선풍기가 동시에 작동한다.
- 위쪽 선풍기의 목은 회전이 멈춘 상태에서 사람이 손으로 회전시키면 선풍기가 향한 방향을 90도 이내에서 바꿀 수 있다. 이 상태에서 위 아래 선풍기 모두를 작동시키면, 아래쪽 선풍기는 여전히 같은 방향으로 바람을 보내지만, 위쪽의 선풍기는 반대 방향으로 바람을 내보내게 된다. 이는 결국 두 대의 선풍기를 서로 등지게 둔 효과를 내게 된다.

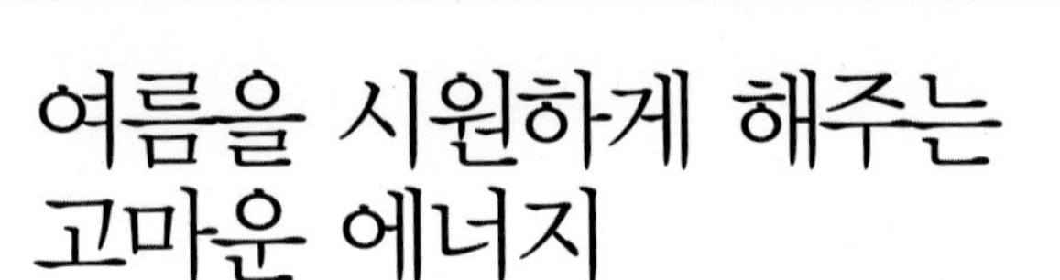

■ 물의 증발과 기화열

선풍기를 틀었을 때 시원하게 느껴지는 것은 선풍기의 바람이 피부의 땀이나 기타 액체 분비물을 증발시키고 그 과정에서 열을 빼앗아가기 때문입니다. 이때 우리 피부에서 빠져나가는 열이 바로 '기화열'입니다.

■ 기화열이란?

기화열은 액체가 기체 상태로 변화할 때 외부로부터 흡수하는 열량을 말합니다. 다른 말로 '증발열'이라고도 하지요. 액체가 기체로 변하는 것은 분자 간에 끌어당기는 힘(인력)이 약해져 부피가 늘어나기 때문인데, 이때 분자가 분리되려면 일정한 열(에너지)이 필요합니다. 바로 이 열이 '기화열'인 것이지요. 일반적으로 기화열은 일정 온도에서 1g의 물질을 기화시키는 데 필요한 열량으로 표기합니다.

한편 기화열과는 반대로 기체가 액체로 변할 때 방출되는 열을 액화열이라고 하는데, 기화열은 이 액화열과 그 양이 같습니다.

잠깐!

선풍기와 에어컨은 어떤 차이가 있을까?

선풍기와 에어컨은 그 작동 원리부터 다르다. 선풍기는 기화열로 체온을 낮추는 것이며, 에어컨은 냉풍을 뿜어내는 것이다. 그래서 선풍기는 에어컨과 달리 방 안의 온도를 낮추지는 못한다.

■ 생활 속 기화열

부채를 부쳐 땀을 식히거나 마당에 물을 뿌리면 땅 표면의 열을 빼앗아가 시원해지는 효과가 대표적입니다. 또 손등에 알코올을 떨어뜨리면 알코올이 증발하면서 시원해지는 것도 같은 이치이지요.

전기 에너지를 운동 에너지로…

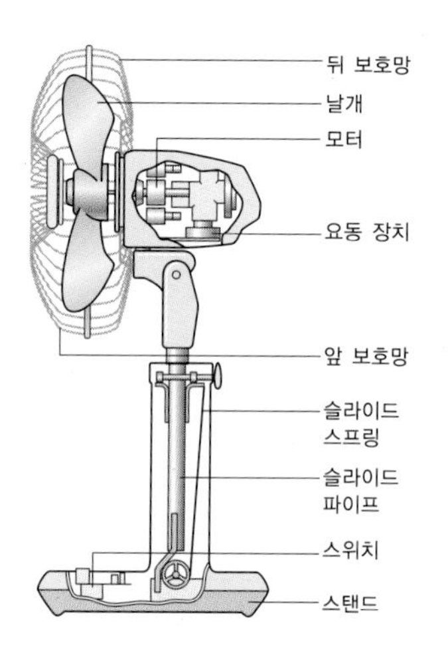

■ 선풍기의 작동 원리 1

선풍기의 날개가 빠른 속도로 돌아가면서 뒤쪽 공기를 흡입하여 앞쪽으로 빠르게 밀어내는데, 이때 바람이 생기게 됩니다. 선풍기의 축에는 날개가 연결되어 있는데, 날개가 바람을 만들어내는 원리는 다음과 같습니다.

예를 들어 바람이 부는 곳에 얇은 판자를 바람의 방향과 비스듬하게 대면, 바람의 영향으로 판자가 흔들리게 됩니다. 반대로 공기가 움직이지 않을 때 판자를 움직이면, 공기가 판자의 움직임에 따른 힘을 받게 되는 것이지요.

헬리콥터도 선풍기와 똑같은 원리로 움직이는 것입니다. 이때 발생한 바람은 방향 전환 날개의 진행 방향에 따라 바뀌게 됩니다.

■ 선풍기의 작동 원리 2

선풍기는 전기 에너지가 운동 에너지로 변환되는 과정에서 바람을 일으키게 되도록 고안되었습니다. 즉, 선풍기의 전동기(모터)에 전류가 흐르면 선풍기 팬(Fan : 프로펠러) 부분의 날개를 움직여 바람을 일으키는 것입니다.

잠깐! 선풍기 발명의 역사

최초의 선풍기는 1600년대 천장에 매달아놓은 추의 무게를 이용하여 기어 장치의 회전축을 돌려 한 장으로 된 커다란 부채를 시계추 모양으로 흔들어 바람을 일으키는 것이었다. 지금처럼 선풍기에 전기를 처음 이용한 사람은 에디슨. 기술은 점차 발달하여 제2차 세계 대전을 전후해서는 보호망을 씌우는 전기 장치가 고안되었으며 이후 현재와 같이 플라스틱으로 만든 선풍기가 출시되었다.

■ 전동기(모터)의 기본 원리

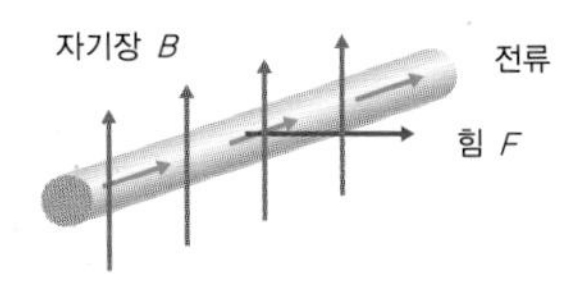

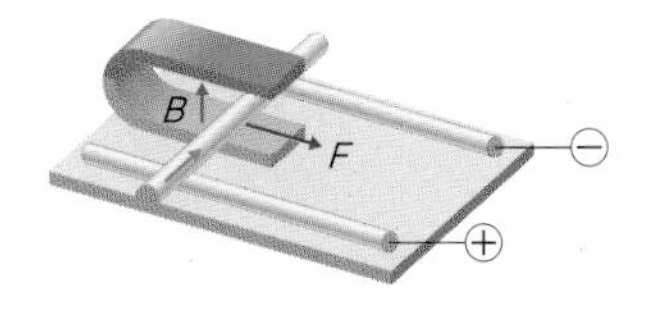

직선 전류가 자기장으로부터 받는 힘의 방향

전동기는 전기 에너지를 역학적(운동) 에너지로 변환시키는 장치라고 할 수 있습니다. 그럼, 전동기는 어떻게 작동하는 것일까요? 먼저 자기장 속에서 전류가 흐르는 도선은 어떻게 되는지 살펴봅시다.

두 토막의 레일, 알루미늄 파이프, 자석을 그림과 같이 놓은 다음, 레일에 전류를 흐르게 하면 알루미늄 파이프는 레일 위에서 움직이기 시작합니다. 이는 알루미늄 파이프에 전류가 흐르면 자기장에서 힘을 받기 때문이지요. 이때 자석의 방향을 바꾸면서 알루미늄 파이프에 작용하는 힘(F)의 방향을 조사해보면, 전류(I)의 방향과 자기장(B)의 방향 사이에는 항상 직각 관계를 이룬다는 사실을 알 수 있습니다. 이처럼 전류가 흐르는 도선이 자기장 안에서 받는 힘을 전자기력이라고 합니다. 전자기력의 크기(F)는 자기장의 세기(B), 전류의 크기(I), 자기장 속의 도선의 길이(l)에 비례합니다. 바로 이 전자기력이 모터 등 전기 기계에 이용되는 것이지요.($F=BIl$)

■ 플레밍의 왼손 법칙

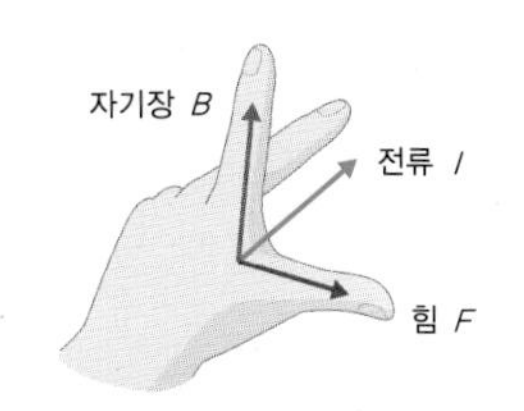

플레밍의 왼손 법칙
가운뎃손가락 → 집게손가락 → 엄지손가락의 순으로 전류 → 자기장 → 전자기력이 된다. 그리고 힘이 센 엄지손가락이 힘 방향이다.

자기장 속의 도선에 전류가 흐르면 그 전류는 힘을 받게 됩니다. 이때 전류가 받는 힘의 방향을 결정하는 것이 플레밍의 왼손 법칙이지요. 왼손 집게손가락이 자기장의 방향, 가운뎃손가락이 전류의 방향을 가리킬 때 엄지손가락의 방향이 힘의 방향이 됩니다.

즉, 자기장 속에서 도선에 전류가 흐를 때, 왼손의 엄지손가락, 집게손가락, 가운뎃손가락을 서로 수직이 되게 펴고 집게손가락을 자기장의 방향으로 향하고 가운뎃손가락을 전류의 방향으로 향하게 하면 엄지손가락의 방향이 전자기력의 방향이 됩니다. 전류가 흐르는 도선이 받는 힘의 크기는 자기장의 세기가 셀수록, 전류가 많이 흐를수록, 자기장과 전류의 방향이 수직에 가까울수록 힘을 크게 받습니다.

하지만 자기장과 전류의 방향이 나란하면 도선은 힘을 받지 않지요. 결국 이 원리를 이용하여 도선이 항상 자기장과 수직이 되게 만들어서, 전류가 흐르기만 하면 계속 힘을 받아 움직이도록 만든 장치가 전동기랍니다.

■ 플레밍의 오른손 법칙

전류가 흐르는 도선이 자기장 속에서 힘을 받는 것과는 달리 자기장 속에서 전류가 흐르지 않는 도체에 힘을 주어 움직이게 하면 이 도체에는 유도 전류가 만들어지게 됩니다. 이때 만들어지는 유도 전류의 방향을 나타내는 법칙이 바로 플레밍의 오른손 법칙이지요.

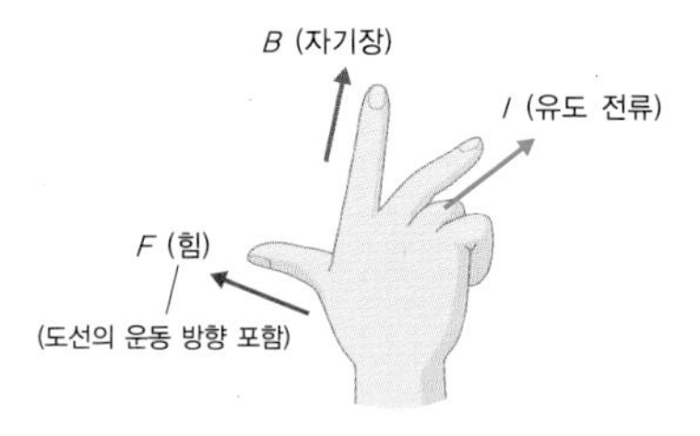

플레밍의 오른손 법칙

유도 전류의 방향은 오른손을 펴서 엄지손가락, 집게손가락, 가운뎃손가락을 서로 직각이 되도록 할 때 엄지손가락이 가리키는 방향이 도선이 움직이는 방향이고, 집게손가락이 가리키는 방향이 자기장의 방향이고 가운뎃손가락이 가리키는 방향이 전류가 유도되는 방향이 되는 것입니다. 이때 유도 전류의 세기는 도선이 움직이는 속도가 빠를수록, 자기장이 셀수록 세지게 됩니다.

이 원리에 의해서 자기장 속에서 도선을 움직여서 전기를 만들어내는 장치가 바로 발전기랍니다. 발전기에서 도선을 움직이는 힘을 물에서 얻으면 수력, 석유나 석탄을 태워서 얻으면 화력, 원자의 에너지를 이용하면 원자력 발전이 됩니다.

한편, 발전기의 발명을 이끌어낸 원리로 또 하나 알아두어야 할 것이 있는데, 바로 '전자기 유도 법칙'입니다. 영국의 과학자인 패러데이에 의해 발견된 이 법칙은 전류가 자기장을 발생시킨다는 사실에서 한 걸음 더 나아가 자석을 움직여주면 전류가 흐른다는 사실을 알게 하였습니다.

이 전자기 유도 법칙은 전기와 자기가 본질적으로 연결되어 있다는 사실과 '전자기장'의 존재를 깨닫는 계기가 되었답니다.

잠깐!

전동기는 실수로 발견됐다?

현대 가전 제품의 90% 이상 활용되는 전동기는 '발명' 한 것이 아니라 기계 조작의 실수로 우연히 발견된 것이라고 한다.

1873년 오스트리아의 수도 빈에서 세계 박람회가 열렸을 때 여러 대의 발전기가 전시되어 증기 기관으로 그 발전기들을 돌려 발전하고 있었다. 그때 누군가 배선을 잘못 연결하는 바람에 발전 중인 발전기와 정지 중인 발전기를 접속해버렸다고 한다. 바로 그때 갑자기 정지 중이었던 발전기가 돌기 시작하였다. 사람들은 깜짝 놀랐고, 여기서 힌트를 얻어 전동기의 원리를 고안해냈다고 한다.

잠깐! 플레밍과 패러데이

플레밍 플레밍(1849~1945)은 영국의 전기 공학자로 전등과 전화 개척에 큰 역할을 하였다. 그는 특히 '플레밍의 법칙'을 발견하여 전기 기술의 기초를 쉽게 이해하는 데 크게 기여하였다.

패러데이 영국의 과학자인 패러데이(1791~1867)는 1831년 전자기 유도 현상을 발견한 데 이어 1834년에는 전기화학의 기본적인 법칙인 '패러데이 법칙'을 발견하였다. 전기 분해할 때 전기량을 표시하는 단위인 '패럿(farad)'은 패러데이를 기념하여 붙인 것이다.

자연이 준 발명품 ② - 유압의 원리를 이용하는 지렁이와 승강기

지렁이는 자신의 모양을 바꾸는 데 유압의 원리를 이용한다. 몸통에 붙은 근육이 꼬리 부분을 부풀리고, 땅속 통로의 벽을 의지해 억센 털로 몸을 고정시키는 방법으로 몸을 오그라들게 한다. 그런 다음, 머리 부분의 근육이 축소되고 앞쪽으로 액체를 밀어내면서 앞쪽 끝을 가늘게 만들어 몸 전체 길이를 늘림으로써 전진하게 된다. 지렁이처럼 유압의 원리를 이용하는 몇몇 무척추 동물들은 몸 안이 액체로 채워져 있어 다른 곳을 이동할 때 근육이 액체를 움직여 몸의 형체가 바뀌는 것이다.

승강기는 작은 파이프를 통해 전달된 유압에 의해 무거운 물체를 옮긴다. 유압액은 승강기를 끌어올리기 위해 실린더의 바닥 쪽으로 압력을 넣는다. 유압의 원리는 자동차를 끌어올려 바퀴를 분리시킬 때도 사용한다.

아이디어의 현실 가능성 검토

이중 선풍기에 대한 기초적인 아이디어는 정리되었지만, 여전히 문제를 안고 있다. 무게를 버티는 문제가 그것이다.

다행히 영현이가 자기 큰형에게 도움을 청해주었고 오늘은 형과 함께 실험하기로 한 날이었다. 형과 나는 내가 생각해낸 선풍기 모형을 한번 만들어보기로 하였고, 모형 만들기에 필요한 재료는 내가 구해보기로 하였다.

플라스틱으로 만들면 좋겠지만, 그건 쉽지 않은 일이다. 그러면 방법은 하나! 버려진 선풍기를 구하는 것! 나는 며칠 동안 아파트 단지 내 분리 수거함을 뒤지고 다녔고 마침내 어제 저녁, 누군가 버려놓은 구형 선풍기를 발견할 수 있었다.

오후에 영현이와 형이 집으로 왔다. 형과 함께 주워온 선풍기의 얼굴 부분을 분리하기 시작하였다. 공구 가방에 있는 드라이버 등을 이용하여 얼굴 부분 분리 완료! 집에 있는 선풍기 위에 주워온 선풍기 얼굴 부분을 올려보았다.

실험 결과, 얼굴을 하나 더 올린다는 건 힘들다는 결론을 내렸다. 무게를 버티기 위해서는 선풍기를 받치고 있는 아래 판이 지금보다 훨씬 더 커져야 해서 별로 실용적이지 않을 것 같다. 그럼 어떻게 할까?

기존 선풍기에서 아이디어를 얻다

시중에 판매 중인 이단 선풍기
앞뒤로 젖혀지는 등 편리함을 갖추고 있지만, 바람의 방향 조절 기능이 없어 두 사람이 동시에 시원함을 느끼기에는 역부족이다.

지난번 실험 결과 내 아이디어를 변경해야겠다고 결심을 한 나는 오늘 선풍기들이 진열되어 있는 가전제품 매장을 찾아갔다. 처음 아이디어를 고안하면서 자료를 찾던 중 인터넷에서 본 적이 있던 이단 선풍기를 직접 보고 싶었다. 인터넷으로도 볼 수 있지만 아무래도 직접 보는 게 낫다는 생각이 들었다.

매장 아저씨에게 이것저것 물어보았다. 아저씨는 친절하게 대답해 주셨다. 시중에 나와 있는 이단 선풍기는 위 아래로는 자유롭게 움직인다. 그런데 왼쪽과 오른쪽으로는 회전이 되지 않는다. 그래서 내가 처음 생각했던, 둘이 동시에 바람을 쐬는 것은 불가능하였다. 그렇다면, 내 아이디어도 쓸모 없지 않겠다는 자신감이 생겼다.

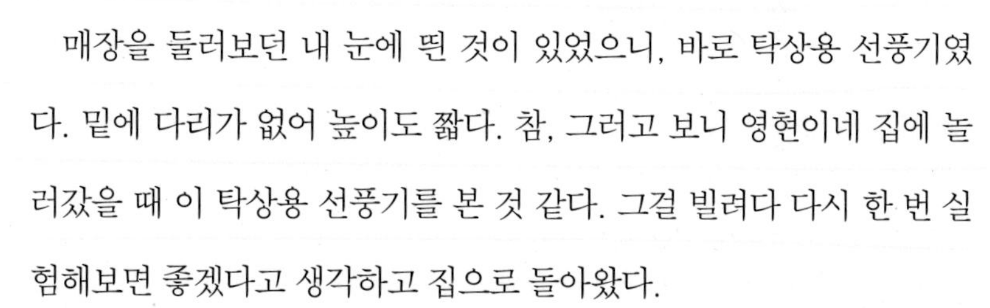

매장을 둘러보던 내 눈에 띈 것이 있었으니, 바로 탁상용 선풍기였다. 밑에 다리가 없어 높이도 짧다. 참, 그러고 보니 영현이네 집에 놀러갔을 때 이 탁상용 선풍기를 본 것 같다. 그걸 빌려다 다시 한 번 실험해보면 좋겠다고 생각하고 집으로 돌아왔다.

탁상용 선풍기
높이가 짧아 실험하기에 좋다.

기존 제품에 새로운 성능 추가!

탁상용 선풍기를 바라보다가 문득 떠오른 생각! 선풍기 얼굴을 위에 올리는 게 무거워서 힘들다면, 이렇게 아래쪽에 놓으면 어떨까?

음~, 그런데 이건 지난번 전자제품 매장에 가서 본 이단 선풍기와 차이도 없고, 그것보다 편하리라는 보장도 없다.

그럼 굳이 이중 선풍기를 만들 필요는 없는 것일까? 아니지. 지금 나와 있는 이단 선풍기는 회전이 안 되잖아. 그럼 이렇게 하는 건 어떨까. 시중에 팔고 있는 이단 선풍기에 회전 기능을 추가하는 거다.

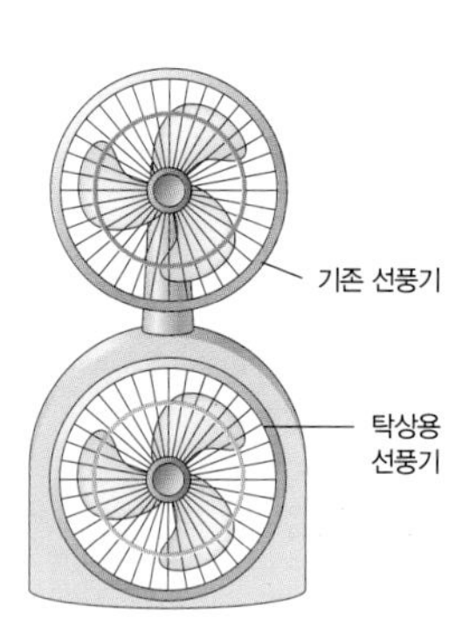

기존의 선풍기 아래쪽에 선풍기 하나를 더 단다면? 무게는 해결되지만 기존의 이단 선풍기와 차별화 지점이 없어진다.

기존의 이단 선풍기에 어떻게 하면 회전 기능을 추가할 수 있을까. 회전이 가능한 두 개의 선풍기 얼굴을 위 아래로 배치하면 간단할 텐데….

어? 그러고 보니 이단 선풍기 생긴 모양이 탁상용 선풍기와 정말 비슷하다. 탁상용 선풍기는 얼굴 자체가 회전되지 않는데 어떻게 바람은 왼쪽에서 오른쪽으로 움직이는 걸까.

머리가 너무 아프다. 머릿속이 새하얗다. 아무 생각도 나지 않는다.

참, 내일 드디어 우리집 에어컨을 고쳐주실 기사 아저씨가 오신다고 한다. 천만 다행이다. 시원한 에어컨 바람을 쐬면서 생각을 하면 훨씬 좋은 아이디어가 나올 것 같다.

에어컨에서 얻은 소중한 힌트

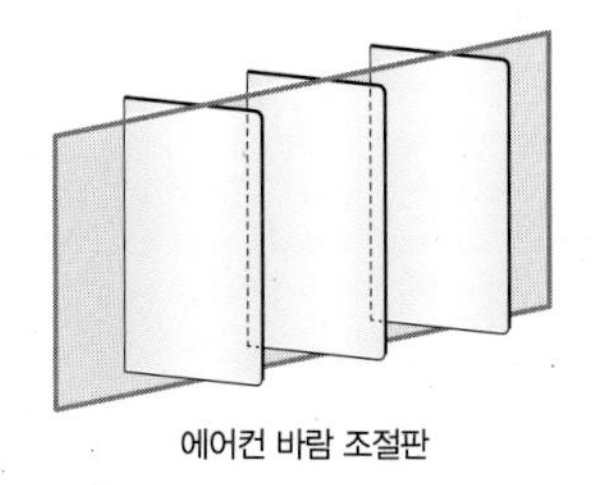

에어컨 바람 조절판

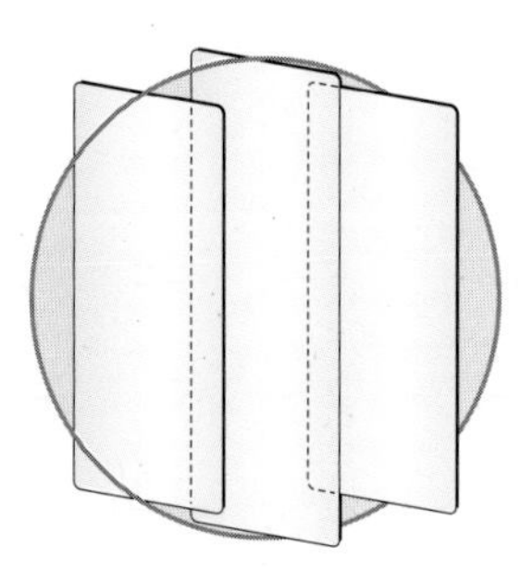

에어컨의 바람 조절판을 선풍기의 둥근 팬 틀에 적용시켜본 모습

점심 때쯤 반가운 손님이 오셨다. 바로바로 에어컨 수리 기사 아저씨! 아저씨는 에어컨 곳곳을 살펴보시더니 공구 가방을 꺼내 열었다. 궁금한 마음에 옆에 앉아 아저씨가 하시는 일을 찬찬히 살펴보았다.

에어컨을 뚫어져라 바라보고 있던 내 눈에 재미있게 생긴 것이 들어왔다. 문처럼 생기기도 한 저것은 무엇일까? 아저씨는 '에어컨 바람 조절판'이라고 이야기해주셨다.

바람 조절판? 아하, 에어컨이 선풍기처럼 얼굴이 돌아가는 게 아닌데도 옆 사람까지 시원해지는 게 바로 이 바람 방향 조절판 덕분이로구나.

그 순간, 이 바람 방향 조절판을 내 선풍기 아이디어에 이용하면 어떨까 하는 생각이 들었다. 굳이 얼굴이 회전하지 않아도 되고 지금 판매되는 이단 선풍기에 그대로 적용할 수도 있으니 훨씬 편할 것 같았다.

큰 줄기를 정하고 잔가지를 해결!

새로 발명할 이중 선풍기의 핵심은 팬 자체의 회전이 아닌, 풍향 조절 날개를 부착하여 바람 방향을 조절한다는 데에 있다.

그런데 기존 이단 선풍기 바로 앞에 부착하면 풍향 날개가 돌출되어 선풍기 움직임에 방해가 된다. 또 보기에도 좋지 않다. 그래서 전면의 안전망을 제거한 후 안쪽으로 풍향 조절 날개를 달기로 하였다.

그런데, 에어컨은 네모 형태이지만 선풍기는 둥근 형태라는 점을 고려해야 한다. 왜냐하면 에어컨은 풍향 조절 날개를 조절하는 중심 축이 맨 위쪽에 있지만 내가 적용하려는 선풍기는 둥글기 때문에 맨 위에 중심 축을 놓을 수 없다. 그래서 생각한 방법이 중심 축을 가운데로 옮기자는 것이었다. 하나둘씩 문제가 해결되어 간다.

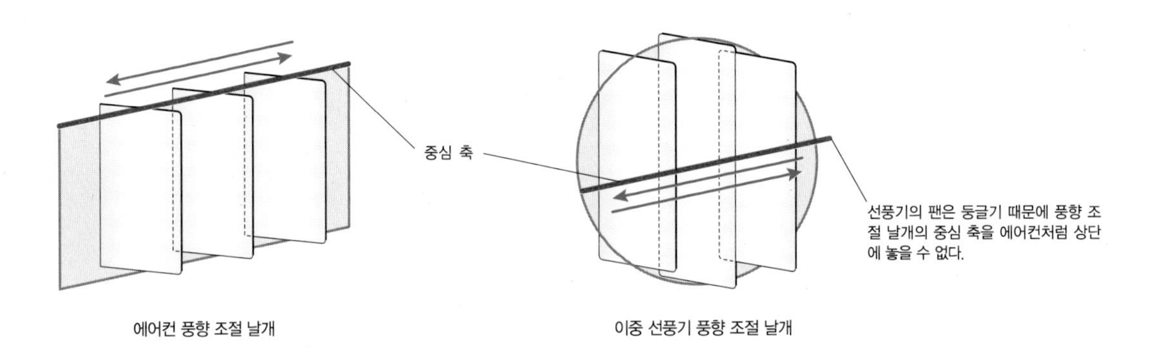

에어컨 풍향 조절 날개

이중 선풍기 풍향 조절 날개

포기하지 않으면 반드시 길이 보인다

풍향 조절 날개
선풍기의 원형 틀에 맞게 길이를 달리한 풍향 조절 날개. 풍향 조절 날개의 중심 축을 가운데로 이동시켰다.

영현이의 큰형과 나는 신이 나서 문제를 계속 해결해나가기 시작했다. 다음은 풍향 조절 날개 문제를 해결할 차례. 재료는 아크릴로 하기로 했다. 가볍고 강한 재료로 아크릴만한 게 없으니까. 처음에는 정사각형 모양으로 하려 했으나 선풍기 얼굴 부분이 원형이다 보니 맞지 않았다. 그래서 원형에 맞추어 날개 크기를 다르게 하기로 했다.

기존 선풍기는 별도의 모터를 이용하지 않고 회전 모터에 기어를 물려 좌우 회전을 한다. 하지만 내가 만들려는 선풍기를 회전시키기 위해서는 별도의 모터가 필요하다. 영현이의 큰형은 시중에서 파는 서보 모터를 추천했다. 서보 모터를 이용하면 풍향 조절 날개의 왕복 운동을 유도할 수 있다는 것이다.

그런데 문제는 여기서 그치지 않았다. 전원 공급 문제가 생긴 것이다. 흔히 쓰이는 선풍기의 모터는 AC 모터이고 가정에서 사용하는 전원 또한 AC 전원이다. 하지만 우리가 사용하는 서보 모터는 DC 전원하에서 작동한다는 것. 흠… 이 경우 영현이의 큰형은 별도의 건전지를 사용하면 되긴 하지만 건전지를 수시로 갈아주거나 충전해 줘야 하기 때문에 불편할 거라고 충고했다.

서보 모터
문구점에서 쉽게 구입할 수 있다.

"그냥 전원을 바꿀 수 있는 기계가 있다면 좋을 텐데…"

한참을 고민하던 내가 무심코 이야기하자, 형은 무릎을 탁 치며 "바로 그거야, 정류 장치!" 하고 외쳤다.

흔히 사용되는 정류 장치(어댑터)를 쓰면 일반 가정 AC 전원만으로 동작이 가능하게 된다는 것이다.

그리고 서보 모터의 제어를 위해서 형이 마이크로 컨트롤러를 달아준다고 했다. 마이크로 컨트롤러를 달면 회전 모드의 on, off를 위 아래 팬 모두에 개별적으로 적용할 수 있기 때문에 날개가 각각 따로 돌아간다는 것이다.

휴~ 형의 말이 알쏭달쏭 어렵긴 하지만 뭔가 완성돼 가는 게 보인다. 역시 전문가의 머리를 빌리면 내가 할 수 있는 것보다 훨씬 많은 것을 생각할 수 있구나!

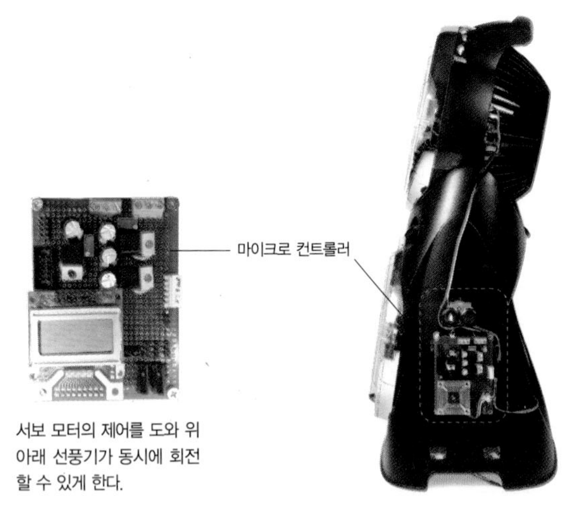

서보 모터의 제어를 도와 위 아래 선풍기가 동시에 회전할 수 있게 한다.

이중 선풍기에 마이크로 컨트롤러를 부착한 모습

발명품 요모조모 뜯어보기

윤환이의 발명 아이디어가 드디어 실제 발명품으로 완성이 되었습니다. 실제 제품 제작 과정에서는 친구 형의 도움을 받았지만, 무엇보다도 처음 아이디어 제공부터 현실 가능성을 타진해가며 아이디어를 수정, 보완하는 모든 과정을 주도한 만큼 보람 또한 매우 컸답니다.

시중에 판매되고 있는 이단 선풍기의 단점을 보완해냄으로써 간단한 방법으로 최상의 효과를 낼 수 있는 새로운 이중 선풍기가 탄생된 것입니다.

자, 그럼 윤환이가 발명한 이중 선풍기를 자세히 살펴볼까요?

시중에 판매 중인 이단 선풍기의 몸체를 활용하되 편리한 기능을 더하였다. 즉 두 개의 팬에 각각 풍향 조절 날개를 설치한 후 두 날개가 움직이는 방향을 반대로 작동시킴으로써 두 사람이 동시에 선풍기 바람을 쐴 수 있도록 하였다.

줄었다, 늘었다…
그때 그때 달라요

일반 가정에서 쓰고 있는 변기 시트는 보통 어른의 체형에 맞추어져 있어서 어린아이들이 혼자 사용하기에 위험합니다.

현숙이는 종종 띠동갑인 막내 동생을 돌보곤 하는데, 그 중에서도 가장 괴로운 일이 화장실에서 큰 일 보는 동생을 거드는 일이었다고 해요. 그러던 어느 날, 동생이 볼일을 보다가 그만 엉덩이가 빠지는 사건이 일어났습니다.

그 뒤로 막내 동생은 변기 시트 위에 앉지 않겠다고 버텼답니다. 무섭다는 이유였지요. '동생이 마음 편히 변기 위에 올라갈 방법이 없을까?' 귀여운 동생을 위해 누나로서 뭔가를 해주고 싶었답니다.

동생을 사랑하는 누나의 마음을 담아 현숙이가 만든 발명품은 과연 무엇일까요? 여러분도 궁금하지요? 이제부터 현숙이의 발명 이야기를 들어볼까요?

띠동갑 막내 동생, 누가 좀 도와줘요

"누나, 나 똥 마려워~, 화장실~."

오랜만에 소설책을 읽으며 여유를 부리고 있던 현숙이의 귀에 띠동갑 어린 동생 중길이의 외침이 들립니다.

현숙이네 부모님은 두 분 모두 일을 하시기 때문에 막내 동생이 어린이집에서 돌아오고 나면 동생 돌보는 일은 고스란히 현숙이와 현숙이 둘째 동생의 몫입니다.

중길이를 돌보는 일 중에 가장 곤혹스러운 것이 바로 지금처럼 화장실에서 대변을 볼 때입니다. 동생은 아직 어려서 화장실 변기 시트 위에 앉을 수 없거든요. 몸이 작아 변기 시트에 엉덩이가 걸쳐지지 않기 때문입니다. 그래서 동생이 대변을 볼 때면 누구든 동생을 안고 있어야 합니다. 그러나 현숙이가 참을 수 없는 것은 따로 있답니다. 그건 바로, 동생의 몸에서 빠져나온 덩어리에서 풍기는 냄새입니다.

어머니는 가끔 불평하는 현숙이에게 "아기 똥인데 뭘 그러냐" 하시지만, 사실 아무리 아기라 해도 먹는 것은 어른과 똑같기 때문에 결코 '기꺼이 참을 만큼'의 냄새는 아니라는 거지요.

이렇게 동생과 씨름을 하고 나면 최소한 10분 이상은 머릿속이 멍~한 채로 있어야 합니다. 아, 이런 고통을 그 누가 알아줄까요?

늘렸다 줄였다 할 수 있는 변기

며칠 후 한창 숙제를 하고 있는데 거실에서 막내 동생의 외침이 또

들려왔습니다. '나갈까 말까? 그냥 못 들은 척할까?' 아무도 없다면 당장이라도 달려나갈 현숙이지만, 그날은 둘째 동생도 있고 해서 잠시 꾀를 썼어요. 조용히 숨죽이며 방 밖의 소리에 귀기울이니 아마도 둘째 동생이 팔을 걷어붙였나 봅니다.

그런데 잠시 후, 막내의 울음소리가 온 집에 울려퍼졌어요.

"아~아~앙, 엄~~마."

"뭐야, 중길아, 왜 그래, 왜!"

후다닥 달려나가 화장실 문을 여니, 이게 웬일입니까? 글쎄 막내가 변기 안에 엉덩이를 빠뜨린 채로 발버둥치고 있는 게 아니겠어요?

"야! 제대로 잡아줘야지! 애를 이렇게 빠뜨리면 어떻게 해!"

"그럼 언니가 좀 잡아주지 그랬어!"

아마 둘째가 냄새 난다고 막내를 꽉 붙잡지 않았었나 봅니다. 막내는 무서웠는지 계속해서 "엉~엉~" 하고 울어댑니다. 서둘러 물티슈로 엉덩이를 닦아주고 꼬옥 껴안아주었습니다.

"괜찮아, 괜찮아. 착하지… 뚝!"

둘째 동생은 미안했는지 나가면서 한마디 합니다.

"에이, 짜증나. 늘었다 줄었다 하는 변기가 있으면 좀 좋아!"

둘째 동생의 말을 곱씹던 현숙이는 문득 '정말로 늘었다 줄었다 하는 변기 시트가 있으면 좋겠다'는 생각이 들었습니다.

방으로 들어온 현숙이는 숙제를 하기 위해 다시 책상 앞에 앉았지만, 손에 잡히지 않았습니다. 동생이 했던 말이 머릿속을 떠나지 않았던 탓입니다.

휴대폰의 슬라이더를 변기 시트에

어느 날, 현숙이는 가족과 함께 대형 할인 마트를 찾았습니다. 현숙이는 마침 변기 커버가 진열된 곳을 지나치게 되었지요.

"엄마, 중길이 변기 시트 하나 살까요?"

"중길이가 올라가 앉으려 해야 말이지. 높아서 무섭다고 하니, 원."

사실 그날의 사건을 차마 어머니께 이야기하지 못한 상태이기 때문에 현숙이는 조용히 입을 다물었습니다. 대신 진열된 다른 변기 시트들을 둘러보았습니다. 현숙이의 눈동자가 반짝거렸습니다. 시중에 나와 있는 변기들의 단점을 보완하면 뭔가 해결책이 나올 것 같았지요.

집으로 돌아온 현숙이는 메모지를 꺼내 서둘러 적어 내려가기 시작했어요.

'무겁지 않으면서도 높지 않고, 또 부드럽게 작동하는 겸용 변기 시트! 어떻게 만들어야 할까?'

며칠 후 현숙이는 변기 시트의 개선점을 혼잣말로 반복해 중얼거리

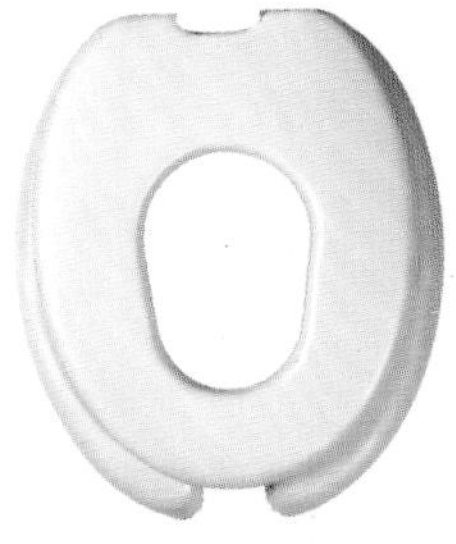

일체형

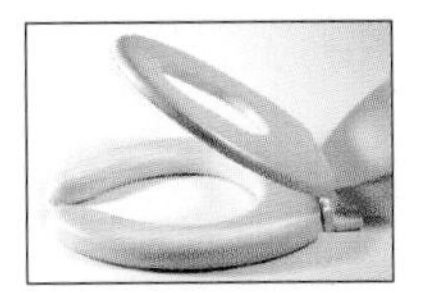

일체형 변기 시트를 옆에서 본 모습

탈부착형

* 일체형 : 유아용 시트를 세워 놓았을 때 고정 문제가 있다.

* 탈부착형 : 따로 보관하는 장소가 필요하여 공간 활용의 효율성이 떨어지며 탈부착의 번거로움이 있다.

→ 공통점 : 시트의 높이가 약 40mm 더해져 신장이 작은 유아 스스로 배변을 보는 데 불편하다.
또 항상 보호자의 도움이 필요하다. 기존의 문제점을 해결하여 영유아의 배변 훈련과 성인이 사용할 때 불편함을 최소화하도록 한 성인/유아 겸용의 변기 시트 필요!!

* 기존 겸용 변기 시트의 단점 및 개선점

1. 아동용 시트가 뚜껑에 붙어 있어 무겁다.
   → 무겁지 않게 만들자!
2. 높아서 아이가 올라가기 싫어한다. → 높지 않게 만들자!
   * 추가 : 부드럽게 작동했으면…

며 집안을 돌아다니고 있었습니다. 바로 그때, 진동으로 맞춰놓은 휴대폰이 '드르륵' 소리를 내며 울렸습니다.

"에잇, 한창 생각 중인데 누구야?"

머릿속이 한창 복잡해진 이때 걸려온 전화가 반가울 리 없는 현숙이는 거칠게 휴대폰을 집어들었습니다. 그런데 너무 거칠게 열었던 걸까요? 휴대폰의 슬라이더를 밀기가 무섭게 그만 도로 내려가버려 전화가 끊어지고 말았답니다. 닫힌 휴대폰을 도로 탁자 위에 올려놓고 돌아서던 현숙이의 머릿속에 '번쩍' 하고 섬광처럼 떠오르는 게 있었어요. 그것은 다름아닌, '슬라이딩'이었습니다.

"오호라! 그래, 이거야! 슬라이드형 휴대폰!"

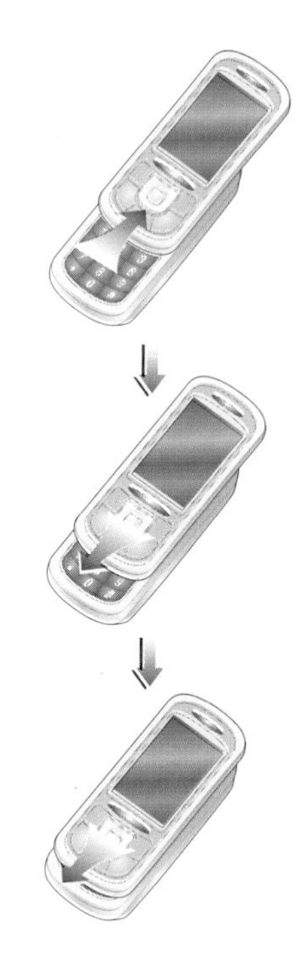

발명가가 되기 위한 자세 ②

- **기왕이면 돈이 되는 발명을 하라** 돈이 되는 발명이란 간단한 원리로 만든 일종의 생활용품이나 사무용품과 같이 누구에게나 필요한 발명품을 말한다.
- **발명은 취미 생활이다** 발명을 일이나 직업이 아닌, 하나의 놀이나 취미 생활로 만들어 즐겨보자.
- **아이디어가 떠오르면 즉시 기록하라** 문득문득 떠오르는 아이디어와 생각들을 적어두는 습관이 쌓이다 보면 아주 유용한 아이디어 뱅크가 된다.
- **아이디어가 정리되면 정보를 조사하라** 정보 조사의 이유는 첫째, 이미 특허로 출원된 아이디어에 매달리는 실수를 피하기 위해서이며 둘째, 다른 사람이 출원한 발명 아이디어를 통해 자신의 아이디어를 구체화할 수 있기 때문이다.
- **발명은 꿈이 아닌 현실이다** 아이디어 자체만으로는 발명이 될 수 없다. 실물화된 물품이 나와야 발명으로 인정받을 수 있다.

-『번뜩이는 아이디어 발명·특허로 성공하기』 중에서

'슬라이더 형식의 겸용 변기 시트'가 필요해!

기존 제품의 문제점과 해결 방안

1. 일체형과 탈부착형 모두 유아용 변기 시트가 별도로 있다.
   → 한 시트가 두 가지 역할을 동시에 수행해야 한다.

2. 변기 시트가 높아서 아이들이 싫어한다.
   → 성인용과 유아용이 평면에 위치해야 한다.

3. 일체형의 경우 변기 뚜껑이 무겁다.
   → 변기 뚜껑이 아닌 시트에 장착해 뚜껑 여는 것과 관계 없도록 한다.

작동 원리

성인이 사용할 때에는 넓게, 아이가 사용할 때에는 좁게 조정하여 사용하므로 하나의 변기 시트로 동시에 사용이 가능하다. 시트와 밑판을 분리하고 시트를 둘로 나누어 좌우로 움직일 수 있게 제작하여 시트의 크기를 조절할 수 있게 만드는 것이 이 아이디어의 작동 원리이다.

성인이 사용할 때

시트를 좁히는 모습

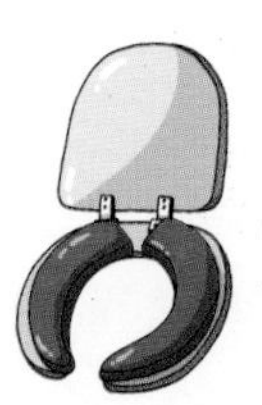
어린이가 사용할 때

* 슬라이딩 형식만 빌려오고 부착 방식은 경첩으로 결정!

슬라이딩은 부드럽게 움직이기는 하지만, 고정하기가 쉽지 않을 것이다.
만약 고정이 안 되면 아이에게 위험할 수도 있다.
따라서 단단한 경첩으로 바꾸자!

유아용 변기를 어떻게 부착시킬까?

원리부터 찾아라

성인이 쓸 경우

①은 자전거 안장에 사용되는 발포 고무재질로 ③ 위에 덮어 씌워 제작한다. ②와 ③은 플라스틱으로 만든다.

④는 경첩 형태의 녹이 슬지 않는 금속 재질이나 단단한 플라스틱으로 만든다.

• 링크의 상단부가 바깥쪽으로 향하여, 커버 크기가 커짐.

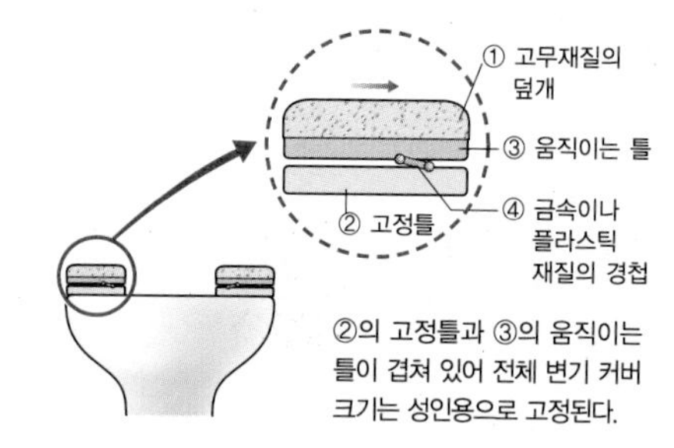

②의 고정틀과 ③의 움직이는 틀이 겹쳐 있어 전체 변기 커버 크기는 성인용으로 고정된다.

어린이가 쓸 경우

상단의 커버를 우측으로 들면서 이동시키면 옆의 형태가 되어 변기 커버의 공간이 줄어들게 되어 어린이가 사용해도 체형에 맞게 된다.

• 링크를 사용하여, 아래 고정핀을 중심으로 회전하여 커버 크기가 작아졌다(유아용), 커졌다(성인용) 하는 원리이다.

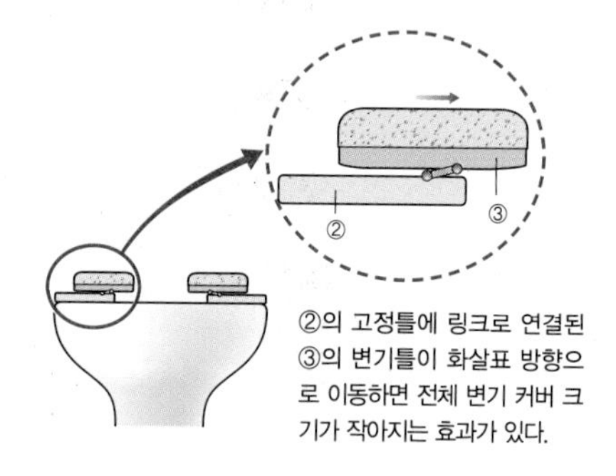

②의 고정틀에 링크로 연결된 ③의 변기틀이 화살표 방향으로 이동하면 전체 변기 커버 크기가 작아지는 효과가 있다.

기본 구조

경첩 형태로 제작하되 최대한 견고하고 부드럽게 작동되도록 만들어야 한다.

• 시트 커버의 밑면과 밑판의 윗면에 링크를 부착한다. 이때 3개씩 나누어 부착하여 확실히 고정시킨다.

• 덜렁거림을 방지하기 위해 별도의 고정턱을 만들어 고정시킬 수도 있다.

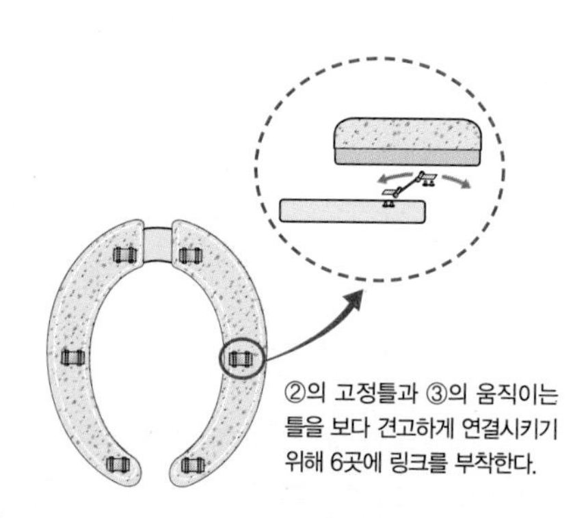

②의 고정틀과 ③의 움직이는 틀을 보다 견고하게 연결시키기 위해 6곳에 링크를 부착한다.

링크, 크랭크, 캠은 대표적인 운동 변환의 예

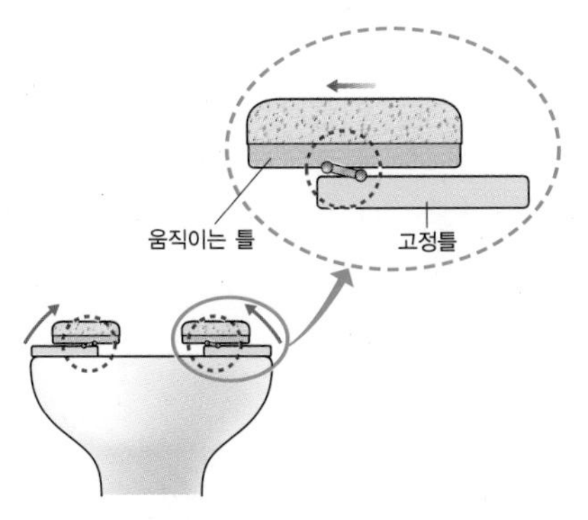

고정틀과 움직이는 틀을 연결하여 움직이는 틀이 견고하게 자리 잡게 하면서도 아이가 이용할 경우 부드럽게 작동되도록 하는 장치

왼쪽 그림에서 빨간 원으로 표시된 부분이 바로 '링크'입니다. 링크는 크랭크, 캠 등과 함께 운동의 변환을 보여주는 대표적인 예입니다. 자, 여기에서는 운동의 변환에 대해 알아봅시다.

일반적으로 기어나 체인 등은 전동기의 동력을 기계의 필요한 부분으로 전달하는 동력 전달 기구입니다. 그런데, 기계가 회전만 해도 된다면 전동기에서 발생한 에너지를 동력 전달 기구들에 연결하는 것만으로도 구동이 가능하지만 그렇지 않은 경우에는 회전 운동을 왕복 운동이나 슬라이딩 운동 등 쓰임새에 따라 다른 형태의 운동으로 변환하는 방법을 찾아야 합니다. 이때 사용되는 것이 바로 링크를 비롯한 크랭크, 캠 등이지요.

■ 링크 장치

링크란 회전 운동을 왕복 운동으로 변환시킬 때 쓰이는 장치입니다. 쉬운 예로 자동차의 유리창을 닦는 와이퍼가 바로 이 링크 장치를 이용한 것입니다. 몇 개의 가늘고

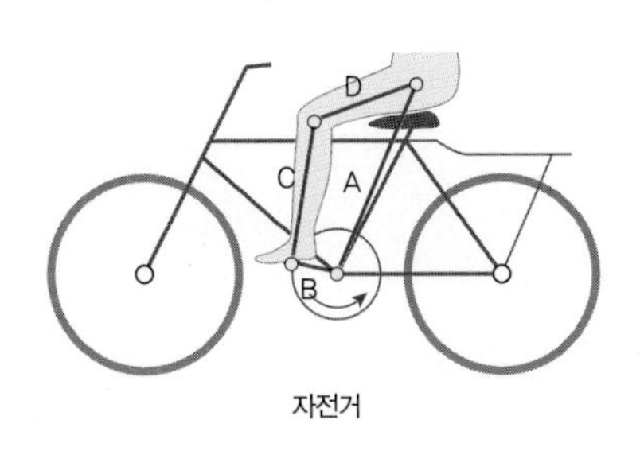

자전거

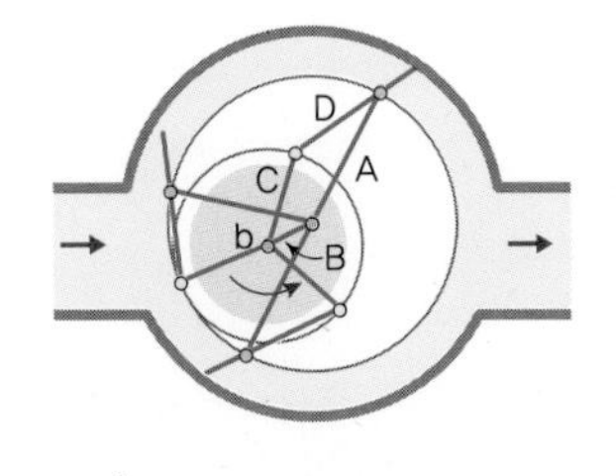

회전 펌프

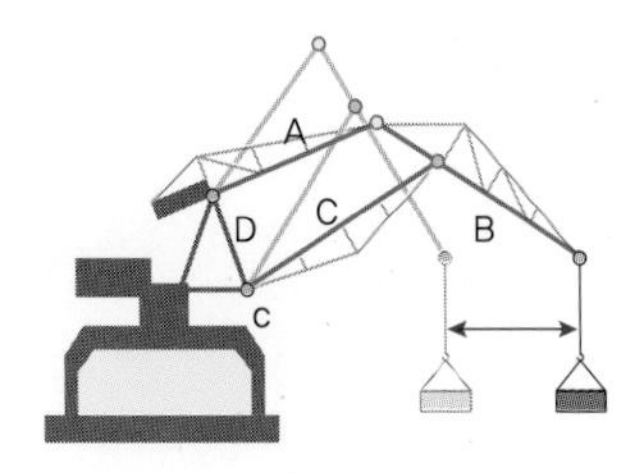

지브크레인

긴 막대 모양의 부품을 핀으로 연결하여, 움직임을 주도하는 부분(회전 운동)이 일정한 운동을 하면 움직임을 받는 부분이 다른 운동(왕복 운동)을 하는 장치인 것이죠. 링크를 조합하는 방법이나 물체가 회전하는 범위를 정하는 방법 등에 따라 다양한 종류의 운동을 유도할 수 있습니다. 기계의 각 부분에 대한 동력의 전달, 운동의 전달 등에 널리 쓰이며 거의 모든 기계에 이용된다고 보면 됩니다.

■ 크랭크 장치

크랭크는 회전 운동을 왕복 운동으로 변환시키거나 왕복 운동을 회전 운동으로 변환시키는 장치입니다. 이때 회전체가 되는 것을 크랭크라 하고 회전체에 연결된 봉을 로드라 하는데, 크랭크가 회전하면 로드가 직선 왕복 운동을 합니다. 자동차의 엔진에서 피스톤이 왕복 운동하면 크랭크를 통하여 바퀴를 회전시키게 됩니다.

■ 캠 장치

캠 장치는 회전 운동을 왕복 운동 또는 진동 운동으로 변환하는 장치를 말합니다. 중심에서 외곽까지 거리가 일정하지 않은 회전체를 캠이라고 하지요. 이때 캠의 바깥 지름에 접속되는 것을 로드라고 하며 캠이 회전하면 로드가 캠의 상태에 따라 왕복 운동 또는 진동 운동을 합니다.

경첩을 이용해 만든 내 첫 작품

설계대로 작품을 만들기로 한 날. 아버지와 함께 철물점에 가서 필요한 재료들을 사 왔다. 판매 중인 변기 커버도 하나 샀다. 기존의 경첩 두 개를 하나로 개조하여 두 개의 관절을 가진 경첩으로 만들었다. 변기 커버는 반으로 나누어 움직일 수 있도록 분리하였다. 변기 시트의 바닥 부분과 커버를 경첩으로 연결하였다.

세 시간 정도 땀 흘린 덕분에 예쁜 발명품이 완성되었다. 그리고 곧장 시험에 들어갔다. 성능 시험은 발명품의 필수 과정이니까.

성인이 사용할 때 변기 시트
평소 변기 시트라고 보면 된다.

시트를 안쪽으로 오므리는 모습
그런데 생각처럼 부드럽지가 못했다. 고등학생인 내가 오므리기에도 이렇게 힘이 드는데 다섯 살배기인 동생은 어림도 없겠다. 게다가 삐~삐 하는 소리도 컸다. 흠, 슬슬 걱정이 되었다.

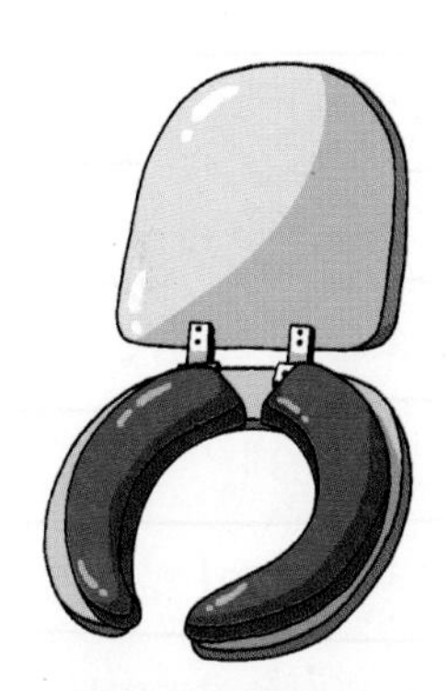

유아용 변기로 변신
문제가 생겼다. 경첩의 두께 때문에 내가 생각했던 것만큼 높이가 낮아지지 않았다. 어떻게 하지?

문제 인정, 다른 방법을 찾자!

분명 머릿속으로 여러 번 생각해서 고안한 아이디어인데, 실제 만들어놓고 보니 아이디어 고안 단계에서 미처 생각하지 못했던 문제들이 속속 발견되었다.

하지만, 여기서 포기할 내가 아니다. 무슨 문제든 해결책도 그 문제 속에 있는 법! 내가 만든 첫 작품이 가진 문제를 하나하나 짚어보자.

하나하나 적어놓고 보니, 정말 문제가 많았다. 하지만 가만히 살펴보면, 문제의 핵심은 한 가지! 바로 '경첩'에 있다.

내 작품의 문제점

1. 경첩 때문에 두께가 증가했다.
2. 들어올릴 때 고정이 잘 되지 않아 소음이 발생한다.
3. 고장이 날 경우 전체를 교환해야 한다.
4. 무거운 아이가 오랫동안 이용하면 시트가 주저앉을 수도 있다.
5. 뚜껑을 닫을 때 힘이 많이 필요해 아이가 사용하기 힘들다.
6. 시트 뒷부분이 제거되어 성인이 사용할 때 불편하다.
7. 경첩 때문에 성인용에서 유아용으로 전환할 때 시간이 걸린다.
8. 오랫동안 사용할 때 경첩이 녹슬 수 있다.

그럼, 다른 연결 방식을 생각해야 한다. 사실 처음에 휴대폰의 슬라이딩을 떠올렸을 때에는 휴대폰처럼 부드럽게 열리고 닫히는 것을 생각했었는데, 실제로 경첩을 이용해 슬라이드를 유도하고자 하니 뻑뻑하였다. 물론 휴대폰처럼 부드러우리라고는 기대하지 않았지만….

다른 두 물체를 순간적으로 접촉시키는 방법이 경첩 말고 또 뭐가 있을까? 그것도 부드럽고 간편한 것으로…. 아마도 이 방법을 찾느냐 못 찾느냐에 내 발명품의 효율성이 결정될 것이다.

'선행 연구 조사'는 발명의 필수

경첩을 대신할 부착 방식을 며칠 동안 생각해보았지만 그럴싸한 방법이 떠오르지 않았다. 그때 문득 잊고 있었던 게 떠올랐다. 맨 처음 이 아이디어를 생각하면서 인터넷을 통해 내 아이디어와 비슷한 발명 제안들이 있다는 사실을 깨달았던 적이 있다. 혹시 다시 그때의 자료들을 찾아보면 경첩을 대신할 뭔가가 떠오르지 않을까 하는 기대를 품고 다른 유사한 발명품을 조사하고 내 아이디어와의 차이점을 분석해 보았다.

여러 사례들을 찾아보았지만, '팔이 안으로 굽는 이유'에서일까. 내 아이디어가 가장 획기적인 것으로 여겨져 자신감이 생겼다. 그리고 좀 더 솔직해지기로 했다.

사실 맨 처음 휴대폰에서 떠올렸던 '슬라이딩' 방식을 고집하지 않고 경첩으로 접착 방식을 바꾼 것은 '좀 쉬워 보여서'였다. 경첩으로 부착하면 훨씬 튼튼하고 안전한데, 슬라이더를 쓰려면 두 개로 나뉘는 변기 시트를 어떻게 붙일 것인지를 또 고민해야 하니까. 이쯤 되니, 슬라이더와 경첩의 장단점을 분석해볼 필요가 생겼다.

슬라이더	평점	분석 항목	평점	경첩
	7	고정 확실도	9	
	6	사용 시 소음	4	
	6	용도 전환 시간	4	
	7	고장 시 교체 용이성	2	
	9	아이 혼자 사용 시 편리성	6	
	4	제작 비용	7	
	4	내구성	5	

첫째, 쿠션 부분의 두께를 줄여 전체적인 두께 증가를 방지할 수 있다. 쿠션의 두께가 줄면 앉았을 때 불편하지 않을까 생각했었지만, 사실 따져보면 푹신하지 않다고 편안하지 않은 것은 아니다. 변기 시트는 소파가 아니니까. 둘째, 들어올릴 때의 소음은 슬라이드 방식을 사용하면 훨씬 감소할 것이다. 셋째, 고장이 나도 부품만 갈아 끼우면 된다. 넷째, 시중의 유아용 변기 시트에 비해 길이가 길어 남자아이들 소변 볼 때 불편함이 줄어들 수 있다. 다섯째, 슬라이더로 인해 성인에서 유아 용도로 빠르게 전환할 수 있다. 여섯째, 알루미늄과 플라스틱 재질의 슬라이더를 사용하면 녹스는 것을 방지할 수 있다.

분석 결과, 고정의 확실도와 제작 비용, 내구성 면에서는 경첩이 우수하다. 그러나 다른 모든 부문에서 슬라이더가 유리하다. 그 밖에도 슬라이드 방식으로 바꾸었을 때 얻을 수 있는 효과는 더 많았다. 역시 해답은 '슬라이더' 뿐.

새로운 부착 방법을 찾아라

자석

마그네틱 단추

벨크로

지금까지 검토한 결과 나는 맨 처음 생각했던 대로 슬라이더를 이용하기로 결정하였다.

이제 경첩을 대신하여 슬라이더를 부착한 변기 커버를 시트에 부착시킬 방법을 찾아야 한다. 지금까지 조사한 바에 의하면 세 가지 방법을 생각해볼 수 있겠다. 첫째는 자석이고 둘째는 마그네틱 단추, 셋째는 벨크로라는 것이다.

이 중에서 시트 커버 내부에 설치했을 때 외관상 깔끔하고 단단한 고정 상태를 유지하면서도 분리할 때 편하고 빠른 방법이 바로 자석이라는 결론을 내릴 수 있었다.

잠깐! 벨크로 발명에 얽힌 이야기

1941년, 스위스인 조지 드 메스트랄은 우연히 우엉을 현미경으로 관찰하던 중 우엉 표면에 작은 갈고리가 수없이 나 있다는 사실을 발견하였다. 그리고 이를 모방하여 지퍼나 단추를 대신하는 잠금 장치를 만들어냈는데, 그것이 바로 벨크로다.

벨크로는 프랑스 말인 벨루(벨벳)와 크로쉐(고리)의 합성어이다. 처음 벨크로가 발명되었을 때 사실 별다른 인기를 끌지 못하였다. 하지만 이후 스키복과 스쿠버다이빙용 의류, 잠수복 등의 의류 업체에서 벨크로를 잠금 장치로 사용하면서 점차 인기를 얻게 되었다. 벨크로의 인기가 절정에 오른 것은 벨크로 찍찍이를 단 어린이용 지갑이 나오면서부터다.

드 메스트랄의 예언처럼 이 벨크로는 지퍼, 단추, 레이스, 버클 등의 완벽한 대용품이 되었다. 이후 벨크로는 시계 줄, 수술 가운, 혈압 측정기, 어린이용 안전 다트 등 다양한 용도로 사용되고 있다.

보이지는 않지만 놀라운 힘, 자기력

자석의 힘은 어디서 오는 것일까요? 사실 자석의 힘(자기력)은 눈에 보이는 힘이 아닙니다. 마치 바람이 거대한 힘을 가지고 있지만 우리 눈에는 보이지 않는 것처럼 말이지요. 여기서는 자석의 힘에 대해 알아봅시다.

■ 자기력이란?

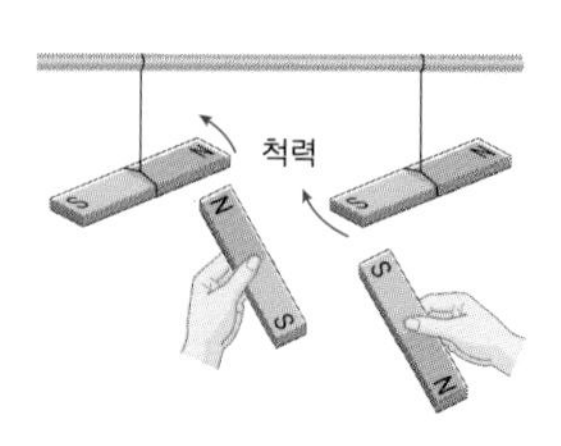

자석과 쇠붙이 또는 자석과 자석 사이에 작용하는 힘을 자기력이라고 합니다. 이 자기력은 다른 극 사이에 서로 끌어당기는 힘(인력)과 같은 극 사이에 서로 밀어내는 힘(척력)으로 이루어집니다.

■ 자기장과 자기력선

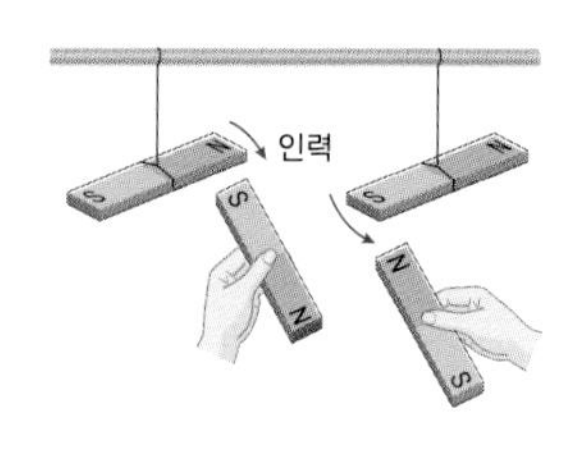

자석 주위의 자기력이 미치는 공간을 자기장이라고 하는데, 자기장 내의 어느 한 점에 자침을 놓았을 때 자침의 N극이 가리키는 방향이 바로 자기장의 방향입니다. 이 자기장에서 자침의 N극이 받는 힘의 크기가 곧 자기력의 세기이며 이 자기력의 세기는 자석의 극에서 멀어질수록 약해집니다.

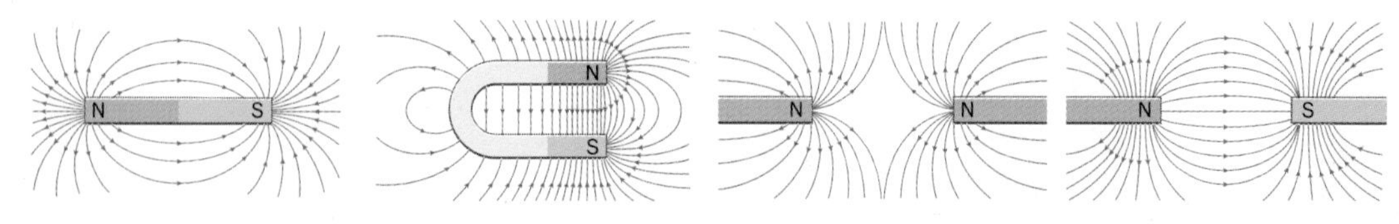

여러 가지 자석에 의한 자기력선의 방향과 모양

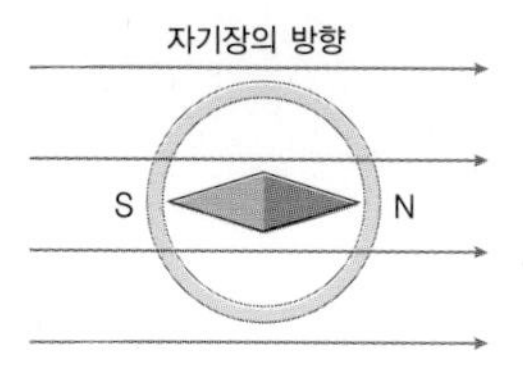

나침반과 자기장의 방향

한편, 자기장 속에 나침반을 놓고 자침의 N극이 가리키는 방향을 따라 연속적으로 이어놓은 선을 자기력선이라고 합니다. 자기력선은 자기장의 모양을 나타내는 선입니다. 이 자기력선의 방향은 자기장 내에 있는 자침의 N극이 가리키는 방향으로 결정됩니다. 결국 자기력선의 방향은 자석의 N극에서 나와 S극으로 들어갑니다.

■ 생활 속의 자기

마그네틱 카드

종이나 책받침 위에 쇳가루를 뿌리고 밑에서 자석을 움직이면 자석의 움직임에 따라 쇳가루가 따라 움직입니다. 고운 쇳가루를 얇게 깔고 자석을 움직여 이름을 쓰거나 그림을 그리면 그 형상이 남게 됩니다. 마그네틱(자기 테이프)은 딱딱한 프라스틱에 자성체를 코팅하고 위와 같은 방식으로 암호를 입력해놓은 것입니다.

카세트 테이프

카세트 테이프는 미세한 자성체(쇳가루)를 코팅한 것입니다. 이렇게 코팅한 테이프에 전기 신호를 자기 신호로(혹은 자기 신호를 전기 신호로) 바꾸는 장치인 헤드를 이용해 비어 있는 테이프에 녹음하고 녹음된 테이프를 재생하기도 하는 것이지요.

도서관 책 대출대

도서관에 비치되어 있는 책 속에는 기다란 자기 테이프가 있습니다. 대출할 때에는 책 속의 자기 테이프에 자기장을 반대로 걸어서 자성을 잃게 하고 반납할 때에는 일정한 자기장을 책에 걸어서 자성을 띠게 하는 것입니다. 이것은 쇠막대를 자석으로 문질러 주면 자성이 생겨 한쪽은 N극이 되고 다른 쪽은 S극이 되지만, 쇠막대와 자성의 세기가 같은 자석을 이용하여 쇠막대의 N극에는 자석의 S극을, 쇠막대의 S극에는 자석의 N극을 대면 쇠막대의 자성이 없어지는 원리를 이용한 것입니다.

도난 방지 장치

공항을 비롯하여 대형 서점이나 백화점, 할인 마트 등에는 반드시 도난 방지 장치가 설치되어 있지요. 도난 방지 장치가 설치된 가게의 물건들에는 자기 테이프가 부착되

잠깐!
지구 자기

지구에도 자기가 흐른다. 지구 위에서 나침반의 자침은 남북을 가리킨다. 이는 지구가 한 개의 큰 자석으로서 자석의 성질을 지니기 때문이다. 이처럼 지구가 갖는 자기를 지구 자기 혹은 지자기라고 부른다. 이때 지구의 북극 쪽이 S극이 되고, 남극 쪽이 N극이 된다.

어 있습니다. 이 자기 테이프가 도난 방지 장치의 기둥을 통과하면 기둥에 유도 전류가 흘러 경보음을 내게 되는 것이지요.

자석 단추

핸드백 단추, 지퍼 대신 쓰이는 자석이나 냉장고 등에 붙이는 병따개 등 일상 생활에서 자성을 띠는 물질은 매우 많습니다.

잠깐! 미래로 달리는 자기 부상 열차

1993년에 개최되었던 대전 엑스포에서는 우리나라 최초로 만든 자기 부상 열차가 선보여 관심을 끌었다. 이 열차는 자석의 같은 극끼리는 밀어내고 다른 극끼리는 당기는 성질을 이용한 것이다. 다시 말해 자석의 밀어내는 힘(척력)에 의해 뜨고 당기는 힘(인력)으로 달리게 되는 것이다.

자기 부상 열차는 열차 내부에 초전도 자석이 실려 있고 지상의 레일에는 코일이 설치되어 있어 열차가 뜨게 되고 속력을 낼 때에는 차체의 앞쪽에 끄는 힘이, 뒤쪽에는 미는 힘이 작용하도록 코일에 흐르는 전류의 방향을 열차의 초전도 자석의 이동에 맞춰 변화시킨다. 속력을 줄일 때에는 이와 반대 방향으로 전류를 흘려 보낸다.

발명왕 도전 10단계

1단계 : 싱글보다는 더블이 좋다!
2단계 : 필요 없는 건 모두 버려라!
3단계 : 모자라면 빌리고, 세상에 공개하라!
4단계 : 필요에 따라 크기를 조정하라!
5단계 : 유행에 따라 모양을 바꾸어라!
6단계 : 돌멩이 하나의 각기 다른 쓰임새도 찾아보아라!
7단계 : 때로는 엉뚱한 재료도 사용해보아라!
8단계 : 거꾸로, 때로는 반대로 세상을 보아라!
9단계 : 자원을 최대한 재활용할 방법을 찾아라!
10단계 : 발명에도 도전해서는 안 될 분야가 있다!

– 『발명왕에 도전하기』 중에서

성능 업그레이드로, 두 번째 작품 완성!

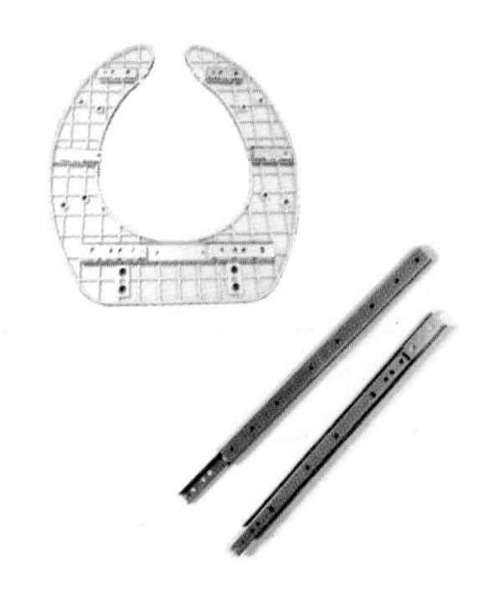

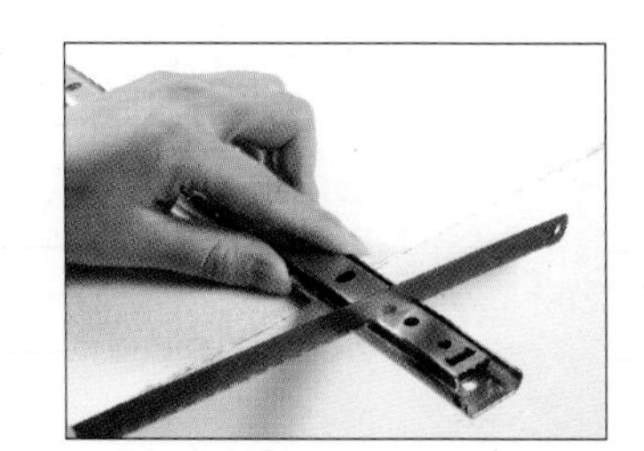

드디어 변기에 슬라이더를 부착하고 자석으로 고정시키는 작업을 시작하였다. 먼저 기존 변기 시트 판을 분리하고 사온 슬라이더를 사이즈에 맞게 절단하였다. 이어 슬라이더 부착 위치를 정하여 부착한 후 기존 판에 씌울 커버를 만들었다.

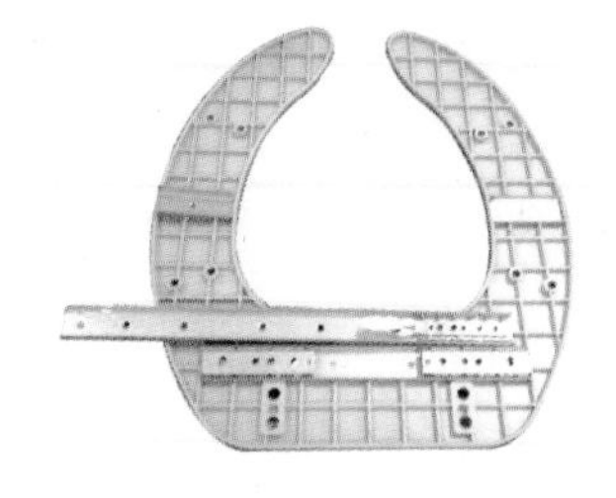

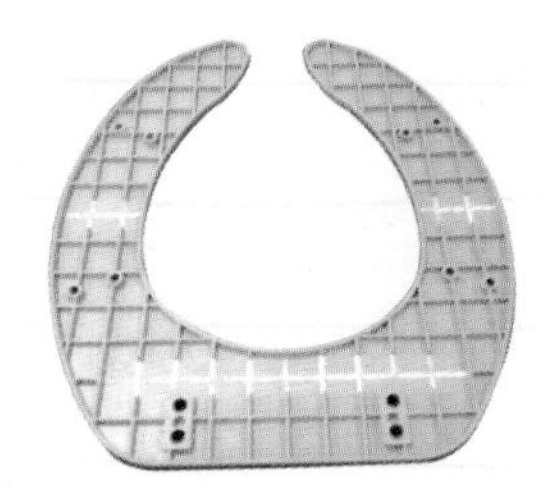

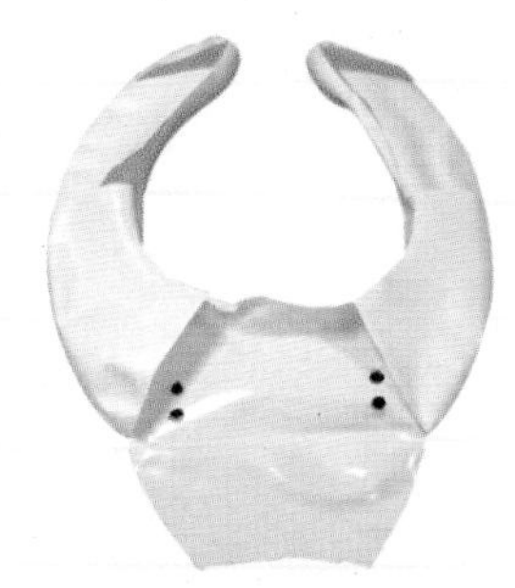

드디어 완성! 드디어 첫 번째 작품의 단점을 보완한 두 번째 작품이 완성되었다. 처음 경첩으로 만들어본 경험이 있어서일까, 이번에는 쉽게 조립할 수 있었다.

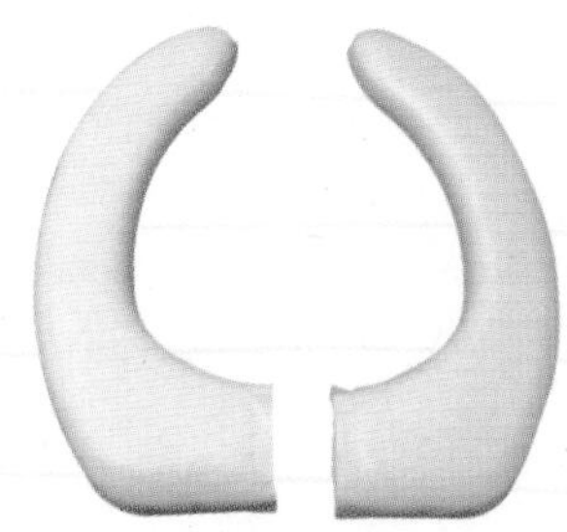

기존 제품과 성능 비교, 대만족!

내 발명품의 첫 번째 고객은 다름 아닌, 귀여운 막내 동생! 변기에 부착해 동생을 앉혀보았다. 처음에는 일반 변기인 줄 알고 안 올라가겠다고 떼를 쓰던 동생을 사탕으로 유혹해 한 번만 올라가 앉아보게 하였다.

결과는? 대성공! 누가 잡아주지 않아도 동생의 엉덩이는 변기 시트 위에 안전하게 정착해 있었다. 누구보다도 내 발명품을 환영한 사람이 있었으니, 바로 둘째 동생이다. 아~, 이젠 자.유.다!

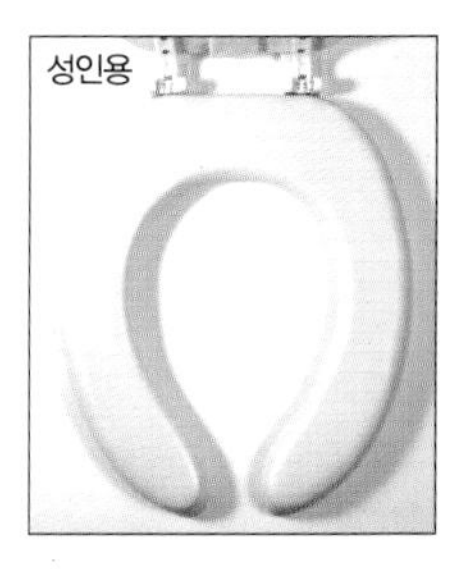

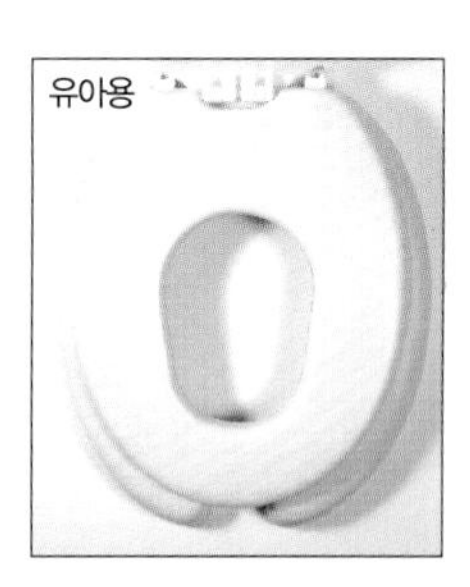

기존 제품의 단점
- 2개의 별도 판이 필요함. (추가 비용이 든다)
- 아이가 앉을 때 높이가 높아짐.

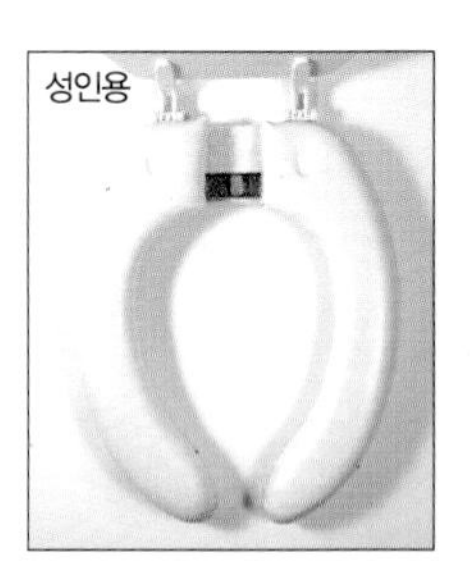

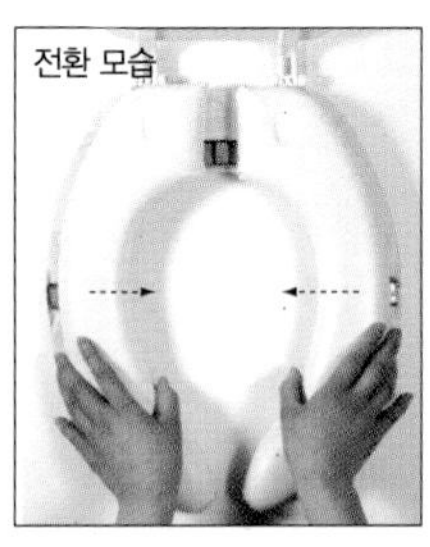

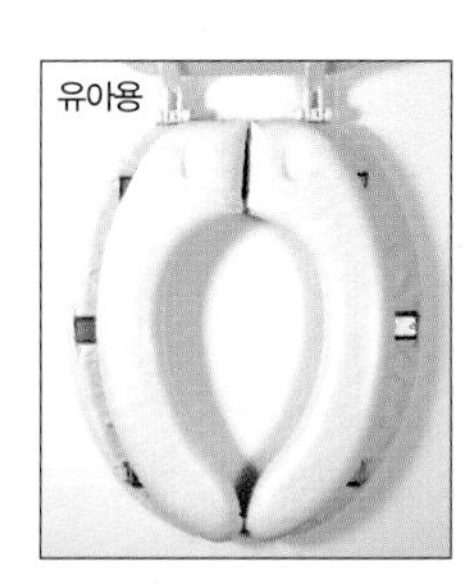

내 발명품의 장점
- 1개의 판으로 해결됨.
- 아이가 앉을 때 높이가 높아지지 않음.

발명품 요모조모 뜯어보기

경첩을 부착했던 첫 번째 발명품의 단점을 보완하고 편리함을 더한 두 번째 발명품이 드디어 완성되었습니다. 현숙이의 이번 발명품은 무엇보다 막내 동생을 생각하는 누나의 마음이 담겨 있어 더욱 의미가 깊습니다.

성인용 변기 시트와 유아용 변기 시트를 하나로 만들어낸 현숙이의 아이디어에 여동생을 비롯하여 가족 모두 크나큰 박수를 보냈답니다.

자, 그럼 현숙이의 발명품 '슬라이딩 성인·유아 겸용 변기 시트'를 자세히 살펴볼까요?

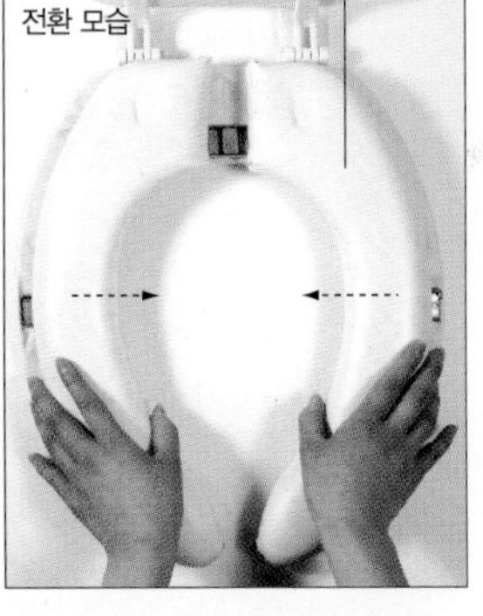

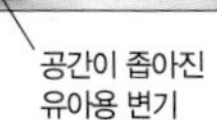

시트 바닥에 슬라이더를 고정시키고 그 위에 두 개로 분리한 변기 시트를 올린 뒤 각각의 만나는 지점 끝에 자석을 내장시켜, 유아용으로 붙였을 때 자석에 의하여 고정될 수 있도록 했다. 기존 판을 뒤집어 판의 홈 부착을 가능하도록 설계해 편리성을 높였다.

디지털 온도 표시 분유병

아기에게 딱 맞는 온도를 찾아라

아기들이 마시기에 가장 좋은 우유의 온도는 엄마 젖인 모유의 온도, 그러니까 36.5℃ 정도가 가장 적합하다고 말합니다. 갓난아기들에게는 모유가 최고의 먹을거리이지만 여러 사정으로 모유 대신 분유를 타주어야 하는 경우도 많습니다.

이럴 때, 분유를 아기가 먹기에 좋은 온도로 맞춘다는 게 생각처럼 쉽지 않다고 합니다. 보통 분유병은 열 전도율이 높지 않기 때문에 분유의 온도를 알기가 어려운 탓입니다.

준형이는 자기도 기억 못하는 어린 시절 이야기를 듣고 분유병의 온도를 한눈에 알 수 있는 방법이 없을까 고민하기 시작했답니다. 그리고 마침내 빛나는 발명품을 만들어냈습니다. 자, 지금부터 준형이의 맞춤 온도 분유병의 발명 이야기 속으로 떠나볼까요?

어린 시절 나도 모르게 겪었던 시련

"안녕하세요."

"그래, 오랜만이구나. 어머, 준형이가 이렇게 컸네?"

학교에서 돌아와 보니 고모가 와 계셨습니다. 준형이에게 고모는 매우 특별한 존재입니다. 갓난아기 때부터 준형이와 함께 살았던 고모는 때론 엄마처럼 어린 준형이를 돌봐주고, 때론 친구처럼 놀아주곤 하였답니다.

"에구~, 언니가 막 낳아서 데려올 때는 요만했던 녀석이…. 어떻게 이렇게 늠름해졌을까?"

"호호. 잠깐이지 뭐. 이제는 엄마랑 얘기도 잘 안 한다우."

"그래요? 호호. 그렇게 까불고 개구쟁이짓을 해대더니…. 이젠 저도 좀 컸다 이거지? 그래도 준형아, 넌 이 고모한테 그러면 안 된다. 고모가 너 똥 기저귀 갈아준 게 얼만데. 하하."

옷을 갈아입고 나온 준형이는 냉장고에서 우유를 한 잔 따라 어머니와 고모 옆에 와서 앉았습니다. 그때 고모가 갑자기 "까르르" 배꼽을 잡고 웃으시는 게 아니겠어요? 준형이와 어머니 모두 무슨 일인가 싶어 고모에게 물었지요.

"호호호. 준형이 우유 먹는 걸 보니 갑자기 생각나는 일이 있어서요. 호호. 언니는 기억 안 나요? 크크크."

"뭔데요? 무슨 일인데? 같이 좀 웃읍시다."

궁금해하는 어머니와 준형이에게 고모가 털어놓은 이야기는 이러했습니다. 준형이가 돌도 채 넘기기 전이었던 어느 날, 잠깐 외출하신

어머니를 대신해 고모가 준형이를 돌보고 계셨답니다. 마침 준형이에게 분유를 먹일 시간이 되었고, 고모는 어머니가 미리 담아놓고 가신 분유병에 끓였다 식힌 물을 부었어요. 분유병을 만져보니 적당히 따듯하여 준형이를 안고 분유병 꼭지를 물렸답니다.

그런데 그 순간, 준형이가 자지러지게 울어대더라는 겁니다. 대체 이게 무슨 일인가 싶어 꼭지를 빼던 고모는 화들짝 놀랐다고 해요. 꼭지에서 '똑' 하고 고모 팔뚝에 떨어진 한 방울의 분유가 너무나 뜨거웠던 것입니다.

"그때 정말 나도 너무 놀랐어. 팔뚝에 떨어진 한 방울이 이렇게 뜨거운데, 배고픈 김에 쪽~ 하고 힘주어 빨았을 준형이는 얼마나 뜨거웠을까. 호호."

고모의 말에 어머니도 함께 웃으셨습니다.

미래의 나를 위한 의미 있는 결심

고모가 돌아가시고 난 뒤 준형이는 어린 시절 사진이 담긴 앨범을 뒤적이며 어머니와 이런저런 옛 이야기를 나누었습니다.

"엄마, 그런데 아기들 분유는 보통 몇 도가 적당한 거예요?"

"음~, 글쎄다. 모유가 아마 사람 체온 정도일 테니 그 정도가 가장 적당한 온도겠지?"

"그럼, 그 정도에 맞춰서 분유를 타면 되잖아요. 그게 어려운가요?"

"그렇지. 여러 번 해보면 모를까. 분유병에 온도계가 달려 있는 것도 아니고…."

"온도계요? 그러게요! 온도계가 달려 있으면 좋을 텐데."

"에그~, 무슨 분유병에까지 온도계를 달아? 몇 번 해보면 익숙해질 것을…."

"아니죠. 어른에게는 '몇 번 시행착오'로 끝날지 모르지만 아기들에게는 얼마나 괴로운 일이겠어요!"

"호호. 왜, 너 어릴 때 이야기 듣고 나니 억울하니?"

'온도가 표시되는 분유병, 엄마 말처럼 별로 쓸모가 없을까?'

어머니 말씀에도 일리는 있지만, 생각하면 할수록 꽤 괜찮은 아이디어 같았습니다. 더구나 점점 맞벌이 부부가 늘어나면서 아기들 분유 타주는 일이 꼭 여자들만의 일은 아닌 세상이 되었으니까요. 준형이 자신도 육아에 아빠가 참여하는 것에 찬성하는 입장이기도 했고요.

"그래, 이건 미래의 나를 위해서도 필요한 일이야. 한번 도전해보는 거야!"

그날 이후 온도가 표시되는 분유병을 개발하기 위한 준형이의 도전이 시작되었습니다.

알고 보면 신기한 '센서'의 세계

우선 분유병에 담긴 분유의 온도를 잴 수 있는 장치를 마련해야 했습니다. 분유병 안에 담긴 분유의 온도를 직접 잴 수는 없는 노릇이니까요. 그렇다면 분유의 온도를 간접적으로 알 수 있는 '온도 센서'를 활용하는 방법이 좋겠다는 데 생각이 미쳤습니다.

'과연 온도 센서를 이용해 분유의 온도를 잴 수 있을까?'

그리고 분유병에 담기는 분유의 양이 경우에 따라 달라질 것이라는 데 착안하여 긴 막대 모양의 온도 센서를 생각해냈습니다. 준형이는 먼저 집에 있는 병 중에 분유병과 가장 흡사한 병을 하나 꺼내 물을 담아보았습니다.

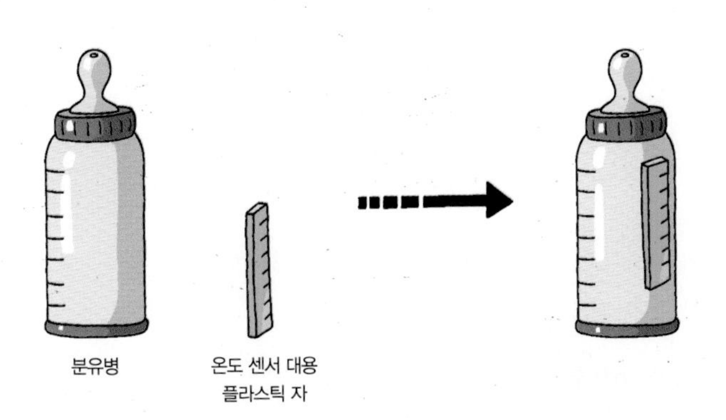

그리고 온도 센서 대용으로 휘어지는 플라스틱 자를 가져와 병에 붙여보았지요.

그때 어머니가 다가오셨어요.

"이게 뭐니?"

"온도 센서를 붙인 분유병이에요. 이러면 분유 온도를 제대로 맞춰서 아기에게 줄 수 있잖아요."

"너 어제 고모 이야기가 그렇게 충격이었니? 호호. 그런데 준형아. 이렇게 병 하나에 센서인가 뭔가를 붙여버리면 다른 병들은 어떻게 하니? 아기 분유병은 최소한 서너 개를 함께 쓰는데 말이야."

"아, 그래요? 그럼 온도 센서를 떼었다 붙였다 할 수 있게 해야겠네요?"

"얘, 2단 도시락에 두르는 고무줄 있잖아? 그렇게 만들면 어떻겠어?"

준형이는 곧장 주방으로 가서 도시락을 고정시킬 때 쓰는 고무 밴드를 가져왔습니다. 그리고 온도 센서 대용 자로 고정시켰어요. 바로 이렇게요~

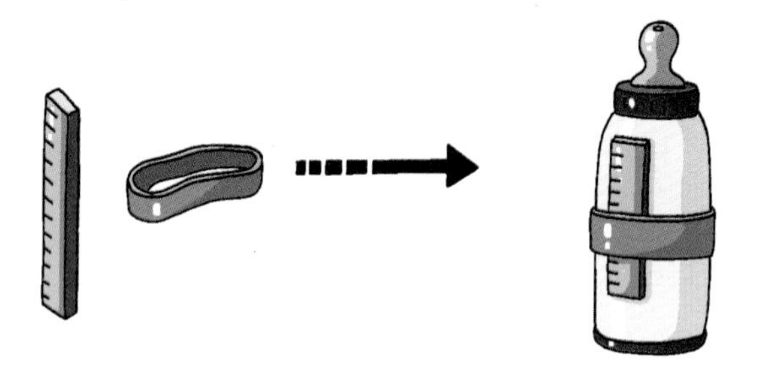

고무 밴드에서 이중 컵 스타일로 변신

고무 밴드에 센서를 부착시키는 데까지 아이디어를 진전시켰지만, 사실 고무 밴드 아이디어가 마음에 쏙 드는 건 아니었어요. 고무 밴드는 사용 횟수가 많아질수록 늘어지고 낡아질 수 있으니까요. 게다가 고무 밴드를 끼웠다 뺐다 하다 보면 온도 센서에도 별로 안 좋은 영향을 미칠 것도 같았습니다.

"온도 센서를 좀더 안전하게 고정시킬 필요가 있겠어."

온도를 알 수 있는 분유병을 만들겠다고 결심한 후로 평소 발걸음이 뜸하던 주방을 풀방구리 드나들 듯하는 준형이의 모습이 어머니는 내내 재미있는 모양이십니다.

"또 뭐가 필요하니? 얘, 엄마에게 물어보렴. 아무래도 분유병은 주부인 내가 더 잘 알지 않겠니?"

준형이는 어머니께 고무 밴드가 갖는 단점에 대해 이야기했어요. 어머니는 고개를 끄덕이시더니 당신도 한번 생각해보시마 하셨습니다.

그날은 마침 일요일이라 어머니는 계 모임이 있다고 나가셨어요. 준형이는 오후 내내 고무 밴드를 대신할 아이디어를 찾느라 고심했고요.

이윽고 어머니가 돌아오셨습니다. 그런데 어머니 손에는 무언가가 들려 있었어요.

"그게 뭐예요?"

"혹시 네가 만든다는 그 분유병에 도움이 될까 해서 내가 식당에서 가져온 건데, 이게 뜨거운 컵을 받치는 보조 컵이거든? 이 안에 컵을

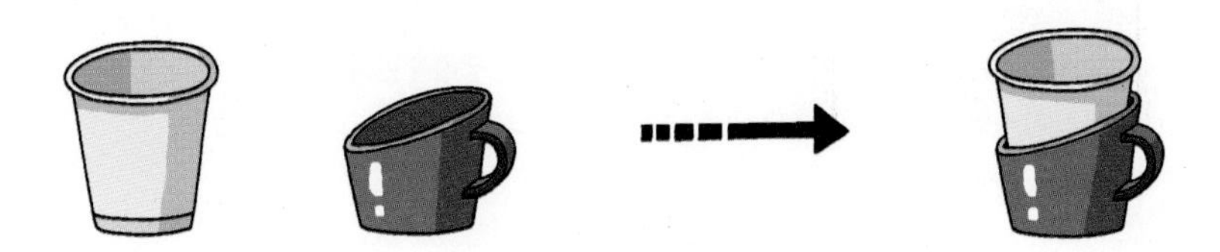

담아 들면 손도 안 뜨겁고 좋던데…. 별로일까?"

"아하, 보조 컵에 온도 센서를 달면 되겠어요! 그럼 온도 센서도 안전하게 고정시킬 수 있고, 또 분유병에 딱 붙도록 보조 컵을 만들어 끼우면 온도 재는 것도 문제 없을 것 같아요."

"그래? 호호. 다행이구나. 어때, 엄마 머리도 아직 꽤 쓸 만하지?"

자연이 준 발명품 ③ – 오징어와 제트 엔진의 추진력

오징어가 바다 속에서 헤엄쳐 앞으로 나가는 힘은 제트 추진력에서 나온다. 오징어의 몸통은 오그라드는 근육으로 된 탄력 주머니로 만들어져 있어서 뒤쪽으로 향해 있는 분사구로 물을 내뿜을 수 있다. 오징어는 이 힘을 이용해 시속 32km의 빠르기로 헤엄칠 수 있는 것이다. 제트 엔진의 추진력 역시 이와 같다. 한쪽 끝에서 빨아들인 공기를 반대쪽으로 내뿜는 힘을 이용하는데, 이때 빨아들이는 속도보다 내뿜는 속도가 훨씬 크다. 즉 제트기의 추진력은 높은 압력으로 가스나 액체를 작은 분사구를 통해 뿜어냄으로써 발생하는 것이다.

'온도를 알 수 있는 분유병'이 필요해!

기존 분유병의 문제점

1. 온도를 알 수 없어 자칫 아기에게 너무 뜨겁거나 차가운 분유를 줄 수 있다.
2. 분유병은 플라스틱으로 되어 있기 때문에 실제 안에 담긴 분유의 온도를 짐작하기가 힘들다.
   → 분유병에 담긴 분유의 온도를 알려주면 누구나 쉽게, 아기가 먹기에 딱 좋은 분유를 탈 수 있다.

작동 원리

기존 분유병을 그대로 이용하면서도 온도를 측정할 수 있는 방법이다. 분유병의 모양대로(조금만 더 크게) 보조 컵을 만들어 온도 센서를 부착시킨다. 온도 센서를 붙인 보조 컵을 분유병에 끼우면 분유병 안에 담긴 분유의 온도를 쉽게 알 수 있다. 단, 온도 센서는 분유병에 담기는 분유의 양이 다를 수 있음을 고려하여 긴 막대 모양으로 만들어 두 줄로 붙인다. 혹시 하나가 작동이 안 될 경우를 대비하기 위해서이다.

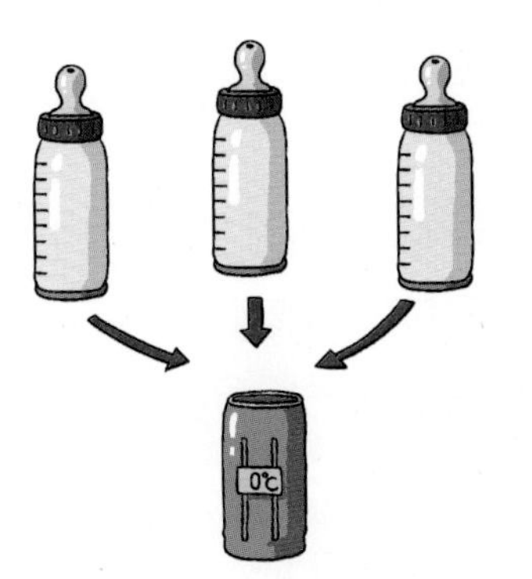

온도를 표시하는 방식은 '디지털 방식'을 택한다. 그래야 한눈에 온도를 알 수 있다.

분유병에 어떻게 디지털 온도계를 달까?

원리부터 찾아라

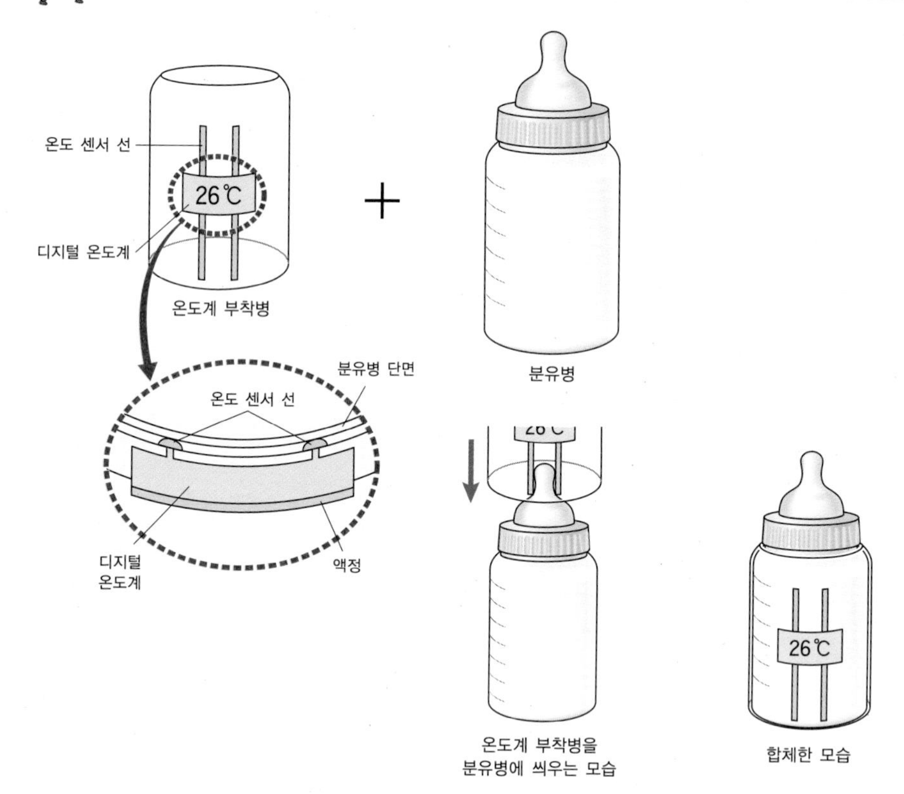

- 온도계 부착병은 분유병보다 지름을 약간 크게 한다.
- 온도 센서가 분유병에 밀착되어야 하므로 두 병의 크기 차이가 너무 커도 안 된다.
- 손과 온도 센서의 접촉을 피하기 위해 온도 센서 선을 디지털 온도계 바로 뒤에 붙인다.
- 분유병은 같은 크기로 여러 개 만들어 바꿔 쓸 수 있다. 즉, 하나의 온도계 부착병으로 여러 개의 분유병의 온도를 측정할 수 있는 것이다.

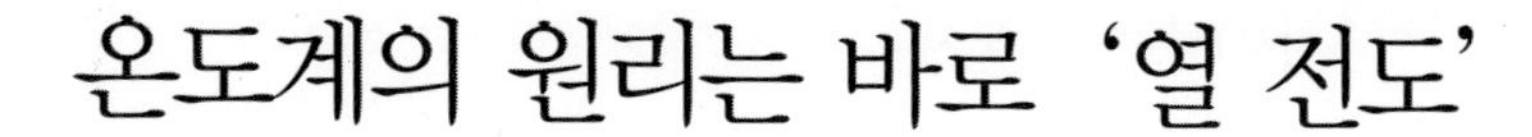

온도계의 원리는 바로 '열 전도'

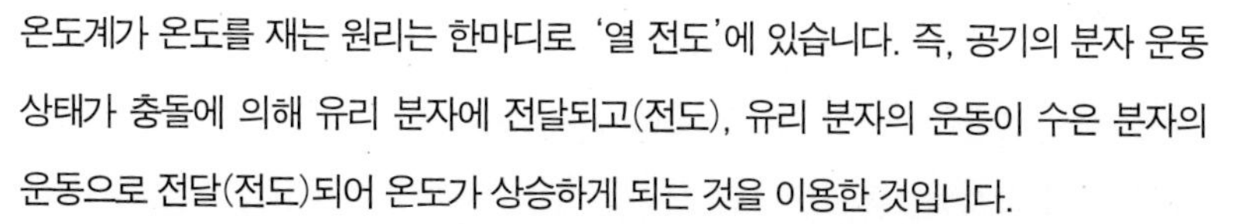

온도계가 온도를 재는 원리는 한마디로 '열 전도'에 있습니다. 즉, 공기의 분자 운동 상태가 충돌에 의해 유리 분자에 전달되고(전도), 유리 분자의 운동이 수은 분자의 운동으로 전달(전도)되어 온도가 상승하게 되는 것을 이용한 것입니다.
온도가 상승하면 수은의 부피가 팽창하여 수은주가 올라가게 됩니다. 여기서 온도가 올라간다는 것은 그 물질을 이루고 있는 분자들의 운동이 더 활발해졌다는 것을 의미합니다. 분자들의 운동 상태가 전달되는 방법에 의하여 열이 이동하는 것을 전도라고 하는데, 전도에서 열을 전달하는 쪽의 분자의 운동은 줄고, 열을 받는 쪽의 분자의 운동은 늘어납니다.

■ 열 전도란?

열 전도란 물질이 직접적으로 이동하지 않고 온도가 높은 곳에서 낮은 곳으로 열이 전달되어가는 현상을 말합니다. 이 열은 온도가 높은 곳과 낮은 곳의 온도가 같아질 때까지 이동합니다. 이렇게 온도가 같아지면 더 이상 열의 이동이 일어나지 않는데 이때를 열평형 상태라고 합니다. 이러한 열 전도에 의한 열의 전달 속도는 물질의 종류에 따라 다릅니다. 예를 들어볼까요?

조용하던 얼음에 물을 부으면 얼음이 갈라진다.

공기 중에서보다 물에서의 열 전도율이 크기 때문입니다. 공기 중에서는 열 전도율이 작아서 얼음 내부와 온도 차이가 크지 않아 열 전도가 서서히 일어납니다. 그러나 물에서는 열 전도율이 커지므로 얼음 내부와 외부 사이의 온도 차이가 큽니다.

이때 얼음 안과 밖의 팽창하는 정도 차이 때문에 얼음에 금이 가는 것입니다.

손에 있던 열은 플라스틱보다 철이 더 빨리 빼앗아 간다.

한겨울에 플라스틱 손잡이보다 쇠문이 더 차갑게 느껴진다.

철의 열 전도율이 플라스틱의 열 전도율보다 크기 때문입니다.

자칫 철 부분의 온도가 플라스틱 부분보다 더 낮기 때문이라고 생각하기 쉽지만, 둘의 온도는 같습니다. 열은 항상 고온에서 저온으로 이동하며 열 평형 상태에 이르게 되는데, 손에 있던 열을 플라스틱보다 철이 더 빨리 빼앗아가기 때문이지요. 즉, 손을 이루고 있는 분자들의 운동이 줄어드는데, 플라스틱에서보다 철에서 더 많이 줄어 손이 더 차가워진 탓입니다.

■ **열 전도를 작게~**

사우나 찜질방 보통 60~70°C에서 높게는 100°C가 넘는 사우나에서 평균 체온 36.5°C인 사람들이 어떻게 버틸 수 있는 것일까요? 그것은 열 전도 때문입니다. 공기가 훌륭한 보온 단열재 역할을 하는 셈이지요. 또한 사우나 안에 놓인 나무 의자에 앉으면 더욱 뜨거운 기운을 느끼게 되는데 이는 공기보다 나무의 열 전도가 빠르기 때문입니다. 물론 나무 의자 중간에 쇠로 된 못에 피부가 닿으면 너무 뜨거워 깜짝 놀라게 됩니다. 이는 나무보다 쇠의 열 전도율이 높기 때문이지요.

아이스 박스 아이스 박스의 스티로폼이 열 전도를 낮게 해주는 역할을 합니다. 이 스티로폼 사이 공간에 열 전도율이 낮은 공기가 들어 있어 아이스 박스에 얼음을 넣고 음식을 넣으면 바깥의 열이 내부로 쉽게 전달되지 않아 음식을 시원하게 해주는 것입니다.

이중창 똑같은 유리 두 장을 붙여놓는 것과 공간을 두고 띄어놓는 것 중 어느 쪽의 단열 효과가 더 클까요? 단연 공간을 두고 띄어놓은 쪽입니다. 이는 유리와 유리 사이에 있는 공기가 완충 장치 역할을 하기 때문입니다. 차단되어 있는 공기는 열 전도율이 유리보다 훨씬 작기 때문에 두 장의 유리를 붙여놓은 창보다 유리와 유리 사이에 간격을 둔 이중창이 훨씬 좋은 단열 효과를 내는 것이지요.

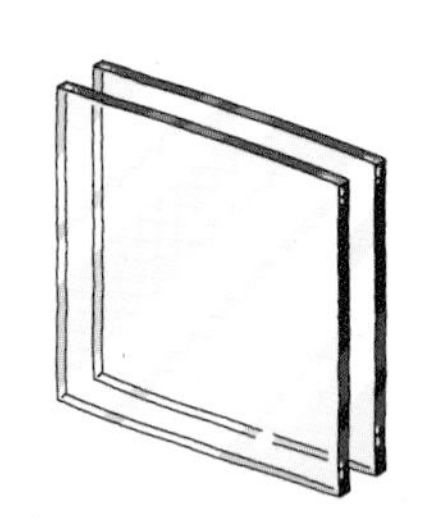
유리와 유리 사이의 공기가 열 전도의 완충 장치 역할을 하여 단열 효과가 크다.

열 전도율이 높은 알루미늄 호일이 열을 고기에 잘 전달한다.

■ 열 전도를 크게~

알루미늄 호일 고기를 구워 먹을 때 프라이팬에 알루미늄 호일을 까는 것은 열 전도율이 높은 알루미늄 호일이 불판의 열을 고기에 잘 전달하기 때문입니다.

온돌 우리나라 고유의 난방법인 온돌은 열의 전도를 이용한 것입니다. 즉, 방바닥 밑에 넓적한 구들을 깔고 여기에 열을 가하여 온도가 높아진 구들이 방출하는 열로 난방을 하는 것이지요.

다리미 다리미는 전기 에너지를 열 에너지로 전환하여 작동하지요. 이때 열은 열선을 통해 전달됩니다. 그런데 열선까지 전달된 열을 옷감에 잘 전달하여 옷을 다리기 위해서는 다리미 바닥을 열 전도율이 높은 금속으로 만들어야 하는 것이지요. 만약 다리미 바닥을 열 전도율이 작은 물질로 만든다면 열선이 아무리 열을 내도 옷을 다릴 수 없을 것입니다.

발명에도 순서가 있다

첫째, 내가 발명하고자 하는 것이 세상에 어떤 이익을 가져다줄 것인가를 생각한다.
둘째, 이 발명이 나의 지식이나 능력, 그리고 경험과 지혜로 가능한가를 따져봐야 한다.
셋째, 이 발명과 같은 종류의 발명이나 물건에 관한 현재의 기술이 어느 정도 진보되어 있는가를 가늠해야 한다.
넷째, 이 발명으로 제작할 수 있는 제품의 작용이나 효과에 대한 필요성을 대신해온 물건이 있는지 점검해야 한다.
다섯째, 이 발명이 발명 시점으로부터 시대의 요구나 흐름에 일치하는가를 분석해야 한다.

– 『발명가가 되는 60가지 방법』 중에서

처음부터 난관에 부딪히다

기본 설계를 마친 나는 우선 분유병을 사러 갔다. 그런데 분유병의 종류는 한 가지가 아니었다. 좁고 기다란 병에서 짧고 넓은 병, 세라믹 재질로 만든 게 대부분이었지만 간혹 유리로 만든 병도 있었다. 가게 아주머니에게 여쭈어보았더니 요즘에는 짧고 넓은 세라믹 병을 많이 쓴다고 했다.

집에 가져온 분유병을 요모조모 살펴보았다. 그리고 분유병을 감쌀 수 있을 만큼 적당한 크기의 플라스틱 컵을 찾아보았다. 몇 가지 컵을 찾았으나 문제가 생겼다. 바로 분유병의 모양이었다. 분유병의 표면은 단순한 일자 형이 아니라 굴곡이 있었다. 아마도 아기에게 분유를 주는 사람의 손에 잘 잡히도록 만들어놓은 것 같았다.

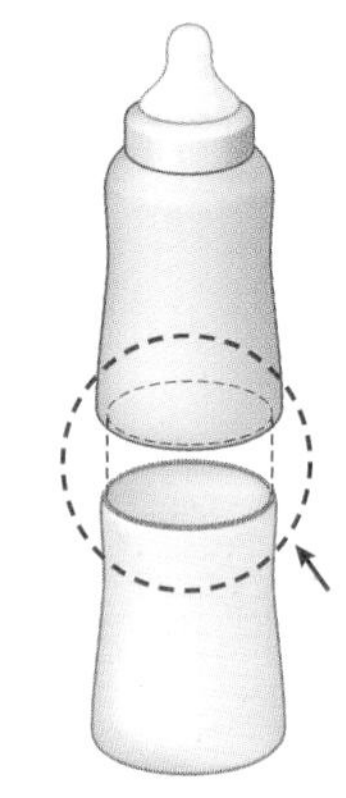

분유병의 모양에 맞추어 보조 컵을 만들면 보조 컵의 입구가 좁아 분유병이 들어가지 않는다.

처음에는 분유병의 굴곡에 맞추어 온도 센서를 부착할 보조 컵을 만들면 되지 않을까 생각했지만, 그것도 쉽지 않은 일이다. 분유병은 가운데 부분이 오목하게 되어 있는데, 보조 컵은 아랫부분의 크기에 맞추어 제작해야 하기 때문에 도저히 분유병과 보조 컵을 딱 맞게 끼울 수 없는 것이다.

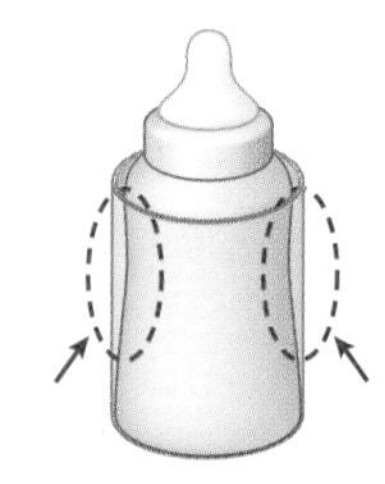

분유병의 밑 지름을 맞추면 이렇게 간격이 생기게 된다. 그러면 정확한 온도 측정이 어려워진다.

분유병과 보조 컵이 딱 맞지 않는다면 온도를 정확히 또 빠르게 측정할 수 없게 된다. 저런… 처음부터 난관에 부딪혔다.

이론 공부를 통해 방법을 찾다

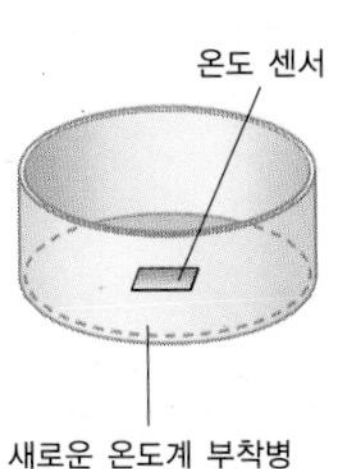

보조 컵의 모양에 대해 며칠 동안 고민을 했지만 끝내 답을 찾지 못했다. 그래서 일단 보조 컵에 대해서는 잠시 미뤄두기로 하고 먼저 온도 센서에 대한 공부를 하기로 하였다. 그 결과, 온도 센서는 분유병의 어떤 지점에 부착해도 온도를 감지한다는 사실을 알았다.

이제는 굳이 보조 컵이 분유병 길이만큼 길어질 필요가 없어졌다. 그렇다면, 차라리 밑바닥에 센서를 부착하여 온도를 잴 수 있게 하면 어떨까. 결국 보조 컵의 길이가 지금보다 훨씬 낮아져도 된다. 그러면 분유병의 굴곡 때문에 생기는 보조 컵 모양 문제도 해결할 수 있다.

이제부터는 짧아진 보조 컵에 온도 센서를 어떻게 부착시킬 것인가와 온도 센서를 붙인 보조 컵을 분유병에 어떻게 밀착시킬 것인가를 고민해야 한다. 여러 개의 분유병을 끼웠다 뺐다 해야 하는데 어떤 방식으로 만들 것인가. 고무와 같은 신축성 있는 재료를 사용할 수도 있겠다.

그게 아니면? 금속이나 플라스틱처럼 단단한 재질로 만든다면 센서를 보다 안전하게 부착할 수 있겠는데, 이 경우에는 보조 컵에 분유병을 넣었을 때 빠지지 않도록 단단하게 조이는 방법을 찾아야 한다.

사람을 대신해 온도를 측정해주는 센서

센서(sensor)란 '센스(sense)'에서 나온 말인데요. 센스는 '느낀다, 지각한다' 등의 의미를 갖는 라틴어에 그 어원이 있습니다. 즉, 인간의 감각 작용을 가리키는 것이며 센서란 결국 '인간의 오감(시각, 청각, 촉각, 후각, 미각)을 대신하여 대상의 물리량을 정량적으로 계측해주는 장치'라고 할 수 있겠습니다.

■ 온도 센서

온도는 원자 또는 분자가 갖고 있는 미세한 범위의 진동 운동 에너지의 크기입니다. 이때 금속선이나 반도체의 저항 값은 온도에 따라 변하지요. 또한 다른 종류의 금속선의 결합 접점을 가열하면 기전력이 발생하는 경우가 있어요. 여기서 발생하는 저항이나 기전력을 측정하여 온도를 구하는 것이 바로 온도 센서의 원리랍니다.

■ 온도 계측 방법

접촉식 계측하려는 물체와 온도계의 온도 측정부를 열적으로 접촉해 놓고 동일 온도를 유지하여 열적으로 평형으로 만든 다음 온도 측정부를 계측하는 방법입니다. 이는 열이 고온에서 저온으로 이동하려는 '열 전도 현상'과 서로 접촉하고 있는 물체는 같은 온도가 되려는 '열 평형 원리'를 이용한 방법이지요.

비접촉식 모든 물체는 열 에너지를 방출하는데 물체의 온도가 높을수록 방출되는 열 에너지는 크고, 이 에너지는 온도와 일정한 관계가 있다는 점을 이용하여 온도를 측정하는 방법입니다. 이는 접촉 방식과 비교했을 때 측정 정밀도가 떨어진다는 단점이 있습니다.(예: 용광로에서의 쇳물 온도 측정 등)

잠깐!

서미스터와 IC 온도 센서

서미스터 서미스터(Thermistor : Thermal + Resister)란 온도에 따라 저항이 변하는 모든 소자를 말한다. 물질은 온도가 변화함에 따라 전기 저항 값이 달라진다. 서미스터 소자의 온도 측정 범위는 −50℃에서 500℃까지 폭넓지만 실제로는 실온 부근의 온도 측정에 가장 많이 사용된다.

IC 온도 센서 서미스터의 단점을 보완해 실리콘 트랜지스터의 온도 의존성을 응용한 것으로, 여러 가지 신호 회로와 감온 소자가 일체화되어 있기 때문에 외부에서 회로 조작을 하지 않아도 된다.

탈부착이 가능한 온도 센서

탈부착이 가능한 온도 센서를 장착한 분유병을 대략적으로 그려보았다.

일단 온도 센서를 구하는 일은 아버지에게 부탁하였다. 이 부분에 대해서는 내가 아는 것도 없고 해서 부탁드렸더니 흔쾌히 들어주겠다 하셨다.

자, 이제부터는 탈부착이 가능한 온도 센서를 장착한 보조 틀 디자인에 전념해야 한다. 우선 전체적인 그림을 대략 그려보았다.

이제 분유병을 온도 지시기가 장착된 보조 틀에 안전하게 장착하는 문제만 남았다. 아무런 장치 없이 그냥 꽂아두기만 한다면 정확한 온도를 잴 수 없을 것이다. 끼웠다 빼는 게 자유로우면서도 한 번 끼워두면 절대 떨어지지 않는 방법….

가장 먼저 떠올린 것은 내가 처음에 긴 막대 모양의 온도 센서를 부착하려 할 때 생각했던 고무 밴드였다.

하지만 역시 반복 사용 시에 고무줄이 헐거워질 염려가 있다는 점에서 그다지 좋은 방법은 아닌 것 같다. 다른 방법을 더 찾아보자.

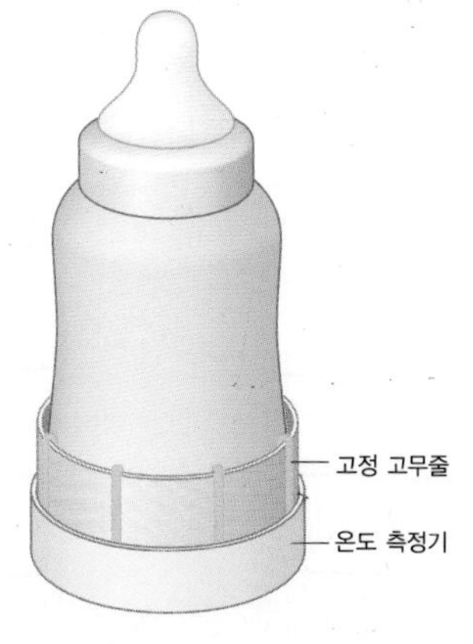

고무 밴드 부착을 생각해보았는데,
아무래도 헐거워질 위험이 있다.

새로운 부착 방법을 찾아라

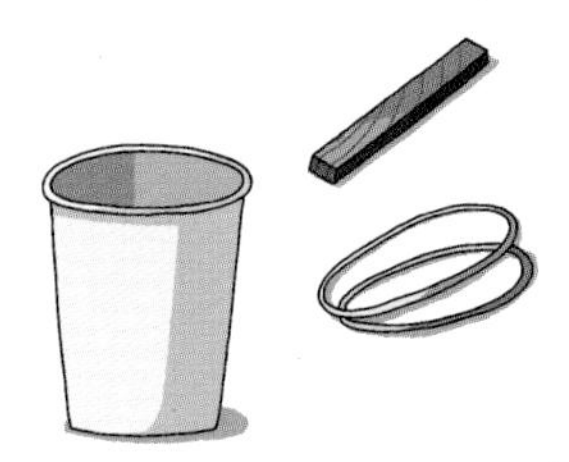

오늘 아버지가 퇴근 길에 디지털 온도 지시기를 구해오셨다. 이 지시기의 위치는 분유병의 밑바닥에 위치하도록 정했으나 분유병 부착 방식은 여전히 골칫거리다.

지금까지 생각해본 방법들을 아버지께 보여드렸다. 아버지 역시 고무 밴드는 헐거워질 수 있다는 점을 들어 비효율적일 듯하다고 하셨다. 그래도 고무줄의 탄력을 이용한다면 분유병의 탈부착이 훨씬 편리해질 것 같다며 방법을 찾아보라고 조언하셨다.

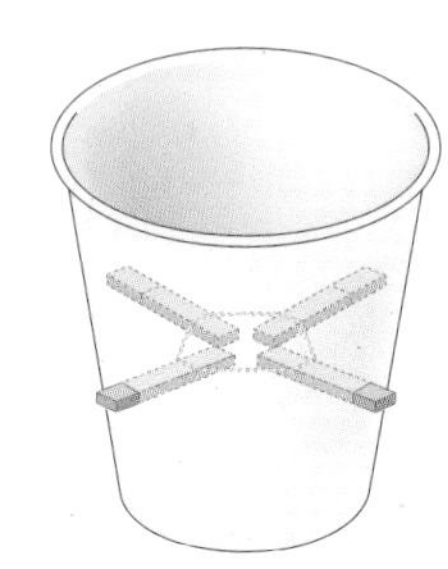

보조컵 옆에 구멍을 뚫어 막대를
꽂고 그 끝에 고무 밴드를 단다.

먼저, 종이컵으로 실험을 해보기로 했다. 플라스틱 컵은 실험하기가 번거롭기 때문이다. 몇 차례의 시행착오 끝에 고안해낸 생각! 보조 컵 옆으로 구멍을 뚫어 막대를 꽂은 다음, 그 끝에 고무 밴드를 달아 탄력을 준다. 이때 막대는 딱딱한 고무와 같은 재질로 만들어 분유병을 꽂았을 때 보조 컵에서 빠지지 않도록 잡아주는 역할을 하게 하면 좋겠다.

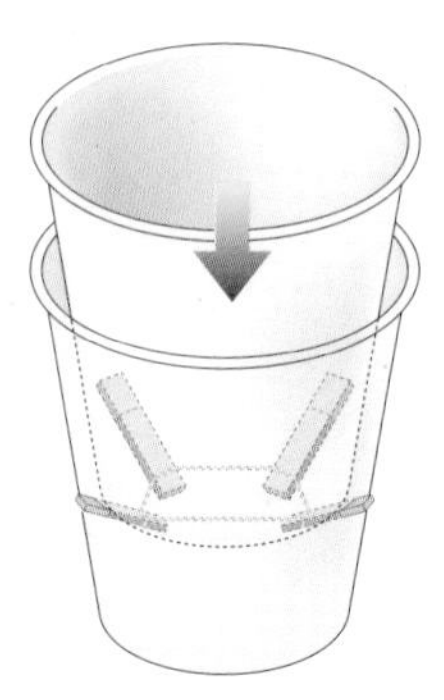

분유병을 넣으면 그 힘에 의해
고무줄에 연결된 막대가 내려간다.

종이컵에 막대를 끼우는 것과 고무줄을 연결시키는 것도 쉽지 않았다. 가까스로 성공해 좁은 병을 끼워보았다. 하지만, 결과는 실망스러웠다. 고무줄이 금방 끊어져버린 것이다. 어떻게 하지?

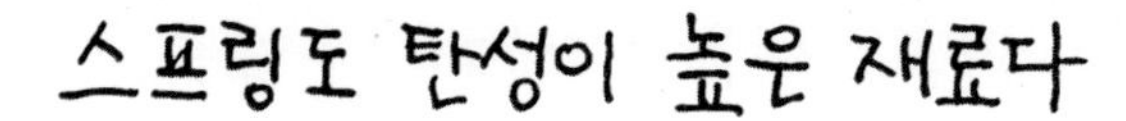

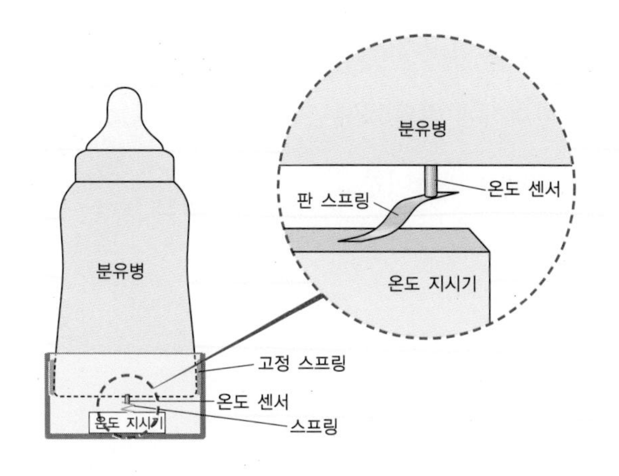

결국 내가 해결해야 할 문제의 핵심은 분유병과 보조 컵의 자유로운 탈부착을 도와줄 물건을 찾는 일이다. 고무줄을 생각했던 이유가 바로 '탄력'이다. 그럼, 고무줄 외에 탄력이 강한 물건으로 대체하면 어떨까.

탄성이 높은 물질로는 단연 용수철과 스프링을 들 수 있다. 이 경우에는 용수철보다는 스프링이 적합하겠다는 생각이 들었다. 서둘러 스프링의 종류에 대해 알아보았다. 내가 생각했던 것보다 더 다양한 종류의 스프링이 있었는데, 그 중에서 이번 발명품에 딱 들어맞는 스프링을 찾았다. 바로 바로 '판 스프링'과 '고정 스프링'이다.

잠깐! 탄성 원리에 대하여

탄성이란 외부 힘에 의하여 변형을 일으킨 물체가 외부 힘이 제거되었을 때 원래의 모양으로 되돌아가려는 성질이다. 탄성은 크게 부피 변화에 대해 일어나는 체적 탄성과 모양 변화에 대해 일어나는 형상 탄성으로 나뉜다. 고무공에 힘을 뺐을 때 원래 상태로 되돌아가는 것은 기체의 체적 탄성에 의한 것이며 스프링의 탄력은 주로 형상 탄성에 의해 일어난다.

참고로, 탄성과 반대되는 개념으로 '소성'을 들 수 있는데, 이는 외부의 힘이 제거되었음에도 물체가 원래 모양으로 돌아오지 않는 성질을 말한다.

판 스프링을 이용해 고정 장치 완성

디지털 온도 지시기

최종적으로 고안해낸 설계도를 아버지께 보여드린 후 아버지와 함께 설계대로 제작해줄 업체의 사장님을 만났다. 아이디어에 대해 자세히 설명하자 사장님께서는 정말 괜찮은 아이디어라며 잘 만들어주겠다고 약속하셨다. 디지털 온도 지시기도 함께 전해드렸다. 플라스틱 재질로 만들 보조 컵에 붙여야 하니까.

아, 길고 길었던 과정이 드디어 끝나려 한다. 처음 아이디어를 떠올렸을 때만 해도 정말 간단하게 끝날 수 있을 것 같았다. 그런데 막상 제품을 현실화시키는 과정에서 생각하지도 못했던 장벽에 부딪혔다. 솔직히 고백하자면 중간에 몇 번이고 포기하고 싶었던 게 사실이다.

그런데도 포기하지 않고 지금까지 올 수 있었던 데에는 옆에서 아버지와 어머니가 응원해주신 덕이 컸다. 사장님과 만나고 돌아오는 길, 발걸음이 날아갈 듯 가벼웠다.

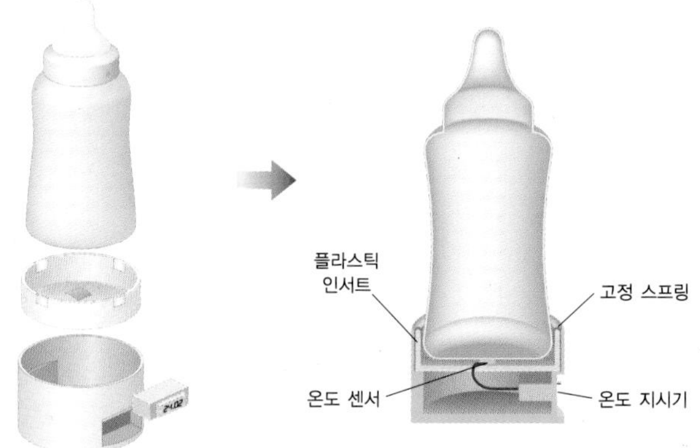

시중에 판매되는 분유병을 온도 센서가 부착된 보조 컵과 온도 지시기가 부착된 부품에 합치시켰다.

발명품 요모조모 뜯어보기

며칠 후 준형이는 색깔도 너무 예쁜 완성품을 받아볼 수 있었습니다. 머릿속에서 떠돌던 아이디어가 이렇게 실제 제품으로 만들어져 눈 앞에 놓여 있다는 사실이 믿어지지 않을 만큼 뿌듯하고 기분이 좋았답니다.

준형이가 발명해낸 '탈부착이 가능한 온도 표시 분유병'을 소개합니다.

분유병의 바닥과 온도 센서를 연결시키는 판 스프링

분유병을 고정시키는 역할을 하는 접촉 스프링

① 정용 스프링과 온도 센서가 부착된 접촉 스프링

② 정용 스프링 부품과 온도 지시기 부품의 조립

①과 ②가 합치된 완성품

시중에 판매 중인 분유병을 본 발명품에 부착시킨 모습

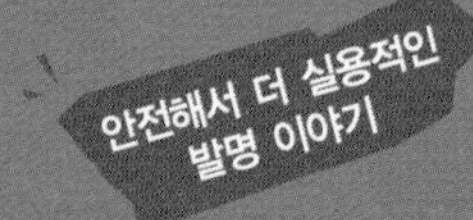

효과적인 쓰임새를 찾아 빛을 본 지퍼

발명에도 타이밍이 중요하다. 이는 곧 시대의 흐름을 제대로 읽은 발명품만이 환영받는다는 사실을 뜻한다. 그 좋은 예가 바로 '지퍼'다. 지퍼를 처음 발명한 사람은 지트슨이라는 사람이었다. 구두끈을 매는 번거로움을 없애기 위해 지퍼를 고안했는데 그가 만든 지퍼는 1893년 시카고 박람회에서 워커 중령이라는 사람에게 팔리게 되었다. 워커는 이 지퍼를 실용화해 큰 돈을 벌고자 했던 것이다.

워커는 먼저 지퍼를 대량으로 생산할 기계를 제작했고 무려 19년 만에 완성할 수 있었다. 하지만 그의 기계에 관심을 갖는 이는 아무도 없었다. 결국 워커는 기계를 팔기로 결정했고 한 양복점 주인에게 헐값에 팔았다. 양복점 주인은 지퍼를 복대의 지갑 주머니 위에 붙이는 아이디어를 냈고, 이어 해군복에 붙여 군대에 납품했다. 그 후 1921년 한 회사에서 지퍼를 점퍼에 붙여 상품화했고 순식간에 세계 시장을 석권하게 된 것이다.

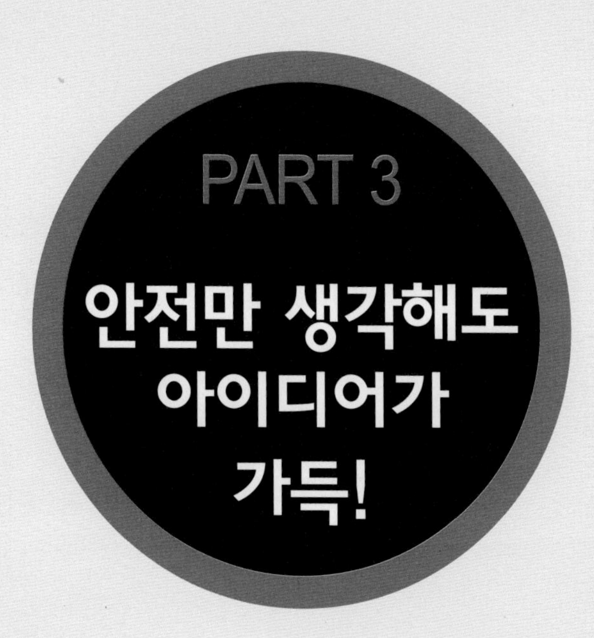
PART 3
안전만 생각해도
아이디어가
가득!

지하철 문 닫힘 표시창
지하철 사고를 막는 안전 지킴이

운전자의 마음을 읽는 똑똑한 미러
자동으로 움직이는 사이드 미러

수액 자동 조절기
수액의 남은 양을 알려주는 장치

지하철 문 닫힘 표시창

지하철 사고를 막는 안전 지킴이

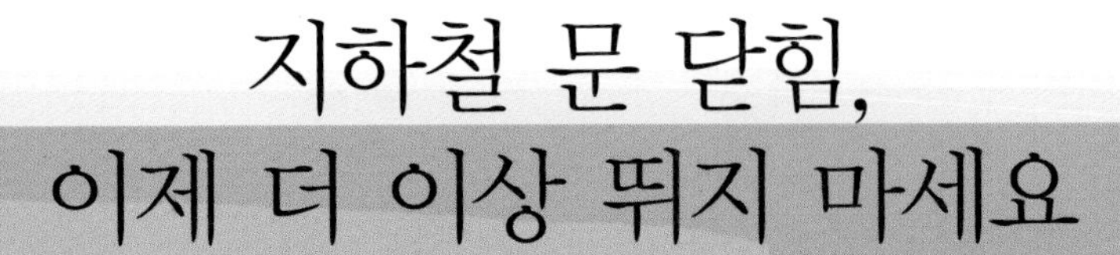

지하철을 이용하다 보면 막 닫히려는 문틈에 신체의 일부가 끼이거나 가방 등 손에 든 물건이 끼이는 위험 천만한 경우가 생깁니다.

어느 날, 경준이는 지하철 문에 아기가 탄 유모차가 끼어 수미터가량 끌려갔다는 아찔한 사고 소식을 듣게 되었습니다. 지하철 문 닫히는 타이밍을 가늠하지 못하여 일어나는 사고가 꽤 치명적일 수 있음을 깨달았습니다.

이에 경준이는 지하철 문이 닫히기까지 남은 시간을 알려주는 기계를 만들어 봐야겠다고 결심했답니다. 그리고 발명 동아리 친구들의 도움으로 근사한 발명품 하나를 탄생시켰습니다.

자, 지금부터 경준이가 '지하철 문 닫힘 표시창'을 발명하기까지의 과정을 함께 따라가볼까요?

농담으로 넘기기엔 너무도 위험한…

"경준아, 경준아, 너 그 얘기 들었어?"

아침 등굣길에 만난 동아리 친구 종덕이가 장난기 가득한 눈빛으로 경준이에게 말을 건넸습니다.

"무슨 일인데 그래?"

"큭큭…. 야, 왜 늘 폼잡는 그 선배 있잖냐. 큭큭."

친구가 들려준 이야기는 이러했습니다. 어제 동아리 선배와 친구들이 서울 코엑스 발명품 전시회에 갔다 오는 길에 강남역에서 지하철을 타게 되었답니다. 막 표를 내고 승강장 안으로 들어서려는데 지하철이 도착한다는 소리가 들리더랍니다. 다들 마음이 급해져 계단을 뛰어 내려갔겠지요. 그런데 승강장에 사람들이 얼마나 많던지 마음은 급하고 문은 서서히 닫히려 하고, 다들 앞 사람의 등을 떠밀다시피 해서 가까

스로 전철에 탔다는군요.

"막 전철에 올라 다들 가쁜 숨을 헉헉 몰아쉬고 있는데 문 쪽에서 '아아악!' 하는 비명이 들리잖아. 무슨 일인가 하고 봤더니, 글쎄 그 선배 머리카락이 문틈에 낀 거야. 크큭. 그 형이 서울까지 가는데 머리카락에 얼마나 힘 주고 갔을지, 상상이 가지 않냐? 크큭."

"우하하. 그래서, 그래서?"

"그래서는 뭐. 큭. 그렇게 하고 다음 정류장까지 갔지. 너도 그걸 봤어야 했어. 대놓고 웃지도 못하고, 터져 나오는 웃음 참느라고 눈물까지 나더라니까."

한참을 웃다 보니 문득 그 선배에게 미안해졌습니다. 경준이는 그제야 선배의 안부를 물었습니다. 다행히 다친 곳이 없다는 이야기를 듣고는 또다시 웃기 시작했지요.

"난 지하철 문틈에 머리카락 낀다는 얘기, 말로만 들었는데 정말 일어나는구나."

생각보다 심각한 지하철의 작은 사고

그 뒤로도 한동안 그 사건은 일명 '강남역 사건'이라 불리며 동아리 친구들 사이에 이야깃거리로 통했습니다. 그러던 어느 날, 집에서 부모님과 함께 텔레비전 뉴스를 시청하던 경준이는 아찔한 사고 소식을 접하게 되었어요.

아기를 유모차에 태우고 전철을 타려던 한 엄마가 유모차를 먼저 전철 안으로 밀어넣는 순간 문이 닫혀 유모차가 문틈에 낀 채로 몇 미터를 달렸다는 소식이었습니다. 기관사가 CCTV로 그 현장을 발견했으니 망정이지 그렇지 않았더라면 끔찍한 사고로 이어질 뻔했지요.

"에그머니. 얼마나 놀랐을까. 쯧쯧…."

어머니는 아기 엄마가 십 년은 감수했을 거라며 당신 일인 양 가슴을 쓸어내리셨어요. 옆에서 지켜보던 경준이는 얼마 전 '강남역 사건'을 떠올렸지요. 하지만 이번에는 결코 웃어넘길 수 없었답니다.

"지하철도 신호등처럼 문이 언제 닫히는지 알 수 있으면 좋을 텐데요."

"왜, 문이 곧 닫힌다고 방송도 하잖냐. 아마 소리도 날걸?"

아버지의 말씀에 어머니는 전철 승강장이 얼마나 시끄러운데 그 소리가 들리겠느냐며 고개를 저으셨습니다. 경준이 기억에도 문이 곧 닫힌다는 기관사의 목소리는 가끔 들어봤어도 경고음은 들어본 적이 없는 것 같았어요.

그날 밤, 경준이는 지하철 문 닫힘으로 인한 사고가 얼마나 자주 일어나는지 인터넷으로 검색을 해보았어요. 생각했던 것보다 훨씬 많은 뉴스가 검색되었습니다. 그래서 내친 김에 서울지하철 홈페이지에 사고 통계를 의뢰해보기로 하였습니다.

며칠 후 경준이는 서울지하철로부터 답변을 받았습니다. 서울지하철 1~4호선까지만의 사고 결과였지만, 생각했던 것보다 사고로 인해 사망하고 부상당하는 사람들이 많다는 사실에 놀랐고 출입문에 끼거나 열차 측면에 접촉하는 등 작은 사고로 인한 피해도 제법 된다는 사

제목	서울메트로 민원 회신 내용입니다.
보낸 날짜	2006년 11월 09일 목요일, 오후 14시 34분 25초 +0900
보낸이	서울메트로 〈bjj****@seoulsubway.co.kr〉
받는이	jkj****@hanmail.net

【답변 내용】

장경준님 안녕하십니까? 고객의 소리로 서울메트로에 관심을 가져주셔서 감사합니다. 저희 서울메트로는 지하철 1~4호선을 운행하고 있으며, 고객님께서 요구하신 사고 통계 자료에 대하여 다음과 같이 답변 드립니다.

○ '03 ~ '06년도 사상 사고 현황(1~4호선)

- '03년도(총 48명) : 자살 · 자해 38명(사망 25, 부상 13), 열차 측면 접촉 2명(사망 1, 부상 1), 출입문에 낌 1명(부상 1), 열차와 홈 사이에 낌 1명(부상 1), 선로 추락 6명(사망 3, 부상 3)
- '04년도(총 33명) : 자살 · 자해 28명(사망 20, 부상 8), 열차 측면 접촉 2명(사망 1, 부상 1), 출입문에 낌 1명(부상 1), 열차와 홈 사이에 낌 1명(부상 1), 선로 추락 1명(부상 1)
- '05년도(총 39명) : 자살 · 자해 31명(사망 19, 부상 12), 열차 측면 접촉 2명(부상 2), 선로 추락 6명(사망 4, 부상 2)
- '06년도(총 32명, 10월 말 현재) : 자살 · 자해 27명(사망 14, 부상 13), 선로 통행 1명(사망 1), 열차 측면 접촉 1명(사망 1), 선로 추락 3명(부상 3)

실을 알게 되었습니다.

그 밖에도 지하철 문에 설치된 스크린 도어는 지하철 내 안전 사고를 예방하는 데에는 도움이 되지만 문틈 끼임 사고나 지하철과 승강장 간의 틈에 발이 끼어 일어나는 사고에 대해서는 별 소용이 없다는 사실도 알게 되었고요.

"문 닫힘 표시등만 필요한 게 아니야. 문과 승강장 간의 간격을 알려 줄 필요도 있겠어. 기관사가 '틈 사이 간격이 넓으니 조심하라'는 안내 방송을 하지만 사실 사람들은 신경 쓰지 않거든."

지하철 문 닫힘 예고만 제대로 해도…

이쯤 되니 경준이는 지하철 문 닫힘 표시등을 만들어야 할 충분한 필요가 있다고 판단하게 되었습니다. 이제 슬슬 발명의 발동을 걸어야 할 시점이라고 생각한 경준이가 먼저 시작한 일은 기존 지하철 문 닫힘 알림 체계와 새롭게 만들 문 닫힘 표시등 사이의 차별점을 구분해 보는 일이었습니다.

기존 체계	지하철 문 닫힘 표시등
- 문 닫힘 알림 경보	- 디스플레이 및 소리 경보
- 시각 장애인 이용 불가능	- 시각·청각 장애인 이용 가능
- 한 번 경고 후 다시 확인 불가능	- 언제든 확인 가능
- 인지성 낮음	- 인지성 높음
- 발 밑 간격 표시 없음	- 발 밑 간격 표시
- 이용객들의 안전 불감증	- 안전사고에 대한 경계
- 안전사고 발생	- 안전사고 감소 및 예방
- 인명 피해 있음	- 인명 피해 방지
- 안전사고 예방 대책 필요	- 안전사고의 예방 대책 역할

경준이가 생각하는 지하철 문 닫힘 표시등의 모델은 도로 건널목에 설치된 신호등과 흡사한 것이었어요. 먼저 신호등의 종류에 대해 알아보았습니다.

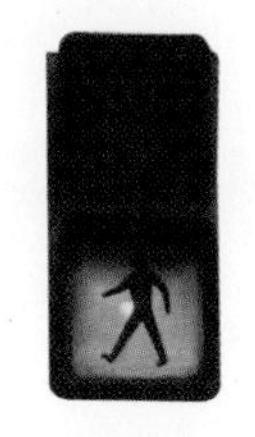

보행자의 통행 여부만을
알려주는 적색과 녹색 신호등

보행 가능한 잔여 시간을
표시해주는 신호등

처음 경준이가 떠올린 것은 두 번째, 남은 시간을 역삼각형 표시로 나타내주는 신호등이었습니다. 이제 지금까지 떠오른 아이디어를 한 번 정리해볼 필요가 생겼습니다.

지하철 문 닫힘 표시등의 특징

1. 문 닫히기까지의 시간을 화면으로 표시
 -> 건널목 신호등 참고
2. 전동차와 승강장 간격을 센서로 감지하여 표시
 -> 적외선 센서로 길이 측정

발명 지수 높이기 전략 ① – 생활 속에서 기본 원리 배우기

발명의 기본은 일상 속에서 과학하는 정신을 익히는 데에서 출발한다. 과학에서는 과정을 연결하여 간단명료하게 정리하는 작업이 매우 중요한 일이다. 관찰하고 조사하여 그 결과가 나왔을 때 그 과정을 체계적으로 말하는 것은 관찰 이상의 효과를 갖는다. 생활의 경험을 자연의 원리에 입각하여 자신의 생각대로 조리 있게 이야기하기까지는 매우 많은 노력과 시간이 필요하다. 그러나 명심할 것은 이러한 연습이야말로 과학 생활의 첫걸음이며 발명의 시작이라는 사실이다.

‘지하철 문 닫힘 표시창’이 필요해!

기존의 지하철

기존의 지하철은 문이 닫히는 시간을 미리 예측하기 어렵다. “문이 곧 닫힌다”는 기관사의 안내 방송이 나오고 경고음도 울리지만 승강장 소음이 워낙 크다 보니 별로 소용이 없다. 결국 사람들은 경험에 의한 직감에 의지할 수밖에 없다.

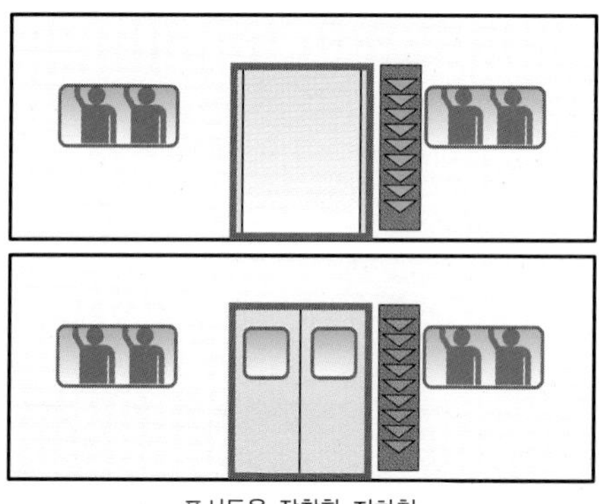

표시등을 장착한 지하철

지하철 문 옆에 그림처럼 신호등을 달아 문이 닫히기까지 남은 시간을 시각적으로 알려주면 시끄러운 승강장 안에서도 누구나 문 닫힐 때까지 남은 시간을 예측할 수 있다.

지하철 문에 어떤 형태의 표시등을 달까?

원리부터 찾아라

지하철 문이 닫히기까지 남은 시간을 시각적으로 알려준다.

지하철 문의 상단 또는 옆에 역삼각형 보조기를 달아놓는다. 문이 열리면 역삼각형 기호에 불이 들어오고 문 닫히는 시간이 다가오면 하나씩 꺼진다. 이용객들은 문이 언제 닫힐지 눈으로 확인할 수 있으므로 안전사고를 그만큼 줄일 수 있게 된다. 특히 청각장애인들의 안전에 크게 도움이 될 것이다.

지하철 문과 승강장 거리를 측정하여 숫자로 알려준다.

지하철은 각 역마다 문과 승강장 간의 거리가 다르다. 지금처럼 막연하게 "문과 승강장 사이가 넓으니 조심하라"고만 할 게 아니라 처음부터 '공간이 몇 센티미터다' 라고 알려주면 좋겠다.

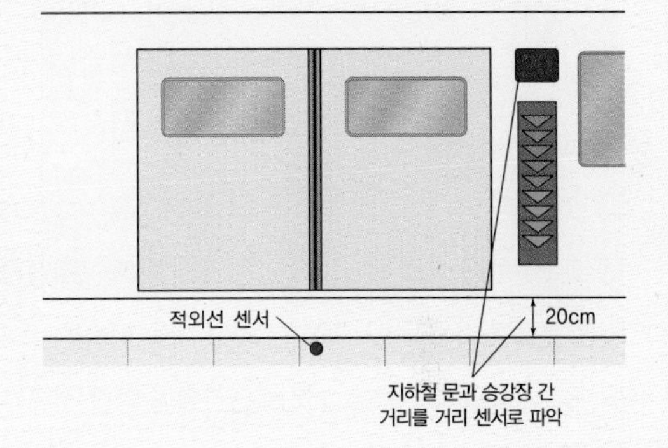

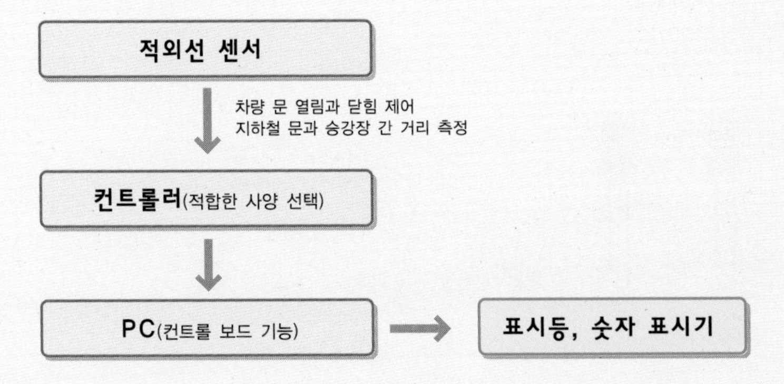

전류가 흐를 때 빛이 발생하는 원리 이용

경준이가 발명하려는 표시등은 발광 다이오드(LED : Light Emitting Diode)를 이용한 것입니다. 발광 다이오드는 직류가 흐르면 빛을 발하는 반도체이며, 전기 신호를 빛 신호로 변환하는 표시 소자의 일종입니다. 자, 지금부터 발광 다이오드의 작동 원리에 대해 알아봅시다.

■ 발광 다이오드란?

혹시 2002년 월드컵 경기장의 대형 화면을 기억하시나요? 그 대형 화면이 바로 발광 다이오드 기술로 만들어진 전광판이랍니다. 이 발광 다이오드는 각종 신호등, 휴대 전화나 디지털 카메라의 백라이트 등 우리가 모르는 사이에 일상 생활에 뿌리내리고 있습니다.

LED로 알려진 발광 다이오드는 전기를 통해주면 전자가 에너지 레벨이 높은 곳에서 낮은 곳으로 이동하면서 특정한 빛을 내는 화합물 반도체에 의해 만들어진 기본 소자입니다. (+)에서 (−)로 흐르는 전류를 순방향 전류라고 하고, (−)에서 (+)로 흐르려고 하는 전류를 역방향 전류라고 합니다.

잠깐!
다이오드란?

다이오드(Diode)란 전류를 한 쪽 방향으로만 흐르게 하는 반도체 부품이다. 이 다이오드의 용도는 전원 장치에서 교류 전류를 직류 전류로 바꾸는 정류기로서의 용도와 라디오의 고주파에서 꺼내는 검파용 전류의 ON/OFF를 제어하는 스위칭 용도 등 매우 다양하다.

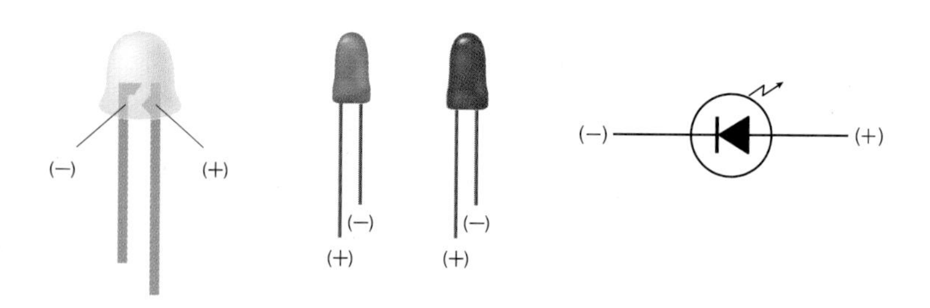

■ 발광 다이오드의 원리

발광 다이오드는 'N형 반도체'와 'P형 반도체'로 이루어지는데, 다이오드의 P-N 접합부에 전압이 가해지면 전류가 흐르면서 빛을 냅니다.

다시 말해 N형 반도체는 주로 전자가 이동함으로써 전류를 만들고 P형 반도체는 정공(전자가 빠져나온 구멍)이 이동함으로써 전류를 만들어냅니다. 이 두 종류의 반도체를 겹쳐놓은 접합 구조에 전압을 가하면 그 경계면에서 전자와 정공이 달라붙어 소멸하게 되는데, 이때 에너지가 빛으로 방출되는 것이지요.

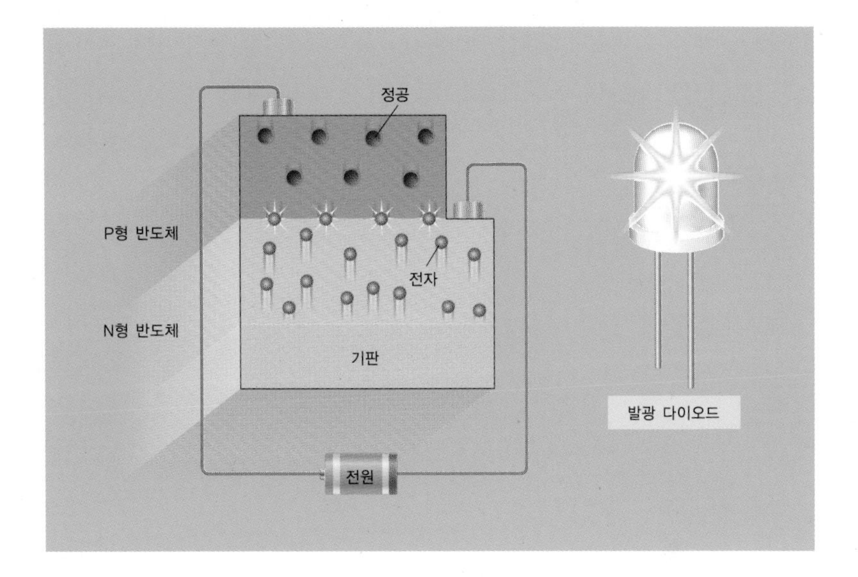

■ 발광 다이오드의 특징

발광 다이오드를 이용한 램프는 점등과 소등의 속도가 빠르며 전력 소모가 적고 수명이 깁니다. 발광 다이오드의 수명은 약 5~10만 시간으로, 반영구적이라고 합니다. 보통 백열등의 수명이 1000~4000시간인 것에 비하면 굉장히 오래 가지요. 또한 수은을 쓰는 형광등과 달리 공해 물질을 사용하지 않습니다.

무엇보다도 발광 다이오드의 강점은 다양한 색을 구현할 수 있다는 점에 있습니다.

발광 다이오드는 적색, 녹색, 청색으로 각각 256가지 색을 구현할 수 있으며 이 세 가지 색을 조합하면 무려 1670만 개의 색이 나온다고 합니다.

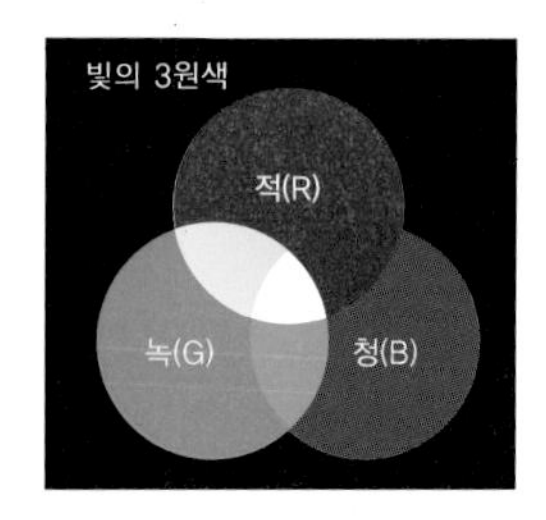

또한 조명용으로 쓰이는 다른 광원에 비하여 눈부심이 적으며 필라멘트가 없어 백열등처럼 필라멘트가 끊어져 못 쓰게 되는 일도 없습니다.

■ 발광 다이오드의 생활 속 응용

일반 조명 기기, 자동차 계기반, 자동차 실내등, 차량용 신호등, 휴대 전화와 디지털 카메라의 백라이트, 비행기 조정실 디스플레이, 옥외용 전광판, 광케이블용 전기-광 변환 장치, LCD(Liquid Crystal Display)용 광원 등 다양합니다.

발명 지수 높이기 전략 ② – 정량적으로 말하고 그림으로 그리기

과학에서 사용되는 문장은 극히 간결하기 때문에 수량적인 관계를 이해하기 어려운 경우가 많다. 예를 들어 '키가 크다'거나 '키가 작다'고 모호하게 이야기할 게 아니라 '키가 평균보다 몇 cm 크다(혹은 작다)'는 식으로 생각하고 말하는 습관을 들이는 것이 과학적인 사고를 키우는 데 도움이 된다. 자연적인 법칙을 주위의 친근한 물체에 비유하여 일상 속의 것으로 바꾸는 것도 좋은 방법이다. 간단한 과학 원리를 이해할 때에도 말이나 글로 설명하는 것보다는 그림으로 표현하는 것이 훨씬 선명하고 확실하다. 간혹 말로는 표현할 수 있는데 막상 그림으로 표현하자면 애매모호해지는 경우를 경험하게 된다. 지금부터는 관찰하거나 머릿속에 떠오른 아이디어를 그림으로 그려보는 연습을 해보자.

동아리 친구들에게 아이디어 공개

기본적인 아이디어 구상을 마쳤다. 오늘은 내 아이디어를 발명 동아리 친구들과 선생님께 공개하고 의견을 구했다. 종덕이와 서태는 적극 찬성하며 함께 발명을 해보기로 했지만 반대하는 친구들도 많았다. 요즘 스크린 도어가 점차 설치되고 있어 지하철 안전사고 발생 빈도가 많이 줄어드는데 굳이 이런 걸 필요로 하겠느냐는 의견이었다.

선생님께서는 긍정적인 반응을 보이셨다. 그리고 몇 가지 아이디어를 덧붙여주셨다. 스크린 도어를 설치한 역이 많아진다는 점은 오히려 내 아이디어의 효율성을 높여줄 수 있다고도 하셨다. 특히 지하철 문과 승강장 간의 간격을 알려주는 시스템은 전동차에 부착할 경우 매 역마다 숫자가 바뀌어야 하지만, 만약 스크린 도어에 설치한다면 해당 역의 간격은 언제나 일정하므로 한 번 설치해놓으면 바꾸지 않아도 되니 편리할 것이라는 의견과 함께.

선생님의 이야기를 듣던 나는 간격 표시판은 물론이고 문 닫힘 표시등도 스크린 도어에 설치하는 게 훨씬 좋겠다고 말씀드렸다. 달리는 전동차보다는 고정되어 있는 스크린 도어가 표시등의 시스템을 보다 안전하게 관리할 수 있겠다고 생각한 것이다. 자신감을 잃을 뻔했던 나는 종덕이와 서태, 그리고 선생님의 지지에 힘을 얻었다.

스크린 도어를 무엇으로 만들까?

이제 해야 할 일은 스크린 도어 모형을 만드는 일이다. 모형의 재료로 내가 처음 생각한 것은 실제 알루미늄이나 스테인레스였다. 우리는 선생님과 함께 직접 도안한 설계도를 갖고 학교 근처에서 가장 큰 알루미늄 섀시 가게를 찾아갔다. 사장님께 도안을 보여드리며 열심히 설명했는데 사장님의 반응은 조금 부정적이었다.

오랜 시간 설득한 끝에 사장님은 제작해보겠다고 대답하셨다. 단, 문은 알루미늄 섀시로 만들어도 되지만 문을 지탱하는 전체 틀은 철로 만들어야 할 거라고 하셨다. 아무래도 섀시는 힘이 약하니까.

그래서 일단 그 사장님께는 문을 만들어달라고 주문해놓고 곧장 동네에서 가장 큰 철물점을 찾아갔다. 그런데 허걱! 가격이 너무너무 비쌌다. 틀만 만드는 것인데도 말이다. 어떻게 하지? 선생님께서는 다른 방법을 찾아보자고 하셨다.

그런데 문제가 또 생겼다. 집으로 돌아오는 길에 선생님께 전화가 왔는데, 그 알루미늄 섀시 가게 사장님이 '다른 주문이 밀려 도저히 문을 못 만들어준다'고 하셨다는 거다. 아~, 처음부터 너무 꼬인다.

이젠 어떻게 하나? 아크릴로 만드나? 아니면 나무로? 아크릴이나 나무로 만들면 스크린 도어 느낌이 안 날 텐데….

자동문? 자동문 제작 업체가 있잖아!

며칠 동안 밤잠을 제대로 못 잔 탓일까. 머리가 지끈지끈하더니 급기야 콧물이 흐르고 기침이 쏟아지고…. 골골하는 나를 보며 아버지는 "별로 쓸모 없어 보이는 걸 발명하느라 병까지 얻었다" 하며 한소리 하셨다. 그나마 옆에서 "우리 아들 기운 내라"며 용기를 북돋워주시는 엄마가 계셔서 기운을 낼 수 있었다.

점심시간, 발명 동아리 친구 서태가 찾아왔다. 선생님께서 날 찾으신다는 거였다. 순간 '혹시 방법을 찾아내신 걸까?' 하며 천근만근 무겁게 느껴지는 몸으로 동아리실 문을 열자 선생님께서 아주 환하게 웃고 계셨다.

예상대로였다. 선생님이 찾으신 해결책은 의외로 간단했다.

"스크린 도어가 자동문이잖냐. 그럼, 자동문을 제작하는 업체에 모형을 의뢰하면 되는 거였어."

이렇게 간단한 것을 갖고 며칠 동안 끙끙거렸다니….

선생님께서는 이미 자동문 제작 업체까지 알아놓고 난 후였다. 그날 선생님과 우리는 그 제작 업체를 찾아가 제작을 의뢰했다.

"열려라 참깨" 매트 스위치와 적외선 센서

■ 자동문의 작동 원리

자동문의 작동 원리는 사람의 몸무게에 의한 것과 센서를 이용하는 방법이 있습니다. 그 중 사람의 몸무게를 이용하는 것은 몸무게에 의해서 발판 밑에 있는 스위치를 작동시키는 것입니다(매트 스위치). 하지만 이 방법은 고장이 잦고 무거운 물건이 지나갈 경우 스위치가 망가질 수 있는 단점이 있습니다.

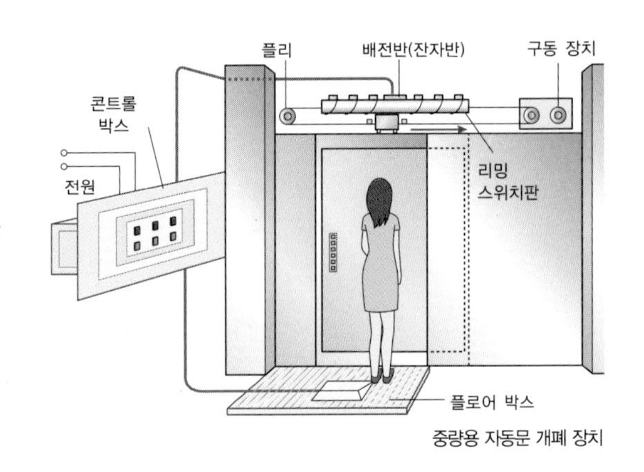

중량용 자동문 개폐 장치

■ 적외선 센서를 이용하는 방법

천장에 적외선 센서를 달아 그 센서가 사람이 오는 것을 감지하여 문을 여닫게 하는 것입니다.

단, 센서를 작동시키는 방법에도 몇 가지가 있는데, 첫째는 감지 범위에 들어온 사람의 체온을 인지해 센서가 원적외선을 검출하게 되는 방법입니다.

둘째는 적외선이나 초음파를 발사하여 사람의 몸에 반사되어 들어오면 작동하는 방법이며, 셋째는 광선을 발사하여 이 광선이 무언가에 의해 가로막히면 이를 감지하여 작동하는 방식입니다.

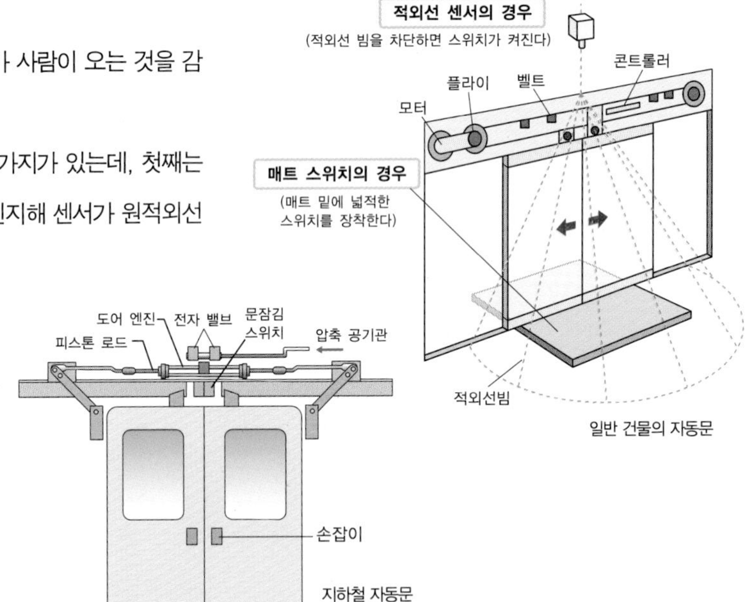

일반 건물의 자동문

지하철 자동문

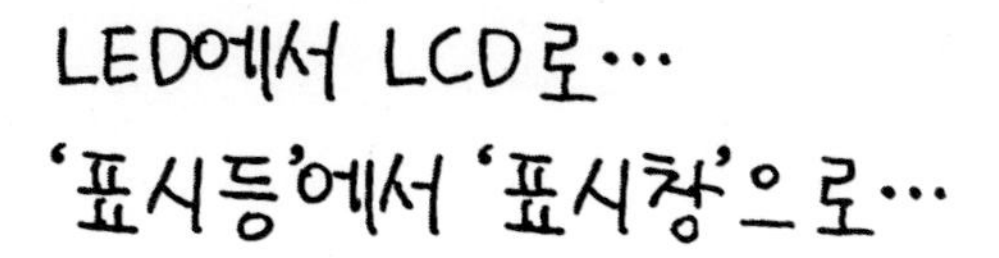

자동문도 주문해놓았고, 이제는 센서가 감지한 것을 표시등으로 표현하는 방법을 생각할 차례다. 역삼각형 모양의 등을 어디에 붙일지에 대해 친구들과 의논하던 중에 종덕이가 새로운 아이디어를 제안하였다. 요즘 지하철을 타면, 지하철 안에 LCD 화면이 설치되어 있어 내릴 역과 열리는 문 위치도 알려주고 나머지 시간에는 다양한 광고도 한다는 데 착안한 것인데, LED 대신 LCD를 이용하면 어떻겠느냐는 아이디어였다.

'흠, LCD로 바꾸면 고객 입장에서 LED보다 훨씬 보기도 편하고 심지어 광고도 할 수 있으니 좋겠지만 혹시 너무 가격이 비싸지는 않을까?' 하는 생각을 하고 있는데 마치 내 생각을 읽기라도 하셨는지, 선생님께서 한마디 하셨다. 요즘에는 값이 저렴한 LCD도 많이 나온다는 것이었다.

그렇다면, 굳이 LED를 고집할 이유가 없다. 역삼각형 모양의 표시등으로 문이 닫히는 위치를 표시할 게 아니라 깔끔한 LCD 창을 통해 간단하게 숫자로 '몇 초'라고 알려주면 훨씬 편할 것이다. 게다가 어차피 전동차 문과 승강장 간의 거리는 숫자로 표시해주어야 하니까 LCD가 훨씬 유용하다.

자, 그러면 센서가 감지한 바를 LCD 창으로 보여주는 과정을 구현해야 한다. 이때 필요한 것이 바로 컨트롤러인데, 선생님께서는 PIC 컨트롤러가 제격이라고 하셨다. PIC 컨트롤러는 칩 하나로 다양한 자동 조절 시스템을 구현할 수 있는 똑똑한 컨트롤러라고 한다.

결국 적외선 센서를 이용하여 검출된 신호를 PIC 컨트롤러로 전송하고 이 PIC 컨트롤러에서 연산 처리된 신호를 PC로 보내게 된다. PC는 곧 컨트롤 보드에서 나온 신호를 디스플레이로 보내주는 역할을 하게 되는 것이다.

여기서 디스플레이란 센서로 검출된 차량의 거리와 문이 열려 있는 시간을 표시하는 것으로, 우리가 사용하기로 한 LCD로 구현되는 것이다. 이로써 나의 발명품의 이름은 '문닫힘 표시등'에서 '문닫힘 표시창'으로 바뀌었다.

잠깐!

PIC 컨트롤러

현재 각광받는 PIC는 '원 칩 마이크로 컨트롤러'이다. 즉, 초소형 CPU, ROM, RAM, I/O PORT가 하나의 단일 칩 안에 내장되어 있는 것이다.

현대는 자동화 시대이다. 자동화 시스템을 구현하려면 무엇인가를 제어하는 별도의 장치가 필요하다. 이 PIC 원 칩 마이크로 컨트롤러는 가전 기기, 통신, PC 주변 기기, 자동차 등 여러 산업 분야에서 요구하는 사항을 만족시키며 개발 시간의 단축, 대량 생산 및 소량 생산, 초소형, 초염가, 고속 처리 등 여러 장점으로 인하여 여러 제품에 널리 사용된다.

발명 지수 높이기 전략 ③ – 다양한 방법으로 사고하기

어떤 현상의 원인을 찾아내는 것은 의문에서 시작된다. 여기서 의문은 자신의 예상을 빗나갔을 때 더욱 강한 동기가 된다는 사실을 명심해야 한다. 종종 어른의 눈에는 서툴고 답답해 보이는 행동 속에서 새로운 사고의 싹이 튼다. 생각한 대로 되지 않는 것에서 비로소 과학적인 관찰이나 사고가 시작되는 것이다. 우리는 흔히 '실패는 성공의 어머니'라고 하지만 보다 정확히 표현하자면 '실패는 생각의 어머니'이다. 사실 교과서에 나와 있는 실험이나 관찰을 통해서 얻을 수 있는 지식은 그리 많지 않다. 오히려 관찰이나 실험을 스스로 해보는 과정을 통해서 사고와 탐구의 태도와 방법을 기를 수 있다. 또한 그 속에서 전혀 새로운 기발한 발상이 탄생될 수 있는 것이다.

적외선 센서를 이용한 거리 측정

적외선 거리 센서는 적외선을 송신한 후 대상물에 반사되어 돌아오는 적외선으로 거리를 측정하는 도구입니다. 적외선 거리 센서는 적외선의 양을 측정하거나 반사각을 측정하는 방식이 있는데, 반사각을 이용하면 더 먼 거리를 측정할 수 있답니다.

■ 적외선과 빛은 어떻게 다른가?

빛이란 전자기파의 일종입니다. 이 빛에는 우리 눈에 보이는 가시광선과 눈에 보이지 않는 자외선과 적외선 등이 있습니다. 이 중 가시광선의 영역은 매우 좁아서 400㎚ 정도의 파장 대역밖에 안 된답니다. 이에 비하여 적외선 영역은 대단히 넓습니다. 적외선이란 가시광선의 적색보다 파장이 큰 빛으로, 근적외선(파장 0.75~3㎛), 적외선(파장 3~25㎛), 원적외선(파장 25㎛~1㎜)으로 구분합니다.

■ 적외선이란?

적외선은 파장이 가시광선보다 길고 전파보다 짧은 전자파의 일종으로 사람을 포함한 모든 자연계에 존재하는 물체에서 방사됩니다. 이 적외선의 파장 범위는 0.75㎛에서 1㎜ 정도입니다. '적외선'이라는 이름은 빛의 스펙트럼에서 적색 부분의 바깥쪽에 해당되기 때문에 붙여진 이름이지요.

적외선은 열을 가지고 있기 때문에 일명 '열선'이라고도 불립니다. 그 열 작용이 적외선의 특징이기도 하지요. 물질이 근적외선을 흡수하면 물질 내의 열 운동이 들뜨게 되어 온도가 상승하게 됩니다.

잠깐!

적외선 최초 발견자

적외선을 최초로 발견한 사람은 1800년 영국의 천문학자 윌리엄 허셜(William Herschel)이다. 그는 1800년, 태양 스펙트럼의 적색 부분보다 긴 파장을 갖는 쪽에 열 효과가 큰 부분이 있음을 발견하였다.

■ 적외선 센서

적외선 센서는 일정 주파수의 빛을 발산하는 발광부와 발광부에서 발산하는 빛을 받아들이는 수광부로 이루어져 있습니다. 발광부에서 발생된 적외선은 물체에 부딪혀 반사되고, 수광부에서는 이 반사된 빛을 감지하여 물체까지의 거리 등을 알 수 있는 것이지요.

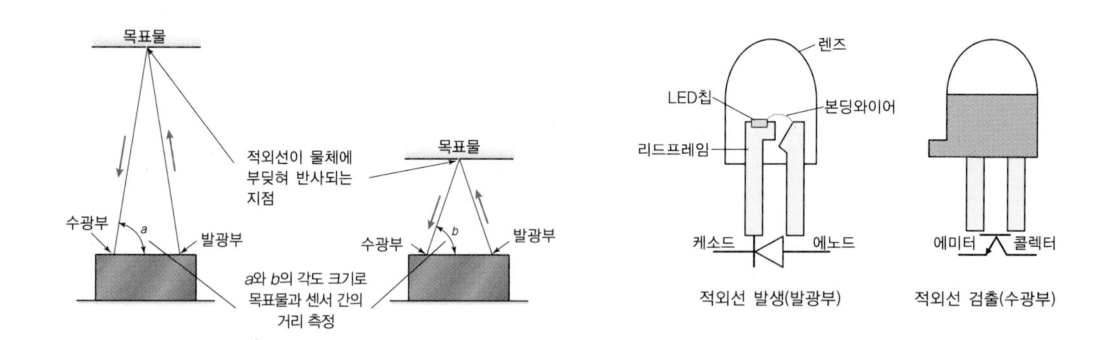

■ 생활 속의 적외선 센서

자동으로 점등되는 전등

아파트나 주택의 현관 천장에는 적외선 센서가 부착된 등이 설치된 경우가 많지요. 이 전등에서는 계속 적외선을 내보내고 수광부에서는 주변의 벽 등에 부딪혀 들어오는 적외선을 계속 감지합니다. 아파트 엘리베이터에서 내리면 등이 켜지면서 어두웠던 주변이 환해지는 것은 적외선 센서가 작동되면서 일정 시간 동안 등이 켜지도록 신호를 보냈기 때문입니다.

즉 사람이 엘리베이터에서 내리거나 현관문을 열고 나오면 벽에 부딪혔던 적외선이 사람에 반사되므로 수신되는 적외선에 변화가 일어납니다. 이 변화를 감지하여 전등에 일정 시간 동안 불이 들어오게 하는 것이지요. 또한 일정한 거리 안에 새로운 물체가 있는지도 알려줍니다. 등이 꺼진 후 우리가 움직이지 않고 가만히 있으면 일정 시간이 지나도 꺼진 등은 다시 켜지지 않습니다. 그러다 우리가 움직이면 등은 다시 켜집니다.

적외선 전용 카메라

우리 몸에서 방출되는 적외선을 전용 카메라로 찍어 온도의 분포를 알 수 있는 경우도 있습니다. 이를 이용하여 통증 부위나 질병 부위의 미세한 체온 변화를 확인하여 신체의 이상을 진단하기도 하고, 우주를 관측하기 위한 방법으로 적외선 망원경을 이용하기도 합니다.

가전 제품 리모컨

텔레비전, 오디오, 비디오 등 가전 제품의 동작을 조정할 때도 사용됩니다. 리모컨에는 적외선 램프가 달려 있고 가전 제품에는 적외선의 수광부가 달려 있어 리모컨의 버튼을 누르는 것만으로도 가전 제품을 조종할 수 있는 것입니다.

그 밖의 적외선 반응 센서

자동문, 방문객을 알리는 차임 벨, 손을 내밀면 자동으로 물이 나오는 자동 수도꼭지, 전시장의 자동 조명, 음성 안내 장치 등이 있습니다.

발명 지수 높이기 전략 ④ – 원리 터득에는 그림만한 게 없다

과학 교과서에서는 자연의 개념을 익히기 위해 여러 가지 그림을 그려 여러 각도에서 생각하도록 유도한다. 여기서 주의해야 할 것은 책에 나와 있는 그림을 보는 것만으로 끝내게 되면 수동적인 학습에 머물게 된다는 사실이다. 항상 염두에 두어야 할 것은 과학이라는 학문은 수동적인 공부가 아니라는 것이다. 자신의 머릿속에서 구조화한 '개념'을 그림이나 법칙으로 나타내는 공부다. 따라서 원리와 개념을 잘 표현하는 훈련 과정이 반드시 뒤따라야 한다.
처음부터 조금 귀찮더라도 쉬운 문제부터 그대로 그림으로 그려보는 연습을 해보는 것이 보다 창의적이고 과학적인 사고를 가능케 하는 지름길이다. 그림으로 그려보는 것 자체가 바로 문제 중에 있는 수량 관계를 확실히 제 것으로 만드는 효과를 가져오기 때문이다. 레오나르도 다빈치가 훌륭한 과학자이자 발명가이면서 동시에 뛰어난 화가였음을 잊지 말자.

거리를 측정하는 적외선 센서

내 발명품에 가장 적합한 적외선 센서로 S사의 GP2 시리즈 거리 감지 센서를 골랐다. 이 센서는 적외선을 송신한 후 목표물에서 반사되어 돌아오는 적외선의 각도를 측정하여 센서와 목표물의 거리를 출력한다. 따라서 수신된 적외선의 양을 측정하는 방식보다 정확한 수치를 얻을 수 있다.

적외선 센서

적외선 센서 앞에 물체를 놓고 거리를 측정하는 모습

적외선 센서와 물체 간의 거리가 7.3cm에서 12.4cm로 멀어지자 센서 표시창의 숫자도 11에서 13으로 변하였다.

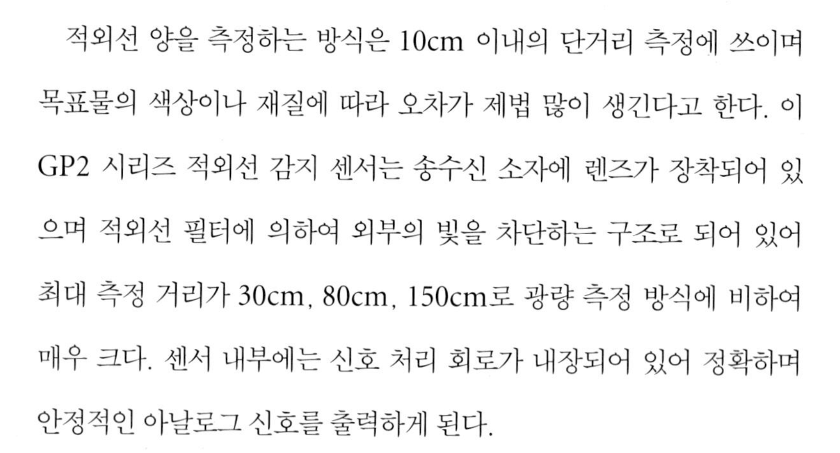

적외선 양을 측정하는 방식은 10cm 이내의 단거리 측정에 쓰이며 목표물의 색상이나 재질에 따라 오차가 제법 많이 생긴다고 한다. 이 GP2 시리즈 적외선 감지 센서는 송수신 소자에 렌즈가 장착되어 있으며 적외선 필터에 의하여 외부의 빛을 차단하는 구조로 되어 있어 최대 측정 거리가 30cm, 80cm, 150cm로 광량 측정 방식에 비하여 매우 크다. 센서 내부에는 신호 처리 회로가 내장되어 있어 정확하며 안정적인 아날로그 신호를 출력하게 된다.

적외선 센서 앞에서 물체의 거리를 다르게 움직여보았다. 그러자 발명품에 부착된 LCD 화면에 표시된 거리를 나타내는 센티미터 수치가 변하는 것을 확인할 수 있었다. 적외선 센서의 작동에 아무런 문제가 없음이 확인된 셈이다.

발명품 요모조모 뜯어보기

문이 열린 순간부터 닫히기까지의 시간을 액정 화면에 표시해주는 경준이의 발명품, '지하철 자동 문 닫힘 표시창'이 완성되었습니다. 지하철과 승강장 사이의 간격을 센서로 감지하여 표시하는 기능까지 곁들인 똑똑한 발명품입니다.

처음 역삼각형 표시등으로 출발했던 아이디어는 여러 과정을 거치면서 아라비아 숫자를 사용하여 명시성을 높였고, LED에서 LCD로 표현 방식이 진화되었습니다. 이는 문 닫힘 표시 기능 외에 기업 광고 수단으로 사용될 수도 있습니다.

특히 지하철 역에 설치되고 있는 스크린 도어에 이 표시등을 부착할 경우 훨씬 저렴한 가격으로 실현시킬 수 있어 이 발명품에 대한 기대를 걸게 됩니다.

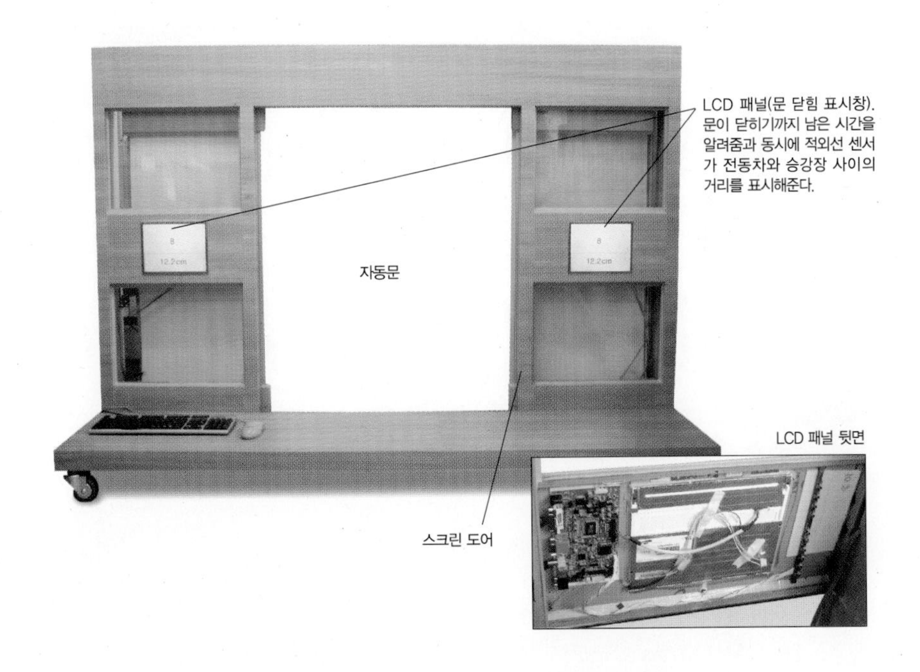

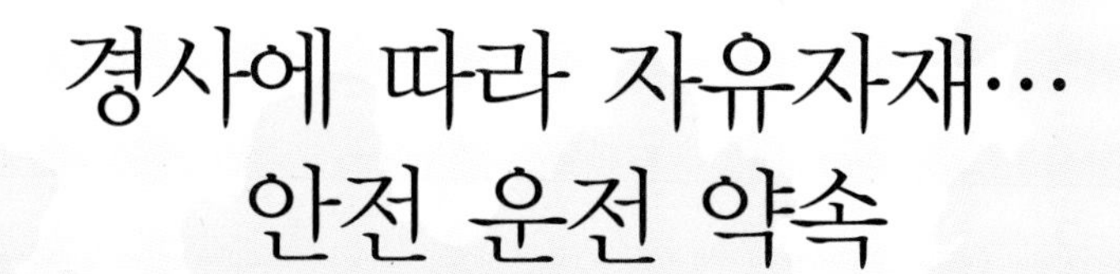
경사에 따라 자유자재…
안전 운전 약속

여러분은 자동차를 후진시킬 때나 경사진 지면을 통과할 때 운전자가 운전 도중 창문을 내리고 직접 사이드 미러의 각도를 조절하는 모습을 본 경험이 있을 것입니다. 물론 후진 시에 룸 미러가 자동으로 작동되는 일부 차량이 있긴 하지만 그런 자동차도 경사진 지면을 통과할 때 경사 각도에 따르는 사각 지대를 감지하지는 못합니다.

지원이는 친구들과 함께 아버지가 운전하시는 차를 탔다가 수동으로 사이드 미러를 조절하시는 모습을 보고 '사이드 미러가 경사면에 따라 자동으로 각도를 움직일 수 있으면 좋겠다'고 생각했답니다.

자, 지금부터 지원이와 지은이, 태린이 여중생 삼총사의 신나는 발명 이야기 속으로 들어가볼까요?

삼총사와 함께 떠나는 즐거운 산행

내일은 이른바 '놀토'. 금요일 저녁, 식탁에 밥숟가락을 놓자마자 중학생 지원이는 배낭을 꾸리기 시작하였습니다. 여름방학을 얼마 앞두고 맞이한 놀토를 그냥 지나칠 수 없다며 단짝 친구인 지은이, 태린이, 이른바 삼총사와 나들이를 계획해둔 터였거든요.

뭐, 그렇다고 거창한 계획을 세운 것은 아닙니다. 오랜만에 산에 올라 맑은 공기도 가슴에 가득 담아 오고 자연 속에서 소박한 추억 하나씩 만들자는 계획이었답니다.

"엄마, 나 내일 김밥 일찍 싸가야 하는데요?"

"걱정 마셔요, 아가씨."

"이번에도 또 삼총사가 함께 가겠지? 산에 갈 때는 특히 조심해야 한다. 절대 무리하지 말고. 너무 앞만 보고 가는 것은 좋지 않아. 올라가는 길에 만날 수 있는 근사한 볼거리나 생각거리들을 놓칠 수 있으니 말이다."

"넵! 명심하겠습니다."

방으로 돌아온 지원이는 내일 산행을 위해 진작부터 마련해두었던 핑크빛 모자를 꺼내 머리에 써보았습니다. 그때 태린이에게서 휴대폰 문자가 왔습니다.

"준비 완료! 내일 7시 맞지? *^ · ^*"

태린이의 문자 메시지를 보며 빙그레 웃음을 짓던 지원이는 지은이에게도 비슷한 메시지를 담아 문자를 보냈습니다. 그때 아버지가 거실에서 지원이를 부르셨습니다.

"산에 올라갈 때는 몰라도 내려올 때는 많이 피곤할 텐데, 버스 타고 집에 올 수 있겠니?"

"어차피 그곳이 버스 종점이니까 자리는 있지 않을까요?"

"흠, 그렇겠구나. 그래도 혹시 너무 힘들면 아빠에게 전화하렴."

"야홋! 역시 우리 아빠야!"

'아차' 하는 사이에 일어난 사고

"야~호~."

"그런데 왜 산에만 오면 '야호'를 외치는 거냐?"

"기분 좋잖아. 하하."

지원이와 친구들은 모처럼 만에 싱그러운 자연의 매력에 흠뻑 취해 시간 가는 줄 모르고 즐겼습니다. 끝없이 수다를 떠는 사이 어느덧 오후 4시가 되었고, 슬슬 자리를 정리하고 내려갈 준비를 시작하였습니다. 산 중턱쯤 내려왔을 무렵, 뒤에서 들려오는 날카로운 비명 소리에 지원이와 지은이는 깜짝 놀라 돌아보았습니다. 뒤따라오던 태린이가 그만 돌부리에 걸려 넘어지고 만 것이었습니다.

"태린아!"

"어머머, 많이 다쳤어?"

지원이와 지은이는 양쪽에서 태린이를 부축하고 가까스로 산을 내려왔습니다. 산 입구에 도착해서야 이마에 맺힌 땀을 씻어내렸지요. 그리고 그때 문득 어제 저녁 아버지가 하신 말씀이 생각났습니다.

지원이 아버지는 곧 출발하신다며 조금만 기다리라고 하셨습니다. 세 친구는 버스 정류장 의자에 자리를 잡고 앉았어요. 30여 분쯤 기다렸을까요. 아버지의 차가 시야에 들어왔습니다.

지원이 아버지 차에 탄 세 친구는 안도의 한숨을 쉬었습니다. 이윽고 태린이네 집 앞에 도착했어요. 주차를 하기 위해 후진 기어를 넣으신 아버지는 갑자기 차창을 내리시더니 사이드 미러를 손으로 만지시는 거였습니다.

"왜 그래요, 아빠?"

"후진할 때 가끔 사이드 미러 각도가 안 맞아 만져줘야 하거든."

"사이드 미러가 자동으로 움직이면 좋을 텐데…."

경사진 길에서 더욱 요긴해

집에 돌아온 지원이는 차 안에서 생각해낸 '자동으로 움직이는 사이드 미러'에 대하여 아버지와 이야기를 나누었습니다.

"아까 아빠가 사이드 미러를 작동시키실 때 친구들이랑 이야기한 건데요, 혹시 자동으로 움직이게 만들어진 사이드 미러는 없나요?"

"운전자가 차 안에서 차 밖의 미러 각도를 조절할 수는 있지."

"그런 거 말고요. 후진할 때 운전자가 필요로 하는 각도를 인식해서 자동으로 각을 찾는 기능이요."

"으흠! 그런 게 있으면 정말 편하겠구나. 아, 사이드 미러 외에도 룸 미러도 자동으로 움직이게 하면 그야말로 금상첨화겠는걸? 왜, 지난번 추석 때 성묘 갈 때 말이다. 산길 경사가 심하다 보니 간혹 룸 미러에 후방이 잡히지 않아 답답했었거든. 만약 지표면 경사에 맞추어 룸 미러가 자동으로 움직여준다면 훨씬 편하고 안전할 것 같구나."

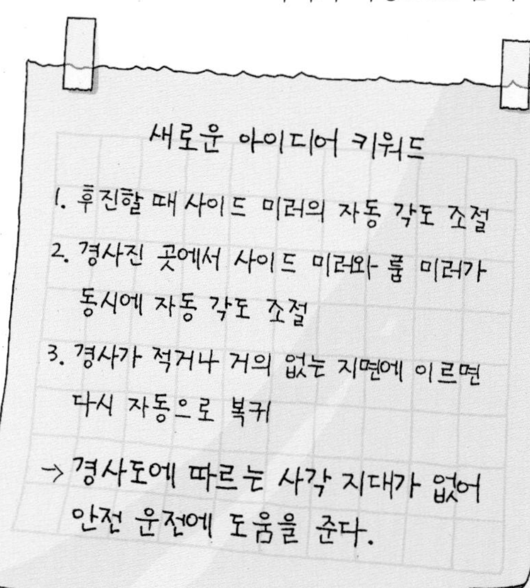

지원이와 아버지는 먼저 인터넷 검색을 통해 이와 비슷한 기능이 있는지부터 알아보았습니다.

"아빠, 여기 '리버스 연동 아웃사이드 미러'라는 게 있네요."

"으흠, 이건 후진 기어를 작동하면 룸 미러가 자동으로 내려가 시야 확보를 원활하게 해주는 거로구나."

"하지만, 내가 생각해낸 것과는 좀 차이

가 있네요? 이건 룸 미러에 한정되어 있는 데다 후진 기어를 작동해야 하니까요. 그럼 결국 경사진 곳에서 전진할 때에는 전혀 효과가 없잖아요."

"그렇지."

자동차 구조부터 알아야 한다구요?

"그런데 지원이 너, 혹시 자동차 안이 어떻게 생겼는지 아니?"

며칠 후 퇴근하신 아버지의 갑작스러운 질문을 받고 지원이는 당황했답니다. 그렇지 않아도 아이디어를 어떻게 구체화시킬 것인가로 골머리를 앓아온 요 며칠이었거든요. 나름대로 인터넷에서 자료도 찾아보고 하던 터였는데, 느닷없이 아버지께서 자동차 내부 구조에 대해 여쭈시니 당황할 수밖에요.

"아니요."

"그래서 이 아빠가 준비해둔 게 있지. 내일 아빠가 단골로 다니는 카센터 사장님과 만나기로 해두었단다. 자동차 구조를 잘 아는 사람에게 지원이의 아이디어를 설명해야 뭔가 해답이 나올 것 같거든."

다음 날, 지원이와 아버지는 카센터 사장님을 만나 지원이의 아이디어에 대해 자세히 설명을 하였습니다. 이야기를 다 들으신 사장님은 상당히 흥미로워하셨어요.

"재미있는 아이디어네요. 지원이라고 했니? 기특하네. 이런 건 일반인들이 구현하기 어렵지요. 직접 제작하는 부분까지 제가 돕지요."

흔쾌히 도움을 주시겠노라 하신 사장님을 뵈니 지원이는 천군만마를 얻은 듯 든든했답니다.

"감사합니다. 안 그래도 바쁘실 텐데, 이런 부탁까지 드리게 되어 죄송하네요. 언제 저녁 한번 사겠습니다."

"하하, 뭘요. 저도 꽤 흥미 있는 경험이 될 것 같습니다. 잠시 기다려 주시겠어요? 제가 대략 스케치를 해보죠."

얼마 후 지원이와 아버지 앞에는 지원이의 아이디어가 실제 어떻게 구현될지에 대한 그림이 놓여져 있었답니다.

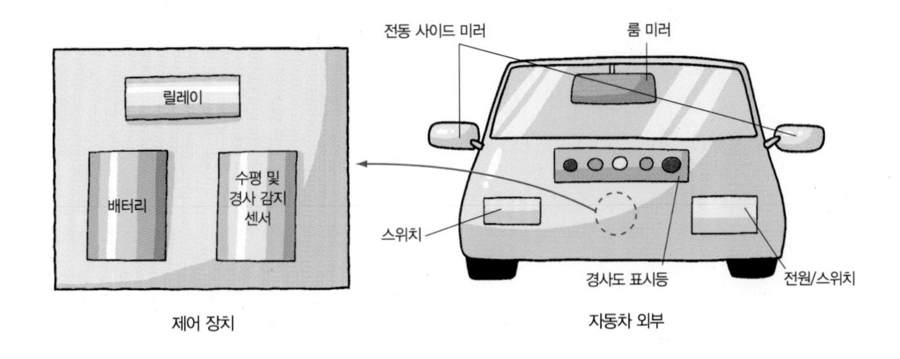

발명 지수 높이기 전략 ⑤ – 기록하는 습관을 가져라

아이디어가 아이디어로 머문다면 아무 소용이 없다. 아이디어에 생명을 불어넣는 작업이 바로 '발명'이다. 앞서 발명을 해 온 사람들이 한결같이 주장하는 것이 바로 '아이디어 노트 작성'이다. 아이디어를 기록함으로써 더 좋은 아이디어를 만들 수도 있고 더 많은 아이디어를 생산할 수 있다.

아이디어는 시간과 장소를 가리지 않고 항상 우리 주변에서 떠오른다. 그러니 망각의 동물인 인간이 순간적으로 떠오른 아이디어를 잊지 않을 방법은 오로지 '기록'뿐이다. 역사적으로 유명한 발명가들은 모두 '기록왕'이었다. 항상 필기구와 메모지를 준비하고 있다가 아이디어가 떠오르면 시간과 장소에 상관없이 기록하라. 이때 간단한 그림을 곁들이면 금상첨화.

'자동으로 움직이는 룸&사이드 미러'가 필요해!

기존 룸 미러와 사이드 미러의 문제점

1. 경사진 길을 오르고 내릴 때, 후진할 때 룸 미러와 사이드 미러를 손으로 조작해야 한다.
2. 룸 미러의 거울을 자동으로 움직여주는 '리버스 연동 아웃사이드 미러'가 있지만, 반드시 후진 기어를 작동해야 하는 불편함이 있다.

문제점 해결

길의 경사도에 따라 룸 미러와 사이드 미러가 자동으로 움직여 운전자의 시야를 확보하여 안전 운전에 도움을 준다.

작동 원리

1. 길의 경사도에 따라 수평 및 경사 감지 센서가 자동으로 경사를 인식한다.
2. 경사진 각도를 제어 장치에 보내면 룸 미러와 사이드 미러가 전자동으로 작동된다.
3. 프로세서가 전자 경사계에서 등판 각도를 알려주면 룸 미러와 사이드 미러의 각도를 제어 장치로 보내준다.

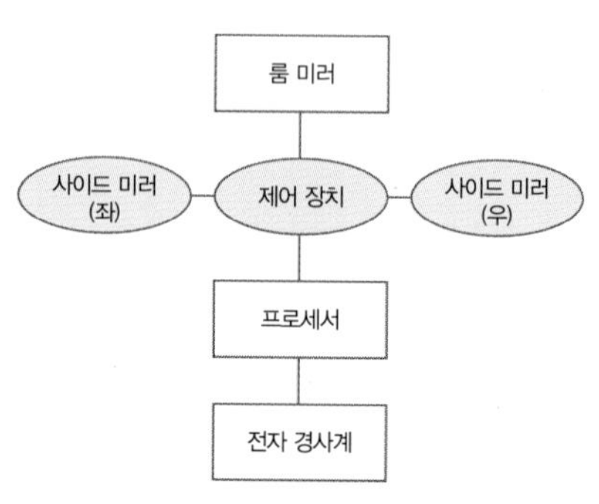

어떻게 사이드 미러를 자동으로 움직일까?

원리부터 찾아라

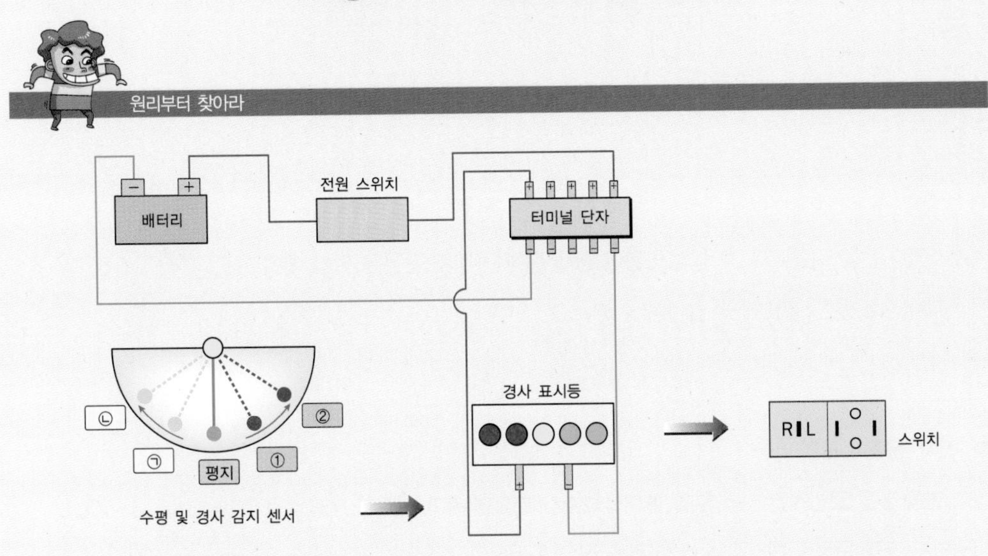

자동차가 오르막길이나 내리막길을 갈 때 경사 정도가 '수평 및 경사 감지 센서' ㉠㉡이나 ①②에 감지된다. 경사가 감지되면 오르막 센서 또는 내리막 센서가 작동되어 경사 표시등에 불이 들어온다. 경사 표시등에 불이 들어오면서 룸 미러와 양쪽 사이드 미러가 자동으로 올라가거나 혹은 내려가게 된다.

■ **자동차가 오르막길을 올라갈 때**

수평 및 경사 감지 센서의 중심 추가 위 그림의 ㉠㉡에 멈춘다.

→ 경사 표시등과 연결되어 빨간색 불이 들어온다.

→ 룸 미러와 사이드 미러가 자동으로 위로 올라간다.

■ **자동차가 내리막길을 내려갈 때**

수평 및 경사 감지 센서의 중심 추가 ①②에 멈춘다.

→ 경사 표시등과 연결되어 초록색 불이 들어온다.

→ 룸 미러와 사이드 미러가 자동으로 아래로 내려간다.

진자 운동, 위치 에너지에서 운동 에너지로…

지원이가 생각해낸 '자동으로 움직이는 룸&사이드 미러' 아이디어의 핵심은 지표면의 경사를 센서로 연결시키는 '중심 추'에 있습니다. 이 중심 추가 작동되는 원리는 바로 '진자 운동'이랍니다. 속력과 방향이 함께 변하는 진자 운동은 위치 에너지를 운동 에너지로 변환시키는 운동입니다.

■ 진자 운동이란?

실의 한쪽 끝을 고정시킨 다음 추를 들어올렸다가 놓으면 추가 일정한 폭을 지니면서 왕복 운동을 하게 되는데 이것을 진자 운동이라고 합니다. 즉, 위치 에너지가 운동 에너지로 변환되는 운동이지요.

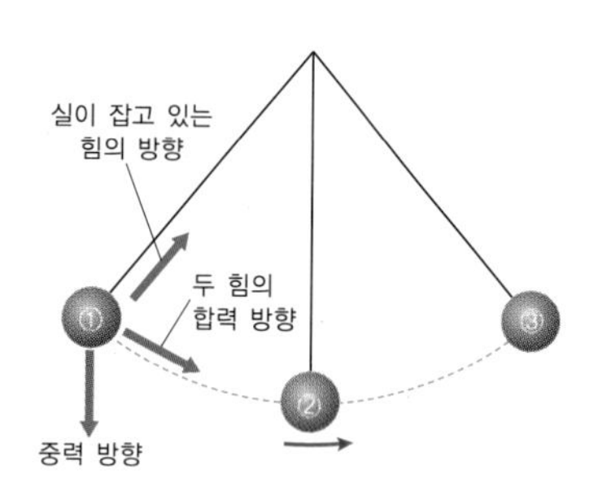

주기가 일정한 단진자 운동은 중력만 작용한다는 가정 하에서 성립됩니다. 실제로 줄에 추를 매달아 흔들면 진폭과 주기가 일정하지 않다는 것을 알게 됩니다. 이는 공기와의 마찰 등에 의해 방해받기 때문입니다.

위의 그림에서 추가 ①번 위치로 이동하면 위치 에너지가 증가하게 되고 추를 잡는 손을 놓는 순간 이 위치 에너지가 운동 에너지로 전환되면서 ②번 위치로 움직이게 됩니다. 이어 추가 ③번 위치에 가면 운동 에너지는 다시 위치 에너지로 바뀌고 반대 방향으로 운동을 하면서 ③의 위치 에너지는 운동 에너지로 바뀌어 다시 움직이게 되는 것입니다.

이때 위치 에너지가 운동 에너지로 바뀌는 것은 물체에 중력이 작용하기 때문입니다. 추는 중력의 영향으로 아래쪽을 향하지만 실에 묶여 있기 때문에 실을 끊지 않는 한, 실이 잡고 있는 방향과 중력 방향의 합력에 의해 움직이게 됩니다.

진폭
진동의 중심에서 양 끝점까지의 수평 거리(위 그림 : ①~② / ②~③)

주기
진자가 1회 왕복하는 데 걸리는 시간(위 그림 : ①→②→③→②→①)

진동 수
진자가 1초 동안 왕복 운동한 횟수(단위 : Hz)

진자의 속도
진동의 중심에서 속도가 최대가 되고, 양 끝점으로 갈수록 점차 작아지다가 양 끝점에서는 속도가 0이 된다.

①번 위치 에너지만 있고 운동 에너지는 없으며 속도도 0이지요.

②번 위치 에너지가 운동 에너지로 바뀌어 있기 때문에 추의 속도가 빨라집니다. 이때 위치 에너지는 가장 낮아지는 반면 운동 에너지와 속도는 최고가 됩니다.

②번~③번 운동 에너지가 위치 에너지로 변하며 속도는 점점 줄어들게 됩니다.

③번 속도는 0이 되며 운동 에너지는 0이 되고 위치 에너지만 존재하게 됩니다.

잠깐! **진자의 등시성**

진자의 등시성이란 진자가 한 번 왕복하는 데 걸리는 시간은 진폭에 상관없이 항상 일정하며 그 시간은 진자의 길이와 관련이 있음을 말한다. 이러한 사실을 처음 발견한 사람은 갈릴레이인데, 이후 네덜란드의 호이겐스는 진자의 등시성을 이용하여 진자 시계를 만들었다. 이 진자의 등시성을 이용한 놀이기구가 바로 '바이킹'이다. 바이킹은 시계 추와 같이 일정하게 좌우로 흔들려 움직이는 진자 운동을 한다. 바이킹이 위로 올라갔을 때 위치 에너지가 최대로 증가하고 내려올 때 위치 에너지가 운동 에너지로 바뀌는 것이다. 가운데 지점에 다다르면 운동 에너지가 최고에 이른다.

바이킹이 꼭대기까지 올라갔다가 내려오는 순간, 머리카락이 곤두서는 경험을 해보았을 것이다. 이는 낙하할 때 무거운 배와 가벼운 사람이 같이 떨어지기 때문에 중력의 영향을 느끼지 못하는, '무중력 상태'에 놓이기 때문이다.

바이킹

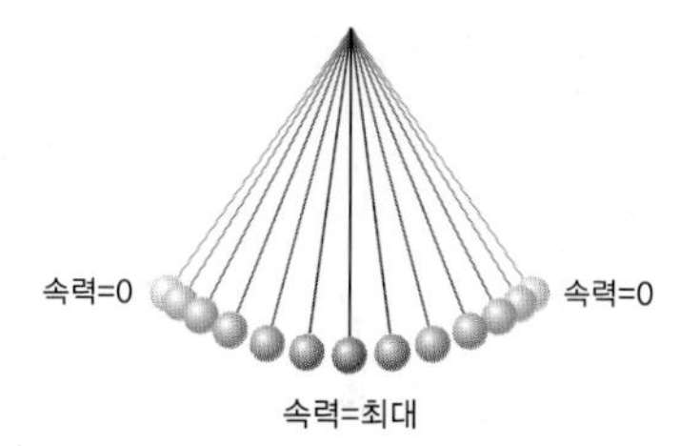

기존 전동 사이드 미러를 분석하다

먼저 시중에 나와 있는 전동 사이드 미러를 분해해 구조를 알아보고자 했다. 어제 저녁 퇴근길에 아버지가 왼쪽과 오른쪽 사이드 미러 두 개를 가져오셨다.

전동 사이드 미러란 전동 모터를 이용하여 사이드 미러를 접거나 펼 수 있는 기능을 갖춘 것인데, 자동차의 시동을 끄면 배터리를 이용하게 된다. 먼저, 사이드 미러 뒤쪽을 뜯어보았더니, 유리가 네모난 판에 붙어 있었고 그 판은 조그마한 모터에 연결이 되어 있었다. 회전 중심을 축으로 두 개의 모터가 달려 있는데 두 개의 모터는 각각 좌우 회전과 상하 회전을 담당한다.

모터, 즉 전동기의 쓰임은 정말 무궁무진한 것 같다. 이번 기회에 모터의 원리에 대해 공부해두어야겠다고 다짐했다. 앞으로 어떤 발명품을 개발하게 될지 모르는데 이처럼 쓰임이 많은 모터에 대해 확실히 알아두면 큰 도움이 되지 않겠는가.

그런데 사이드 미러에서 이상한 점을 발견했다. 왼쪽과 오른쪽 사이드 미러가 다르게 생겼다는 사실이다. 왼쪽은 평면 거울인데 오른쪽은 볼록 거울인 것이다. 아버지도 처음 알았다고 하셨다.

잠깐!

모터의 원리

모터는 전기 에너지를 운동 에너지로 바꾸는 장치이다.
아래 그림에서 전류(i)가 흐르면 코일의 AB와 CD 부분에는 전자기력 F가 작용하여 코일을 회전시킨다. 코일의 면이 자기장에 직각이 되는 순간에 전자기력은 0이 되나 회전하던 관성으로 코일이 좀더 돌아간다.

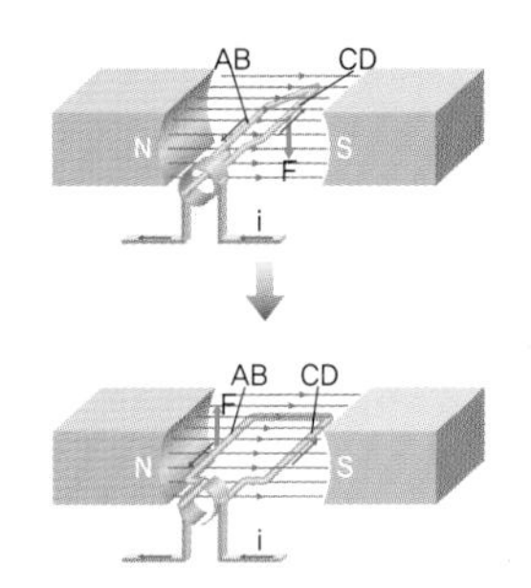

이때, 코일에 흐르는 전류의 방향은 반 바퀴 회전할 때마다 바뀌게 되어 코일이 계속해서 일정한 방향으로 회전하는 것이다.

오른쪽 사이드 미러는 볼록 거울

우리가 자동차의 사이드 미러를 통해 뒤를 볼 수 있는 이유는 거울에 적용되는 '반사의 법칙' 덕분입니다. 여기서는 '반사의 법칙'에 대해 알아봅시다.

■ 반사의 법칙

빛
거울
입사각
반사각

우리가 거울을 통해 우리의 모습을 비춰볼 수 있는 것은 빛이 거울을 통과하지 못하고 반사되기 때문입니다. 즉, 물체를 비추고 반사된 빛은 거울로 향하고, 거울에서 다시 반사된 빛이 우리 눈으로 들어오게 되는 것입니다.

이때 빛은 거울에 비스듬히 들어간 각도만큼 반대 방향으로 반사되어 나옵니다. 빛이 거울에 들어갈 때의 각도를 '입사각'이라고 하며 반사되어 나올 때의 각도를 '반사각'이라고 합니다. 이 두 각은 언제나 같습니다.

■ 오른쪽 사이드 미러는 볼록 거울

볼록 거울
특징 상은 실물보다 작으며 사물은 실제보다 가까이에 있다. 넓은 범위를 볼 수 있다.
용도 자동차 사이드 미러, 도로 모퉁이 거울, 매장 감시용 거울

오목 거울
특징 물체의 위치에 따라 상이 달라진다. 반사된 빛은 한 점에 모인다.
용도 자동차의 전조등, 등대의 탐조등, 현미경의 반사경, 손전등, 치과용 거울

자동차의 사이드 미러의 왼쪽은 평면 거울이며 오른쪽은 볼록 거울입니다. 그 이유는 무엇일까요?

이는 볼록 거울이 더 넓은 면적을 비출 수 있기 때문입니다. 우리나라는 운전석이 좌측에 있기 오른쪽이 볼록 거울로 되어 있지만 영국이나 일본 등은 운전석이 우측에 있기 때문에 반대로 왼쪽이 볼록 거울입니다.

볼록 거울에 비친 사물은 실제 거리보다 멀리 있는 것처럼 보입니다. 그래서 오른쪽 거울에는 "사물이 실제 보이는 것보다 가까이에 있음"이라는 문구가 적혀 있답니다.

아이디어 수정점과 보완점을 찾아라

오늘은 지은이, 태린이와 함께 장난감 자동차를 사러 갔다. 처음 룸 미러와 사이드 미러를 장착할 차를 무엇으로 할까 의논했을 때는 나무로 만들까도 생각했지만, 결국 장난감 자동차를 사기로 했다. 새로 만들려면 아무래도 손이 더 가야 하기 때문이다.

오는 길에 카센터에 들러 사장님을 만났다. 사장님은 몇 가지 제안을 하셨다. 그 중 하나는 굳이 룸 미러까지 자동으로 조절하게 할 필요는 없을 것 같다는 말씀이었다. 오히려 운전자 입장에서는 혼돈스러울 수 있다는 말씀과 함께.

그 다음, 본래 내 아이디어는 경사도에 따라 사이드 미러가 상하좌우로 자유롭게 움직이는 것이었다. 그런데 사장님께서는 실제 운전할 때에는 좌우로만 움직이는 게 더 효과적일 거라고 이야기하셨다. 내가 생각한 아이디어를 전문가의 시각에서 바라보니 이런저런 수정 사항이 생기는 것 같다.

또 한 가지는 사이드 미러를 항상 자동으로 작동되게 하면 곤란할 수도 있다는 것이었다. 지면의 작은 경사는 굳이 미러의 각도를 움직이지 않아도 운전하는 데 전혀 지장이 없는데, 작은 경사에도 일일이 작동한다면 오히려 운전에 방해가 될 것 같다는 의견이었다.

충분히 일리가 있었다. 그래서 우리는 별도의 ON/OFF 기능을 장착하여 꼭 필요한 경우(예를 들어 경사가 45도 이상)에만 사용하는 것으로 아이디어를 바꾸기로 하였다.

경사를 인식하는 센서는 내가 처음 생각한 대로 '중심 추의 진자 운동'을 이용한 경사 센서를 사용하기로 했다. 사장님에 따르면 경사 센서는 '틸트(Tilt) 센서'라는 것을 사용하면 된단다. 사장님이 이런저런 예를 들어가며 설명을 해주셨지만, 잘 이해가 되지 않았다. 친구들도 알쏭달쏭해 하는 표정들이다.

아, 이제는 경사 센서에 대한 공부를 해야 한단 말인가. 이번 발명 과정은 공부의 연속이다.

잠깐! **경사 센서에 대하여**

경사 센서는 용도와 방법에 따라 여러 종류가 있다. 원리적으로는 두 가지가 있는데 그 중 하나는 수십~수백 미터의 일정한 거리를 두어 두 개의 물통을 놓고 그것들을 관으로 연결한 다음 물을 넣어 두 개의 물통 속의 수면의 높이 차이가 변화하는 것을 마이크로미터로 측정하는 방법이다.
또 하나는 주기가 긴 수평 흔들이를 사용하는 방법이다. 막대 끝에 1g 정도의 추를 달고 중앙 가까이에 작은 거울을 단다. 이것을 지름 0.01mm 정도의 가느다란 실로 위 아래에 매달면, 지표면의 경사가 바뀔 때마다 수평 막대의 방향이 바뀌게 되는 것이다.

PCB라는 편리한 회로가 있다니…

센서에서 경사를 감지하여 경사 표시등으로 신호를 보내고 이를 받아 사이드 미러에 장착시킬 전동기 스위치를 켜는 전 과정을 관장하는 전자 회로를 만들어야 한다. 오늘은 아버지와 함께 카센터 사장님을 찾아가 그 회로를 만들기로 한 날이다.

상당히 복잡할 것이라고 지레 긴장하고 찾아갔으나 생각보다 어렵지 않았다. 그럴 수 있었던 것은 PCB라고 불리는 전자 회로 기판 덕분이었다. 일명 인쇄 회로 기판이라고 불리는 PCB, 즉 프린트 서킷 보드(Print Circuit Board)는 기판 면에 회로를 연결해주는 역할을 하고 있는 동박이 프린트 인쇄한 것과 같은 상태로 되어 있기 때문에 그런 이름이 붙었다고 한다.

그 전에는 부품끼리 일일이 배선을 해주어야 했는데 이 PCB를 이용하면서 복잡한 배선도 부품만 삽입하여 납땜하면 간단히 배선이 이루어지게 된다는 것이다. 이러한 장점 때문에 PCB는 텔레비전, 냉장고, 컴퓨터 등의 모든 가전 제품과 이동 통신 단말기에도 많이 사용된다고 한다.

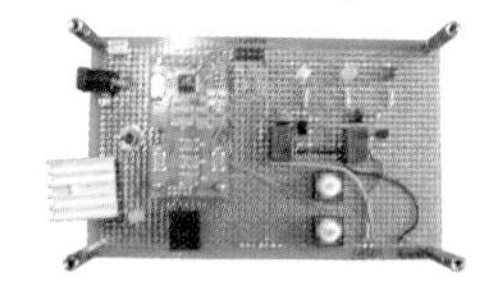

본 발명품의 핵심 부품인 PCB 기판. PCB 기판에 프로그램과 고정 단자, 각종 센서와 컨트롤 스위치를 배선과 함께 연결하였다.

센서 등 부속 일체를 장착하다

오늘은 자동으로 움직이는 사이드 미러를 완성시키는 데 있어서 가장 중요하고도 복잡한 과정을 소화해야 하는 날이다. 분명한 것은, 오늘의 작업은 결코 나 혼자서는 할 수 없다는 사실이다.

지난번 PCB 회로를 장착한 데 이어 오늘 해야 할 부분은 바로 경사 센서 등 필요한 모든 부속을 장난감 자동차 각 부위에 장착하는 것이다. 이 과정에서 요구되는 것이 바로 납땜 작업인데, 사실 나는 지금까

차량 컨트롤 패널 뒤편
사이드 미러 조절 스위치 및 작동 LED를 차량 컨트롤 패널 뒤편에 배선하여 고정했다.

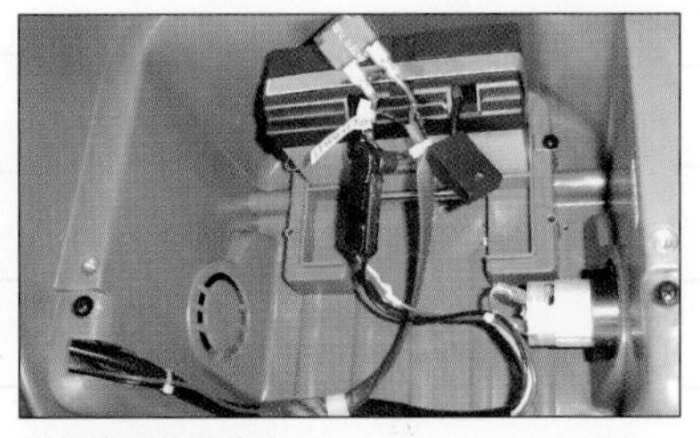

차량 하단 뒤편 전원부
자동으로 움직이는 사이드 미러의 차량 구동용 전원부에 사이드 미러 시스템 전원을 병렬로 배선하여 인가했다.

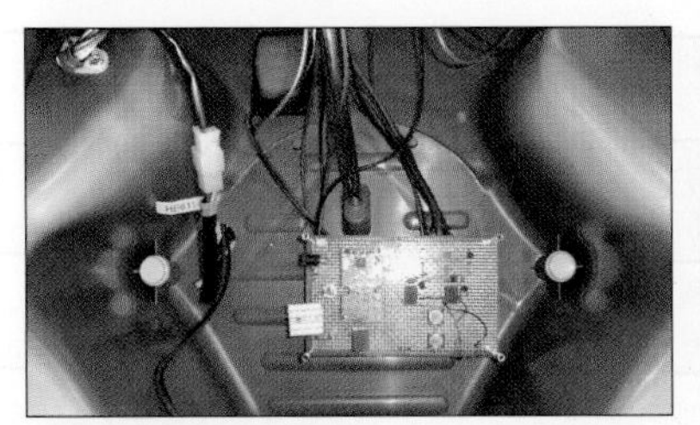

차량 앞바퀴 부근 메인 PCB
메인 PCB를 차체에 고정하고 각종 스위치와 사이드 미러 등의 작동 배선을 연결했다.

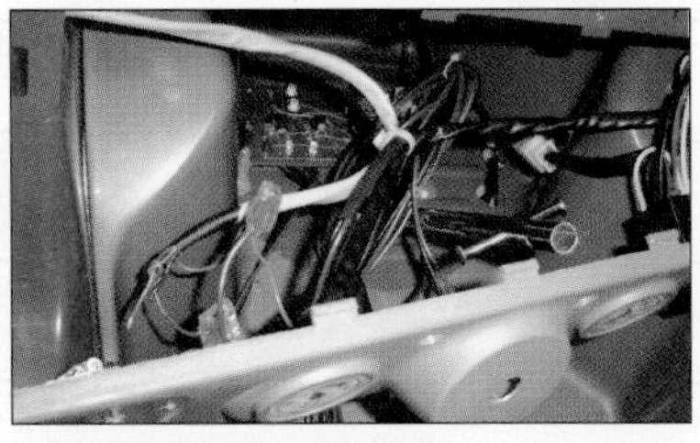

차량 컨트롤 패널 뒤편과 메인 PCB
메인 PCB와 컨트롤 스위치 등을 배선했다.

지 납땜 작업을 한 번도 해본 적이 없다. 그래서 처음에는 아버지와 사장님 모두 납땜 작업을 직접 해보고 싶다는 나의 의견에 반기를 드셨다.

하지만 내 아이디어를 최종 완성하는 과정에 스스로의 땀과 노력을 꼭 담고 싶다는 나의 간절한 요청을 받아들이셨고 두 분은 옆에서 열심히 응원을 해주셨다. 결국 처음부터 끝까지 필요한 납땜 작업을 나 혼자의 힘으로(물론 옆에서 두 분이 납땜할 부분을 친절히 지적해주셨지만) 해낼 수 있었다. 처음에는 양손이 떨려 고생했는데 점차 긴장이 풀렸고 나중에는 재미까지 느낄 수 있었다.

자동차 대시 보드에 자동 사이드 미러의 작동을 수동으로 조절할 수 있도록 ON/OFF 스위치를 장착하였다.

자동차 차체의 전면 하단 엑셀레이터 부근에 메인 PCB와 각종 장치의 배선을 연결하였다.

발명가들의 공통점 ① – 항상 '왜?'라고 묻는다

호기심이나 문제 의식은 특별한 누군가에게만 주어지는 것이 아니다. 누구나 다 갖고 있다. 다만, 그 호기심이나 의문의 싹을 스스로 잘라버리느냐, 아니면 잘 가꾸느냐에 달려 있다. 창의적인 생각은 '왜?'라는 의문에서 나온다. 그리고 발명가와 일반인을 구분하는 가장 큰 기준은 바로 '왜?'라고 묻는 데에 있다.
생활 주변의 사물이나 현상들을 대할 때 '왜 그럴까? 더 좋은 방법은 없을까?' 하고 끊임없이 질문하는 습관이야말로 과학적인 사고와 발명가의 재능을 키우는 첫걸음이다. 내용물에 찍힌 수신인의 주소와 이름을 투명 셀로판을 통해 들여다볼 수 있도록 한 '창 봉투'는 어느 샐러리맨의 문제 의식 속에서 탄생한 세계적 발명품임을 명심하자.

'자동으로 움직이는 사이드 미러'를 구현시킬 모든 부속이 앙증맞은 장난감 자동차에 장착되었습니다. 솔직히 지원이는 이번 발명품을 만들면서 아쉬움이 많다고 털어놓습니다. 처음 아이디어를 낸 것은 자신이지만 아이디어를 실제로 적용하는 과정에서 아버지와 카센터 사장님 등의 절대적인 도움을 받은 게 마음에 걸리는 모양입니다.

하지만, 발명품이 탄생되는 과정에서 가장 중요한 것은 '창의적인 아이디어'이며 그것을 실생활에 적용시키기 위하여 아이디어를 수정, 보완해가는 과정임을 떠올린다면, 나름대로 충분히 의미 있는 시간들이었음을 인정합니다.

자, 지원이가 발명한 '자동으로 움직이는 사이드 미러' 완성품을 한번 보실까요?

경사 센서가 지표면의 각도를 인지해 자동으로 사이드 미러 각도를 조절하게 된다. 단, 운전자가 사이드 미러의 자동 조절 스위치를 ON으로 해놓았을 때에만 작동된다. 경사각이 높지 않은 지표면에서는 굳이 사이드 미러 각도를 조절하지 않아도 되기 때문이다.

수액 자동 조절기

수액의 남은 양을 알려주는 장치

환자에게는 안전을,
간병인에게는 편리를…

병원에 가보면 환자복을 입고 있는 사람들 열 명 중 아홉은 링거 주사를 맞고 있습니다. 링거 주사를 맞아본 사람이나 옆에서 간호해본 사람이라면 쉽게 공감할 이야기가 있지요.

링거를 맞는 것 자체보다도 더 성가신 일은 링거 주사를 통해 들어가는 수액의 남은 양을 수시로 체크해야 하는 일입니다. 수액이 다 떨어지기 전에 주사 바늘을 빼야 하는데 그 타이밍을 맞추지 못하면 피가 역류하여 흐르게 됩니다.

영탁이가 '수액 자동 조절기'라는 놀라운 발명품을 만들어내게 된 동기도 바로 여기에 있습니다. 어머니를 간호하면서 링거 주사액의 남은 양을 체크하다가 주사 바늘을 뺄 시기를 자동으로 알려주는 기계가 있다면 좋겠다고 생각한 것이지요. 지금부터 영탁이의 기특한 발명 아이디어 속으로 떠나봅시다.

몸살로 병원에 입원하신 어머니

"영탁이니? 할머니야."

"네, 할머니."

"학원 마치고 집으로 가지 말고 병원으로 오렴. 엄마가 병원에 입원하셨단다."

"넷? 오늘 병원에 가신다더니 결국 입원하신 거예요?"

"그래, 한 일주일 동안은 입원해야 할 것 같다."

여름방학이 시작된 지 얼마 안 되어 영탁이 어머니는 심한 감기 몸살을 앓으셨습니다. 어머니가 운영하시는 꽃집은 무거운 화분을 들 일도 많고 육체적으로 고된 일인지라 어머니는 늘 몸살을 앓고 지내신다고 해도 과언이 아닙니다.

수업 시간 내내 집중을 할 수가 없었습니다. 어머니의 몸이 얼마나 안 좋으신지 걱정이 되었기 때문이지요. 사실 어머니는 몸이 약한 편이라 자주 앓아 누우셨는데, 그때마다 영탁이네 가족은 어머니의 존재가 얼마나 소중한지 깨닫곤 했답니다. 어머니의 손길이 미치지 않는 집안이 난장판이 되는 건 시간 문제였으니까요.

학원 수업을 마치고 할머니께서 알려주신 대로 버스를 타고 병원에 도착했습니다. 어머니가 누워 계신 병실은 어머니 말고도 다섯 명의 환자분이 계신 곳이었어요. 영탁이가 도착했을 때 어머니는 곤히 잠들어 계셨습니다.

"영탁이 왔구나. 밥은 먹었니?"

"아니요. 그런데 배는 안 고파요. 엄마는 어때요?"

"응, 과로로 몸에 기력이 많이 쇠했다는구나. 며칠 동안 치료받고 푹 쉬면 낫는다고 하니 너무 걱정할 것 없다."

"휴~, 다행이에요. 할머니, 아빠는요?"

"엄마 입원시켜놓고 회사 일이 바빠 나가셨단다."

영탁이가 도착하고 얼마 안 있어 할머니는 외출 준비를 하셨습니다.

"영탁아, 할머니 잠깐 집에 가서 엄마 옷이며 이것저것 필요한 것을 좀 챙겨올 테니 네가 엄마 옆에 있을 수 있겠니?"

"그럼요, 할머니. 다녀오세요. 엄마는 내가 지킬게요."

혼자 어머니 곁에 있어야 하는 게 내심 걱정도 되었지만, 영탁이는 밝은 표정으로 할머니를 배웅하였습니다. 그런 자신의 모습이 조금은 대견해 보이기도 했답니다.

잠시 후 병실이 술렁거리기 시작했어요. 무슨 일인가 의아해하는 영탁이에게 어머니 옆 자리 환자 보호자 분께서 곧 저녁 식사 시간이니 어머니를 깨우라고 하셨습니다. 영탁이와 아주머니의 이야기 소리에 잠에서 깨신 어머니가 자리에서 일어나셨습니다.

"영탁이 왔구나. 걱정 많이 했지? 에구~, 엄마가 몸이 약해서 우리 아들 고생시키네."

"엄마, 내가 지켜드릴게요"

식사를 마치신 후 어머니는 영탁이에게 간호사 누나를 불러달라고 하셨습니다. 주사액이 거의 다 떨어졌기 때문이지요. 어머니의 부탁에 간호사 누나를 찾으러 나갔지만, 어찌된 일인지 간호사 누나들이 한 명도 보이지 않았습니다.

'어떻게 하지? 엄마 주사액을 갈아 끼워야 하는데….'

병원 복도를 두세 번 돌아본 후에야 간호사 누나를 만날 수 있었습니다. 간호사 누나는 주사액을 갈아 끼우면서 영탁이에게 링거 조절기를 가리키며 당부했어요.

"엄마 주사약이 여기까지 도착하면 나를 부르렴. 아마 새벽쯤이 될 거야. 물론 그 전에 내가 한번 와보겠지만 말이야."

"네."

간호사 누나에게 대답을 해놓고 영탁이는 갑자기 어깨가 무거워졌어요. 어머니의 안전을 지켜낼 책임이 자신에게 있는 것처럼 느껴졌답니다. 이것저것 짐을 챙겨오셨던 할머니는 집안 일을 돌보신다며 집으로 돌아가셨고 퇴근 후 곧장 병원으로 달려오시겠다던 아버지가 회사 일이 밀려 오늘 밤에 못 오신다고 연락이 왔기 때문이었습니다.

한편으로는 '그래도 6학년쯤 되었으면 이 정도는 해야지' 하는 마음도 생겼습니다. 그래서 수시로 링거 조절기를 들여다보았습니다. 하지만, 링거에 담긴 약이 떨어지는 속도가 워낙 느렸기 때문에 얼마나 시간이 흘러야 약이 다 떨어지는지 짐작조차 할 수 없었지요.

영탁이가 너무 자주 링거 조절기를 들여다본 탓일까요. 어머니는 괜찮다고, 아직 멀었으니 그냥 앉아 있으라고 하셨습니다. 그래도 어디 간호하는 사람의 마음이 그런가요?

9시가 조금 넘자 한 아주머니가 병실 불을 끄셨습니다. 안 그래도 눈꺼풀이 무거워져오는데 방이 캄캄해지니 슬슬 걱정이 되었습니다.

'이러다 그만 잠들어버리면 어떻게 하나. 지금 엄마는 나만 믿고 계신데….'

영탁이는 졸린 눈을 부비며 자리에 앉아 있었습니다. 그런데 그런 영탁이의 마음을 아는지 모르는지 어머니는 자꾸 환자 침대에 자리를 만들어주시면서 누우라고 성화이십니다.

'안 되는데, 안 되는데….'

병 간호는 어려워

영탁이가 눈을 떴을 때는 이미 아침 해가 환하게 떠 있었습니다. 눈을 부비며 일어나자 어머니는 웃으며 잘 잤냐고 하셨지요. 그 순간, 영탁이의 머릿속에 섬광처럼 스치는 생각이 있었으니, 바로 '링거 조절

기'였습니다.

"어? 엄마, 주사약이요. 주사약, 어떻게 했어요?"

그러자 어머니 옆 자리에 계신 환자 보호자 분께서 웃으시며 말씀하셨습니다.

"아니, 무슨 보호자가 그래? 주사약이 얼마 남았는지 살피지도 못하고 곯아떨어지시나? 호호."

그러자 병실에 계신 분들 모두 "하하, 호호" 웃으셨습니다. 어머니는 빙그레 미소만 띠고 계셨고요. 분명히 새벽녘까지 깨어 있었는데, 아마도 얼마 남겨놓지 않고 그만 잠이 들어버렸나 봅니다. 다행히 간호사 누나가 와서 링거액을 갈아주었다고 합니다. 머쓱해진 영탁이는 공연히 링거 조절기 탓을 하였습니다.

"엄마, 주사 약이 얼마나 남았는지 자동으로 알려주는 건 없어요?"

"음, 글쎄다. 그런 얘기는 못 들어봤는데?"

"그런 게 있으면 정말 좋을 텐데요. 이런 실수도 하지 않을 것이고요."

"호호. 우리 꼬마 발명가이신 영탁이가 한번 만들어보지 그러니?"

사실, 초등학교 4학년 때 영탁이가 처음으로 발명품에 관심을 보일 때만 해도 어머니는 별반 관심을 보이지 않으셨더랬습니다. 하지만 이제는 누구보다도 영탁이를 응원해주는 지원자가 되셨답니다.

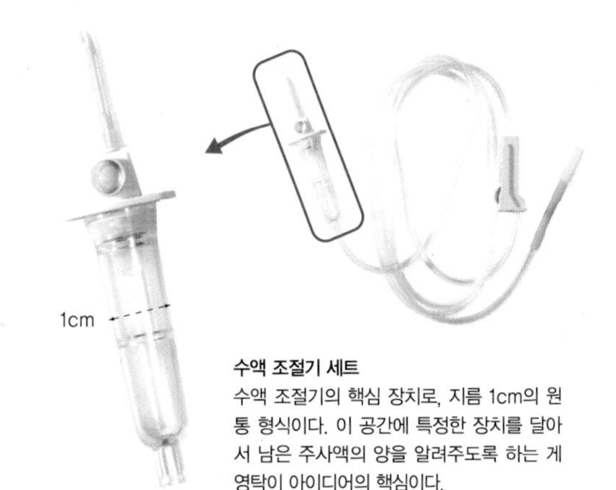

수액 조절기 세트
수액 조절기의 핵심 장치로, 지름 1cm의 원통 형식이다. 이 공간에 특정한 장치를 달아서 남은 주사액의 양을 알려주도록 하는 게 영탁이 아이디어의 핵심이다.

어머니와 영탁이의 대화를 듣고 계시던 병실 어른들도 다들 "그런 게 있으면 정말 좋겠다"며 응원의 박수를 보내주셨습니다.

'음, 자동으로 링거 약의 남은 양을 알려주는 기계가 정말로 필요하겠군. 좋았어! 한번 해보는 거야.'

영탁이는 간호사 누나에게 부탁하여 수액 조절기를 하나 구하고 내부 구조를 살펴보기 시작하였습니다.

자동으로 스위치를 켰다 껐다

다음 날, 영탁이는 발명 단짝 친구인 성찬이와 만나 자신의 생각을 이야기했습니다. 역시 생각했던 대로 성찬이도 고개를 끄덕이며 좋은 아이디어인 것 같다며 함께 만들어보자고 했지요. 둘은 머리를 맞대고 의논을 하기 시작했습니다.

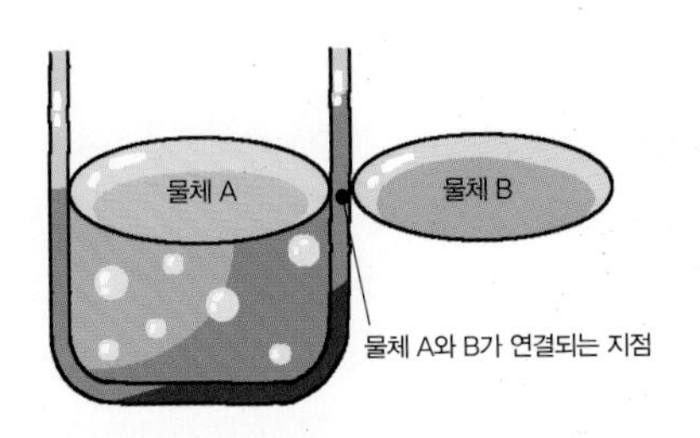

수액 조절기 안에 넣을 물체 A와 조절기 외벽 표면에 설치할 물체 B를 서로 연결시켜줄 장치가 필요하다. 즉, 두 물체가 연결되는 지점(●)에 특정한 신호 장치가 있어야 하는 것이다.

"중요한 건, 이 안에 어떤 장치를 하느냐야. 주사액의 높이를 밖으로 알려주는 역할을 하는 뭔가가 있어야 하는데…. 그러니까 이 벽면을 사이에 두고 서로 연결이 되는 뭔가가 있어야 한다는 거야."

"물체 A와 물체 B가 유리벽을 사이에 두고 서로 연결이 되어야 해. 신호를 주고받을 수 있어야 하지."

"자석을 이용하면 어떨까? 음, 그러니까 이 안에 자석을 넣어서 그 자석이 적당한 지점에 다다르면 신호를 보내는 거야. 자석으로 스위치를 켰다 껐다 할 수 있으니까."

"자석? 음, 그런데 자석이 아무리 작아도 무거워서 가라앉을 텐데?"

"…."

"아, 부력! 부력을 이용하는 거야. 자석에 풍선을 달거나 스티로폼 같이 가벼운 걸 매달면 뜨지 않을까?"

"그래, 그래! 자석만 물에 띄울 수 있다면 괜찮겠는데? 이 조절기 외벽에 다른 자석을 붙여놓아, 다른 극끼리 만났을 때 스위치를 켤 수 있도록 장치하면…."

이때 신호는 소리로 내보내는 게 좋겠다고 의견을 모았습니다. 불빛보다는 소리가 훨씬 잘 파악이 되니까요. 그리고 이왕이면 기계음보다도 멜로디로 하면 더 좋겠다고 생각했습니다.

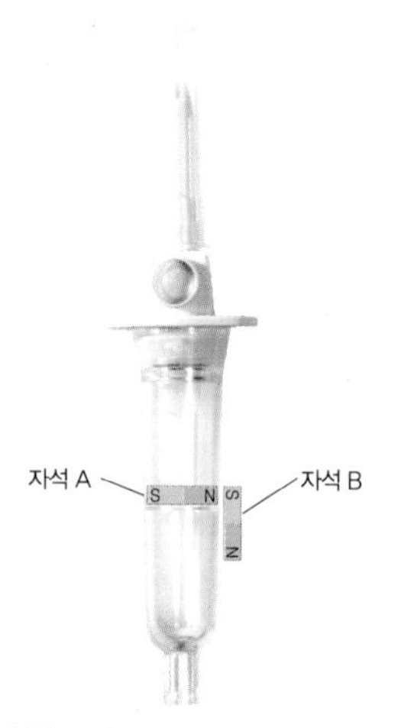

수액이 적절한 수면까지 도달했을 때 수액 조절기 안과 밖에 설치된 두 개의 자석이 만나는 지점에서 자석 A의 N극과 자석 B의 S극이 만나도록 하면 이때 자기력에 의하여 작동 스위치가 켜지고 수액의 교체 시기를 알리는 멜로디가 울리게 된다.

수액 자동 조절기의 장점

1. 링거 주사를 맞을 때 환자의 불안감을 덜어주고 위험을 방지할 수 있다.
2. 간호하는 사람에게 편리하며 시간을 절약할 수 있다.

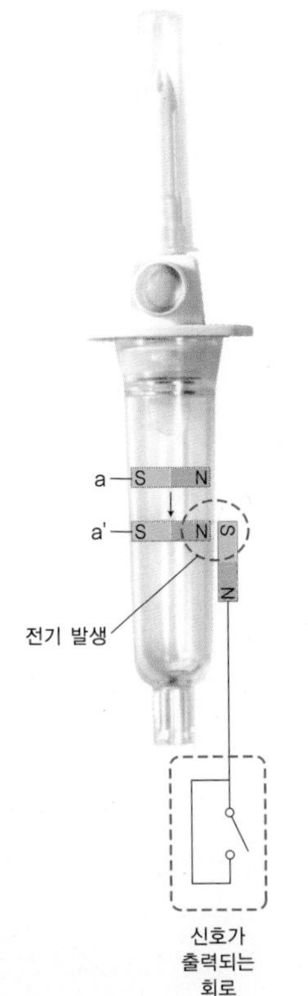

작동 원리

주사액을 넣는 수액 세트 속에 공기 주머니 자석이 있어 주사액이 차면 부력에 의해 자석을 뜨고 주사액이 적어지면 자석이 내려가게 된다. 수액 세트 밖에는 자석 스위치가 연결돼 있어 주사액이 완전히 떨어지기 전에(7~10분 전) 신호(멜로디)를 보낸다.

1. 주사액이 많이 있을 때
   자석이 공기 주머니에 의해 뜨게 되어 자석 스위치가 열림
   → 멜로디에 전원이 공급되지 않아 소리가 나지 않게 된다.
2. 주사액이 거의 다 떨어졌을 때
   자석이 내려와 밖에 장치된 자석 스위치가 닫힘
   → 멜로디 장치에 전원이 공급되어 멜로디가 울린다.

수액의 양이 줄어들면서 자석 A의 위치가 a에서 a'로 이동하면 자석 A의 N극이 수액 조절기 외벽에 부착된 자석 B의 S극과 접촉하여 전기를 발생시킨다. 이때 발생된 전기는 신호가 출력되는 회로의 스위치를 작동시켜 교체 시기를 알려주는 멜로디가 울리게 되는 것이다.

수액 자동 조절기를 위해 어떤 장치가 필요할까?

원리부터 찾아라

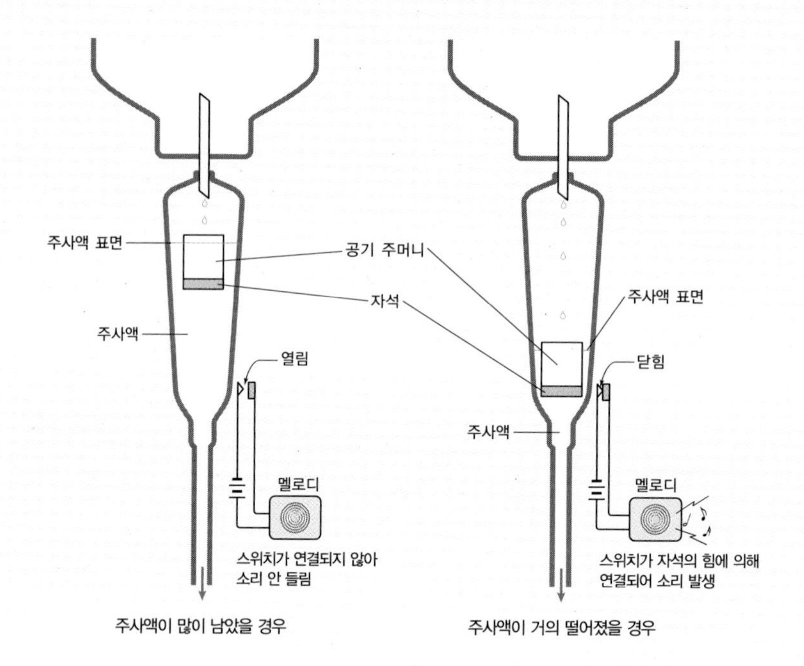

- 주사액이 다 떨어지기 7~10분 전에 멜로디가 울려 위험을 방지할 수 있으므로 안심하고 주사를 맞을 수 있다.
- 종전에는 염려가 되어 주사액을 좀 많이 남긴 채 주사 바늘을 미리 빼는 사례가 빈번했으나 그럴 필요가 없게 되어 시간적, 경제적으로 도움이 된다.
- 제작비가 저렴하고 건전지의 소모량이 아주 적어(AM 2개 3V로 500회 이상 사용 가능) 반복해서 사용할 수 있다.
- 누구나 쉽게 작동시킬 수 있다.

거대한 배를 바다에 띄우는 힘, 부력

물 속에 들어가면 우리 몸이 훨씬 가볍게 느껴집니다. 물 속에서는 무거운 물건을 쉽게 들어 올릴 수도 있습니다. 이는 바로 부력 때문입니다. 자, 여기서는 부력의 원리에 대해 알아봅시다.

■ 부력이란?

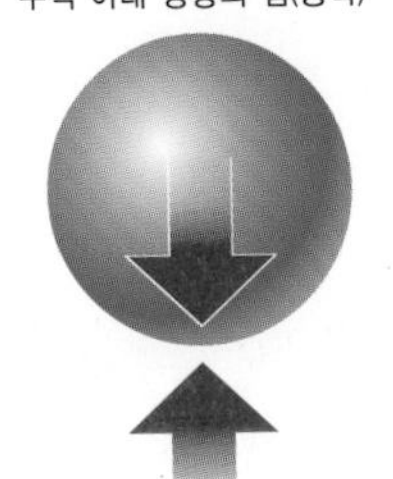

부력이란 쉽게 말해서 물에 잠겨 있거나 떠 있는 물체가 그 물에 의해 수직 위 방향으로 받는 힘을 말합니다. 부력의 크기는 물체가 물 속에 잠긴 부피에 해당하는 물의 무게와 같습니다.

옆의 그림은 부력과 중력을 비교하여 보여주고 있습니다. 중력이란 물체가 갖는 수직 아래로 향하는 힘이며 부력은 그와 반대로 액체가 작용하는 수직 위로 향하는 힘을 말합니다. BC 200년경 그리스의 과학자인 아르키메데스는 부력의 크기를 처음으로 계산해낸 사람이지요.

부력은 사실 물뿐 아니라 공기 중에서도 작용합니다. 그러나 공기 중에서 부력을 느끼지 못하는 까닭은 공기의 밀도가 물의 밀도보다 낮기 때문입니다.

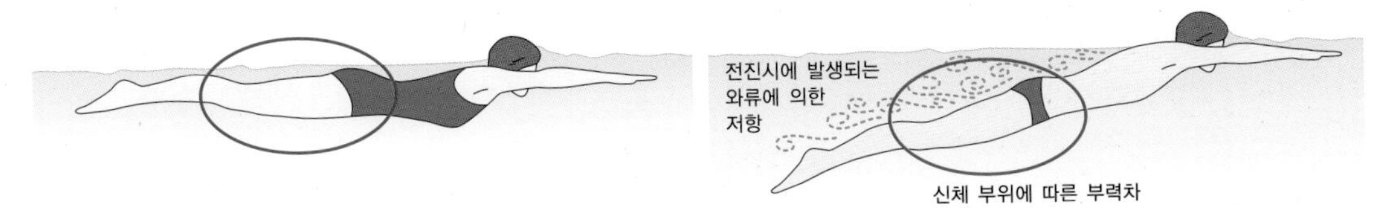

비중
비중이란 어떤 물체가 물에 대하여 상대적으로 갖는 밀도이다. 즉, 물의 비중을 1로 기준하여 잡는데, 사람의 비중은 0.96 정도로 물의 비중보다 낮기 때문에 물에 뜰 수 있는 것이다. 비중은 사람마다 다르고 근육보다 지방의 비중이 더 작으므로 근육질의 마른 사람보다는 지방이 많은 뚱뚱한 사람이 물에 뜨기 쉽다.

잠깐! **아르키메데스의 원리**

아르키메데스는 어느 날 왕으로부터 금으로 된 왕관에 은이 섞여 있는지 여부를 알아내라는 지시를 받았다. 여러 날을 골몰히 생각하던 그는 우연히 물을 가득 받아놓은 욕조에 들어갔을 때 넘치는 물을 보고 '부력의 원리'를 깨닫게 되었다. 그 순간 그는 벌떡 일어나 벌거벗은 채로 '유레카!'('발견했다'는 뜻)라고 소리쳤다.

그는 왕관과 같은 중량의 덩어리를 두 개 만들었는데, 그 중 하나는 금으로 만들고 나머지 하나는 은으로 만들었다. 그리고 큰 그릇에 물을 가득 채우고 그 속에 은 덩어리를 넣자 은 덩어리가 들어간 양만큼의 물이 넘쳐 흘렀다. 그는 은 덩어리를 꺼내고 줄어든 만큼의 물을 채운 다음 보충한 물의 양을 측정했다. 이번에는 물을 가득 채운 용기에 금 덩어리를 넣고 넘친 물의 양을 측정하였다. 금 덩어리는 같은 중량의 은 덩어리보다 용적이 적은 만큼 넘친 물의 양도 적다는 사실을 알았다. 이번에는 물을 가득 채운 용기에 문제의 왕관을 넣었더니, 같은 중량의 금 덩어리보다 많은 양의 물이 넘쳤다. 이로써 그는 문제의 왕관에 은이 섞여 있다는 사실을 발견해냈다.

결국 그는 '액체 중에 있는 물체는 그 물체가 밀어낸 액체의 무게만큼 부력을 받는다'는 부력의 원리를 발견하고 부력의 크기를 측정해낸 것이다.

■ 생활 속의 부력

물 속에서 큰 돌을 들어 올릴 때 육지에서는 도저히 들지 못할 큰 돌도 어렵지 않게 들 수 있습니다. 또 욕조에서 세숫대야를 욕조 바닥으로 가라 앉히려면 매우 큰 힘이 필요합니다. 이는 물 속에서 세숫대야를 수직 위로 들어 올리려는 부력이 작용하기 때문이지요.

배 커다란 배가 바다에 뜨는 이유도 바로 이 부력 덕분입니다. 쇳덩이를 물 위에 놓으면 곧 물 속으로 가라앉지요. 하지만, 쇳덩어리를 얇게 펴서 상자처럼 만들어 가운데 공간을 만들면 가라앉지 않고 물 위에 뜬답니다. 배도 얇게 편 쇳덩어리처럼 그 무게보다 부피를 최대한 크게 하여 부력을 충분히 받게 하면 물 위에 뜨는 것입니다.

이처럼 비중이 같은 물질이라도 부피가 달라지면 부력도 달라집니다. 이런 원리 때문에 작은 쇠구슬은 물에 가라앉지만 커다란 배는 물 위에 뜰 수 있는 것이지요.

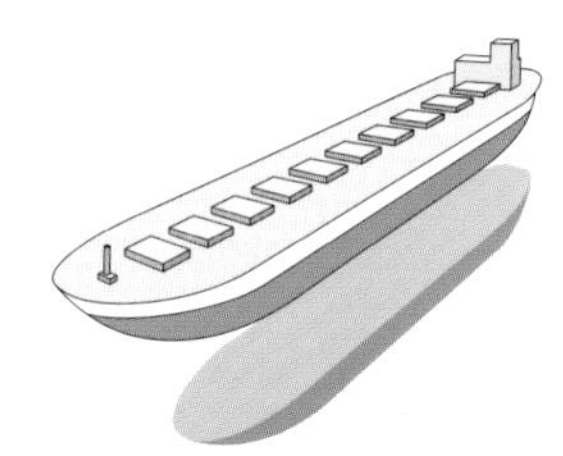

배가 뜨려면 배의 무게와 같은 무게의 물이 빠져나가야 한다.

공기 주머니 대신 스펀지로…

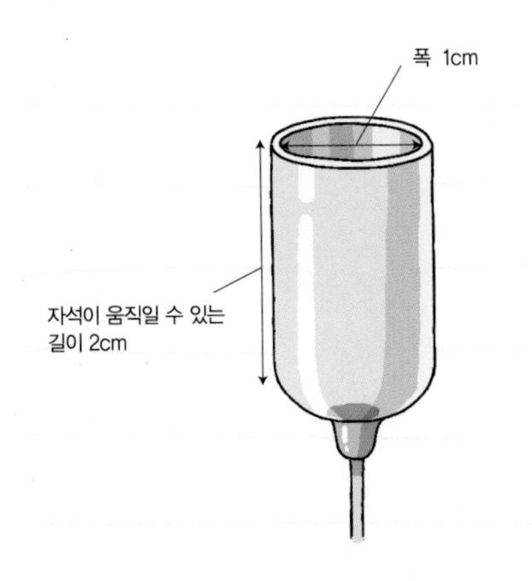

수액 조절기 중간 부분을 잘라 보았다. 그런데, 조절기의 가장 볼록한 부분의 지름은 겨우 1cm였다. 작아도 너무 작았다. 조절기 안에 담길 주사액에서 자력을 발휘하려면 자석의 크기가 어느 정도는 되어야 하는데, 이 안에 들어갈 수 있는 크기의 자석이 과연 그 역할을 해 줄 수 있을까 의심이 들었다.

게다가 공기 주머니를 어떤 재질로 만들 것인가도 고민이었다. 풍선으로 하면 안전에 문제가 있을 것이고, 플라스틱으로 하자니 단단하긴 하지만 자체 무게도 만만치 않을 것이다.

결국 공기 주머니 대신 스펀지를 생각해냈다. 스펀지 자체는 무게가 별로 나가지 않으니까 자석이 뜰 것 같았다. 스펀지를 작게 잘라 자석을 붙이고 조절기 안에 물을 채운 다음 띄워보았다. 몇 차례 시행착오 끝에 마침내 물 속에 띄우는 데 성공하였다.

아이디어의 단점을 깨닫다

자석을 띄우는 데 성공했지만, 이제 시작에 불과하다. 자석의 힘을 이용해 스위치를 작동시킬 전자 회로를 만들어야 하는 것이다. 기본적인 원리는 알고 있지만, 어떻게 해야 할지 막막한 우리는 담임 선생님께 여쭙기로 하였다.

성찬이와 내가 처음 생각한 방법은 자석의 당기는 힘을 이용하여 스위치를 켰을 때 멜로디가 나오는 것이었다. 방과 후 우리는 지난번에 둘이서 머리를 맞대고 작성한 발명 보고서를 들고 선생님을 찾아갔다.

선생님은 기특한 생각이라며 머리를 쓰다듬어주셨다. 선생님은 특히 발명 동기가 어머니의 안전을 지키기 위해서라는 사실을 많이 칭찬해주셨다. 보고서를 찬찬히 들여다보시던 선생님은 잠시 후 멜로디를 작동시키는 원리 중 자석을 이용하는 방법은 오작동의 확률이 높다고 지적하셨다.

선생님이 제안하신 방법은 센서를 이용하여 자석을 감지하는 것이었다. 센서를 이용하면

오작동의 확률이 훨씬 줄어든다는 것이다. 선생님은 '홀 센서'라는 것이 있으니 그것에 대해 공부해보라고 하셨다. 더불어 '홀 효과'에 대해서도 이야기하셨다.

선생님의 말씀에 고개를 끄덕이긴 했지만, 사실 나와 성찬이는 '센서'라는 것이 낯설 뿐이다. 텔레비전 광고 등에서 많이 들어본 적이 있어 친숙하기는 하지만, 솔직히 센서가 어떻게 작동되는지, 센서의 종류에는 무엇이 있는지 등등에 대해 잘 모른다. 센서에 대해 잘 모르다 보니 그것을 이용할 생각도 못한 것이다.

사소한 발명품을 만들더라도 다양한 상식과 원리를 꿰뚫고 있으면 훨씬 간단하고 편리하게 만들 수 있다는 것을 깨달은 날이다. 나와 성찬이는 각자 '센서'에 대해 공부해보자고 약속하였다.

참, 선생님과 이야기 도중 떠오른 문제가 또 있다. 멜로디가 울리는 방식인데, 우리는 주사액이 거의 소모되었을 때 멜로디가 울리는 것을 생각했었다. 하지만 선생님께서는 그럴 경우, 수액이 얼마나 떨어졌는지 모를 수 있고, 거의 소모되었을 때만 알 수 있기 때문에 미리 준비를 못할 수도 있다고 말씀하셨다.

아이디어 보완

1. 멜로디 생성 원리

자석의 당기는 힘 → 센서로 자석 감지

2. 멜로디 울리는 방식

거의 다 떨어졌을 때 울림 → 처음엔 작게, 점점 크게

그래서 우리가 함께 생각한 방법은 멜로디가 처음에는 작게 울리다가 점점 크게 울리는 방식이다. 이렇게 하면 수액이 얼마나 소모되고 있는지 미리 알게 되어 마음의 준비를 할 수 있다.

홀 효과를 이용한 자기장 감지기 홀 센서

홀 센서란 '홀 효과'라는 과학적인 현상을 이용하여 저항을 바꾸어주는 센서랍니다. 홀 센서는 자석이 가까이 있을 때 자기장을 감지하여 저항을 변화시킵니다. 쉽게 말하면, 자기장의 세기에 비례하여 전압을 발생시키는 센서라고 할 수 있지요. 자, 지금부터는 홀 효과에 대해 알아봅시다.

■ 홀 효과란?

홀 효과(Hall Effect)는 1897년에 미국의 물리학자 에드윈 홀(Edwin H. Hall)이 발견한 것으로 전도체를 자기장 속에 놓고 전도체에 자기장의 방향에 직각인 방향으로 전류를 흘리면 전류와 자기장의 방향에 각각 수직으로 전기장이 나타나는 현상을 말합니다.

자기장 내에서 전하를 띤 입자(예 : 전자)가 움직이면 '로렌츠의 법칙을 따르는 힘(Lorentz Force)'이 전하에 작용하여 전하가 이동하는 방향에 수직으로 힘을 받게 됩니다. 이 원리에 의하여 전류가 흐르는 도체에 자기장이 가해지면 도체 내부를 흐르는 전하가 진행 방향에 수직으로 힘을 받아 도체의 한쪽으로 치우쳐 흐르게 되지요. 이렇게 전하가 한쪽으로 치우치면 전하가 몰려 있는 곳과 그렇지 않은 곳 사이에 전위 차이가 생기게 되는데, 바로 이러한 현상을 홀 효과라고 하는 것입니다.

로렌츠의 힘
자기장 속을 운동하는 전하 입자에 작용하는 힘으로, 움직이는 방향과 자기장의 방향에 모두 수직인 방향으로 힘을 받는 것을 말한다.

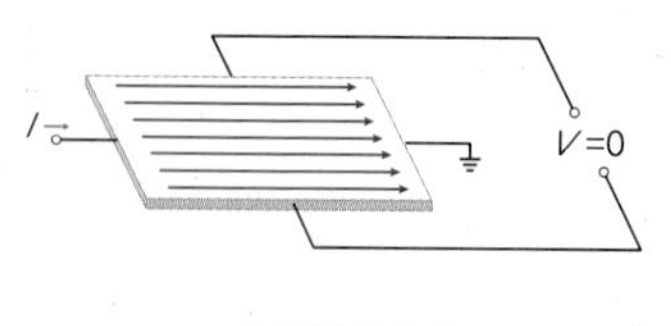

자기장이 없을 때

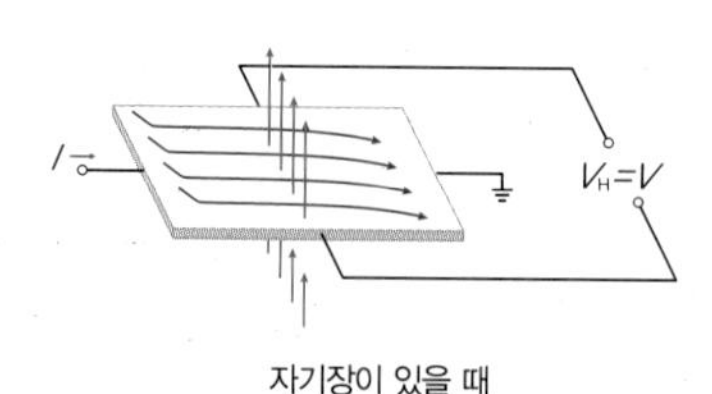

자기장이 있을 때

■ 홀 센서란?

홀 센서의 원리는 자기장의 세기에 비례해서 전압이 발생한다는 사실에 있습니다. 즉, 홀 효과를 통해 생겨난 전기장은 전압을 발생시키는데 이 전압을 '홀 전압'이라고 부르며 이때 발생한 전류에 대한 전압의 비율을 '홀 저항'이라고 합니다. 결국 홀 센서란 홀 전압으로 비롯된 자기장을 감지하는 '자기장 감지기'라고 할 수 있습니다. 이때 센서의 방향으로 자기장의 방향을 알아내고 홀 전압의 크기로 자기장의 크기를 알 수 있습니다.

잠깐! 전기 회로의 전류와 전압

전기 회로의 전류 전류는 전하의 흐름이다. 전류는 (+)극에서 (−)극으로 흐르지만 회로에서 전자는 (−)극에서 (+)극으로 이동한다. 이는 전자가 발견되기 전에 과학자들이 전류의 흐름을 (+)극에서 (−)극으로 보았기 때문이다.

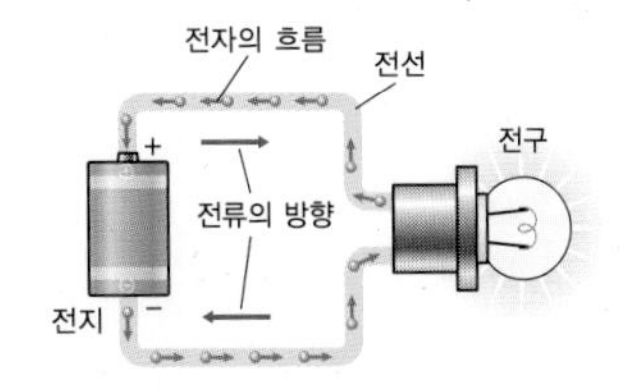

전기 회로의 전압 전지의 두 극 사이의 전기적 위치 에너지의 차, 또는 전기장 내에서 두 점 사이의 전위 차를 전압이라고 한다. 또한 전류를 연속적으로 만들어주는 힘을 기전력이라 하는데, 기전력은 발전기나 전지 등이 가지고 있다. 어떤 기준점에 대한 특정 위치의 전압을 전위라 하고 특정한 두 점의 전위의 상대적인 차이를 전위차라 한다.

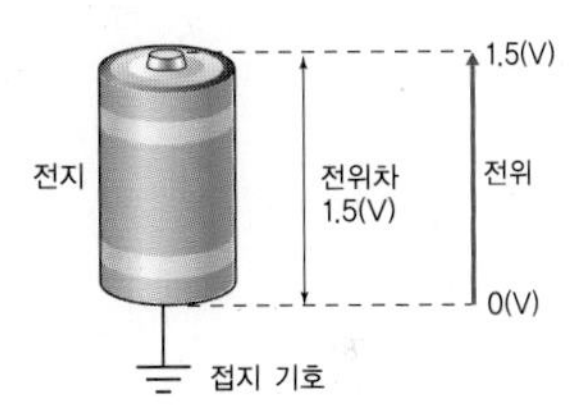

선생님의 도움으로 홀 센서 부착!

오늘, 선생님이 방과 후에 남으라고 하셨다. 무슨 일일까?

성찬이와 나는 우리의 발명품에 대한 이야기를 나누고 있었다.

처음 아이디어를 생각했을 때에는 이렇게 복잡할 줄 몰랐다. 우리 주변에 멜로디로 신호를 보내는 장치들이 워낙 많으니까 그저 그 중 하나를 이용하면 될 거라고만 생각한 것이다. 그런데 처음 생각이 얼마나 막연한 것인지, 한 단계 한 단계 지나면서 느끼고 있다.

얼마 후 교실로 들어오신 선생님 손에는 뭔가가 들려 있었다. 어느새 선생님께서는 링거 조절기에 홀 센서를 달아놓으신 것이다.

선생님께서도 이 홀 센서를 부착할 방법을 찾느라 며칠을 고생했다고 고백하셨다. 홀 센서를 조절기 외벽에 붙이는 것도 '그냥 붙인다'고만 생각했던 우리는 선생님의 이야기를 들으며 다시 한 번 우리의 무지함을 깨달았다.

선생님의 설명에 의하면, 홀 센서를 조절기 표면에 부착하면 외부에서 충격이 가해졌을 때 센서가 떨어져나갈 수도 있다고 한다. 이런 문제를 해결하기 위해, 부피가 커지는 대신 외부의 충격에도 끄떡없으며 원하는 위치에 마음대로 붙일 수 있는 장치를 활용했다고 하셨다.

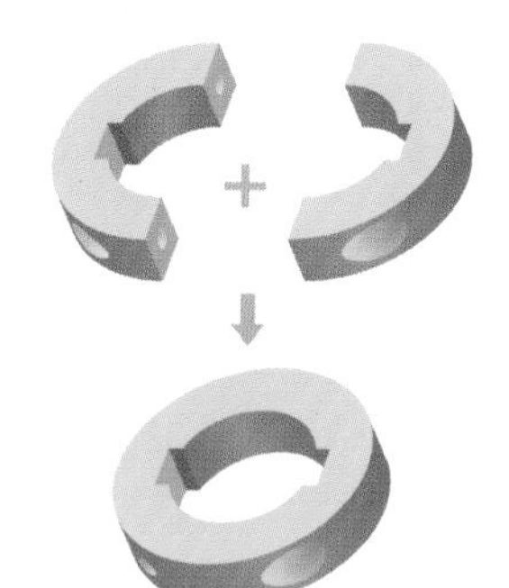

알루미늄 재질로 두 개의 틀을 만들어 하나로 합체하였다.

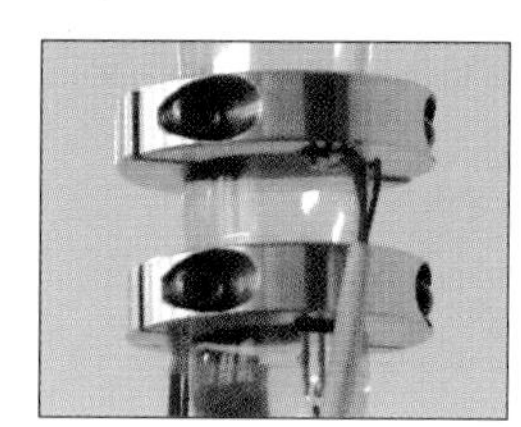

이 장치 안쪽에 홀 센서가 부착되어 있어 자석이 근접하면 신호를 내보내도록 되어 있다.

신호 검출 회로 만들기

홀 센서가 감지한 자기장을 이용하여 불빛이나 멜로디를 구현할 수 있는 신호 발생 장치를 만들어야 한다. 그런데 보통 홀 센서에서 자기장을 감지할 때 나오는 신호가 불규칙하다고 한다. 이런 문제를 해결하기 위해 '래치'라는 소자를 이용하여 신호를 일정하게 만들어야 한다고 했다.

또 다른 문제로, 여러 개의 센서에서 나오는 신호를 구분해야 하는데, 이 문제는 'or 논리 소자'라는 것을 이용하여 해결한다. 사실 래치나, or 논리 소자는 초등학생인 우리에게 너무 어려운 이론이다. 그래서 이런 부분은 선생님께서 대부분 맡아 해결해주셨다. 대신 기본적인 이론 공부 시간을 따로 마련하기로 하였다.

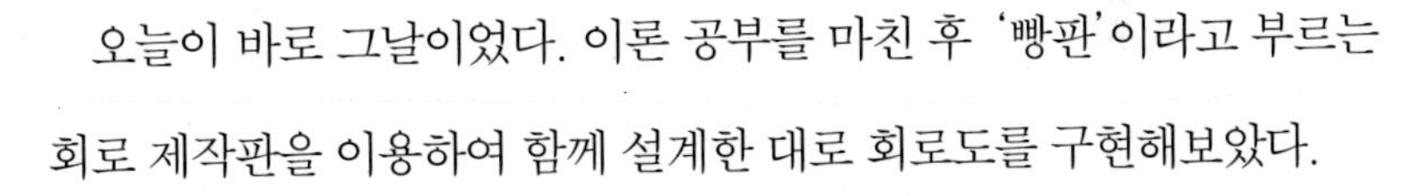

오늘이 바로 그날이었다. 이론 공부를 마친 후 '빵판'이라고 부르는 회로 제작판을 이용하여 함께 설계한 대로 회로도를 구현해보았다.

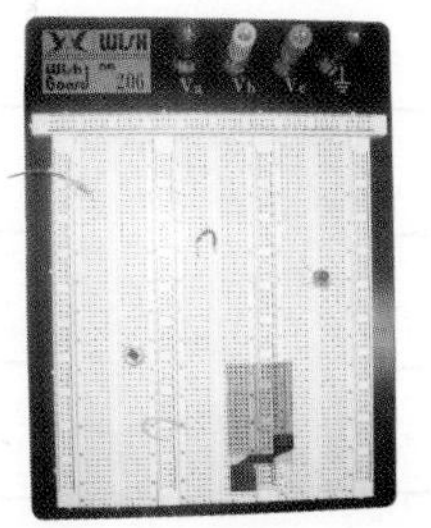

일명 '빵판'이라고 불리는 회로 제작판. 이곳에 설계한 대로 회로도를 구현해야 한다.

회로 설계도를 보는 순간, 과연 우리가 실제로 신호 검출 회로를 만들 수 있을까 하는 의심이 들었다. 보기만 해도 머릿속이 빙빙 돌 것만 같은 회로도. 나와 성찬이는 정말 하루 종일 회로도와 지루한 씨름을 벌였다.

너무 힘이 들어서 울고 싶었다. 그래도 빵판에서 연습할 때는 그나마 나왔다. 실제 회로도대로 제작할 때는 회로판을 뒤집어서 납땜해야 하기 때문에 더욱 더 정신이 없었다. 도대체 몇 번을 다시 했는지 모른다.

그래도 빵판으로 연습해본 게 효과가 있었다. 마침내 성찬이와 내 앞에 완성된 신호 검출 회로가 놓여졌다. 믿어지지 않았다. 정말, 우리가 이것을 만들었단 말인가!

잠깐! 신호 검출 회로에 필요한 것들

래치 한 번 신호가 들어오면 그것을 계속 유지하는 성질을 가지고 있어 불규칙한 신호가 들어오면 처음 신호가 들어왔을 때를 기준으로 일정한 신호를 만들어주는 소자이다.

555 타이머 저항과 커패시터(축전지, 콘덴서)를 연결하면 전기가 충전되고 방전되기를 반복하여 깜박이는 효과를 만들 수 있는데 555 타이머는 이러한 것을 도와주는 소자이다.

논리 회로 논리 소자를 연결하여 수치를 나타내는 신호의 처리를 실행하는 회로로서 전자 계산기와 연산 장치 등에 사용된다. 가장 기본적인 논리 소자는 논리곱(and), 논리합(or), 부정(not)의 세 가지 소자이다. 이 논리 소자를 어떻게 연결하고 어느 단자로부터 어떤 신호를 넣는가에 따라 신호의 처리가 달라지는 것이다.

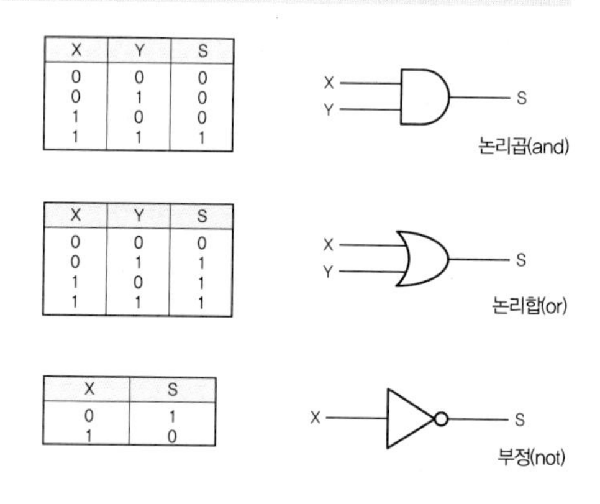

X	Y	S
0	0	0
0	1	0
1	0	0
1	1	1

X	Y	S
0	0	0
0	1	1
1	0	1
1	1	1

X	S
0	1
1	0

논리곱, 논리합, 부정의 회로도 및 신호 처리표

스피커 작동 원리는 바로 '자석'

흔히 스피커를 통해 소리를 듣는다고 생각하기 쉽습니다. 하지만, 실제로 우리 귀에 들리는 것은 소리 자체가 아닙니다. 스피커가 일으키는 공기의 압력 변화를 귀에서 감지하여 소리로 변환시키는 것입니다.

잠깐!

스피커와 마이크

마이크의 구조는 스피커와 동일하다. 다만, 그 원리가 스피커와 정반대일 뿐이다. 스피커의 동작 원리가 플레밍의 왼손 법칙인 데 반하여 마이크의 동작 원리는 플레밍의 오른손 법칙에 해당한다. 다만, 진동판의 크기가 다를 뿐인데, 스피커가 큰 음향과 저주파까지 표현하기 위해 큰 진동판을 필요로 한다면 마이크의 진동판은 미세한 진동을 감지하기 위해 작고 섬세하다는 차이가 있다.

■ **스피커의 동작 원리**

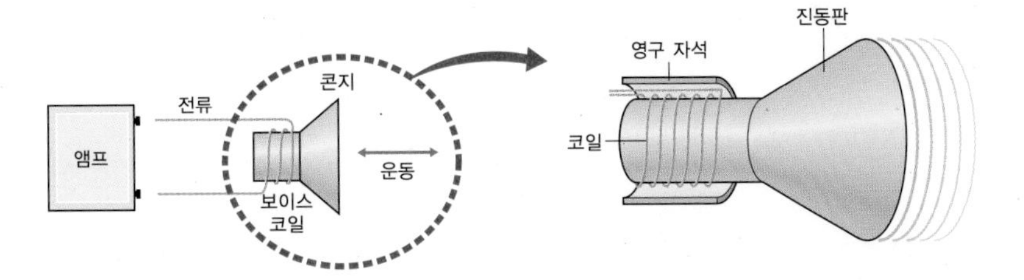

자석과 코일을 겹쳐 놓은 다음 코일에 목소리의 전기 신호를 보내면 코일이 전자석이 되어 자석과 같은 힘이 작용하게 됩니다. 이때 목소리의 전기 신호 부호가 주기적으로 변하면 코일에는 자석에 의한 인력(당기는 힘)과 척력(밀어내는 힘)이 반복적으로 작용하게 되지요. 그 순간 코일이 진동을 하게 되는데 이 진동으로 인하여 공기의 진동, 즉 음파가 생기는 것입니다.

앰프로부터 전류가 오면 스피커의 콘지는 앞뒤로 운동을 하게 되어 공기의 밀도가 변하고 이것을 귀에서 감지하여 소리로 듣게 되는 것이지요. 따라서 스피커는 전기 에너지를 소리 에너지로 바꿔주는 도구입니다. 반대로 소리 에너지를 전기 에너지로 바꿔주는 도구로는 마이크가 있지요.

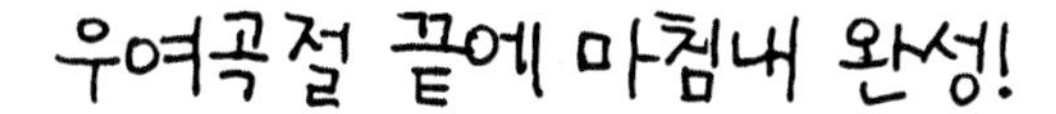

마지막 과정으로 표시 장치를 만들었다. 불빛 신호를 낼 수 있는 LED 4개를 배열하여 신호를 잘 인지할 수 있도록 하고 스피커도 부착하였다. 그리고 지금까지 해왔던 회로, 센서, 홀더, 자석 등을 모두 조립하여 완성품을 만들었다. 우리가 지금까지 불렀던 '조절기'의 정식 이름은 '완충조'라는 것을 알았다.

이제 조립한 완성품을 테스트해 볼 시간. 완충조의 물방울이 떨어지는 곳에 자석을 넣고 물 높이를 바꾸어보았다. 자석이 물 높이에 따라 올라가고 내려간다는 것을 확인했고, 자석이 가까워지면 센서에서 신호가 나오는 것을 확인했다.

그런데, 마지막 순간에 눈앞이 아찔해졌다. 경고등과 경고음이 작동하지 않는 것이었다. 도대체 뭐가 문제일까. 지난주에 제작했던 회로에서 문제가 발생한 것 같았다. 처음부터 하나하나 검사해나가면서 잘못된 부분을 찾는 수밖에….

결국 or 소자의 전원 연결이 잘못돼 있는 것을 발견했다. 그나마 다행이었다. 별로 복잡하지 않은 곳에서 난 오류니 말이다. 회로를 다시 수정하고 실험을 하였더니, 과연 경고등과 경고음이 제대로 작동했다. 마지막 순간까지 긴장해야 한다는 사실을 다시 한 번 깨닫게 되었다.

평소 몸이 약하신 어머니를 잘 돌보아드리는 착한 영탁이가 개발한 발명품은 다름 아닌 '자동 수액 조절기'였습니다.

어머니가 병원에 입원하실 때마다 링거 주사액의 남은 양을 일일이 확인해야 하는 번거로움과 때로는 주사액이 다 떨어진 후에야 링거 주사를 빼게 되는 위험을 지켜본 영탁이가 어머니의 안전을 위하여 만든 '착한 발명품'입니다.

선생님과 주변 어른들의 적극적인 도움으로 탄생한 '자동 수액 조절기'. 크기도 작고 비교적 간단해 보이는 이 발명품 안에는 참 많은 과학 원리가 담겨 있답니다.

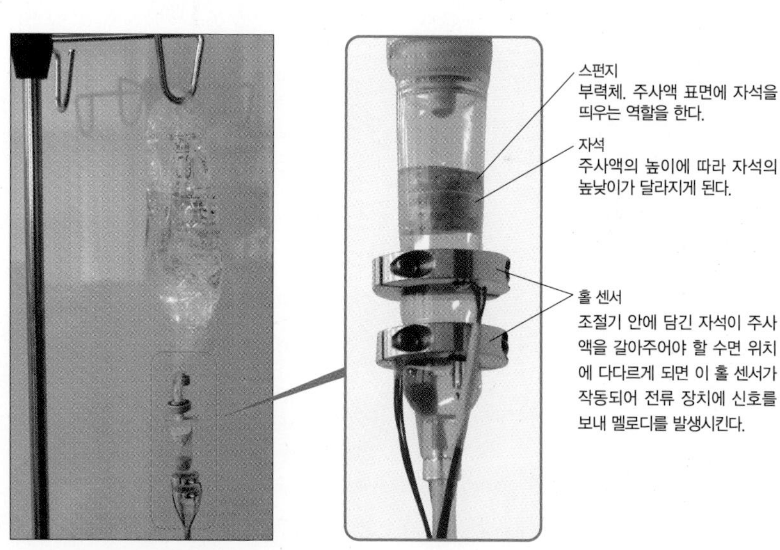

주사액에 장착한 모습

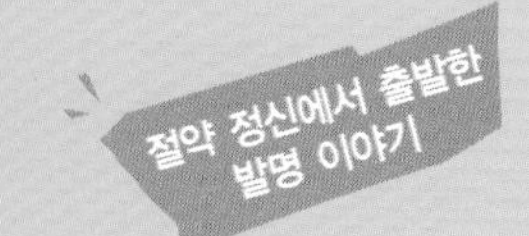

'실수'에서 탄생한 콘프레이크

콘프레이크는 바쁜 아침에 식사 대용으로 많은 사람들이 즐겨 먹는 제품이다. 이 콘프레이크는 미국에 있는 한 요양원의 주방 담당자의 실수에 의해 탄생되었다. 윌 켈로그라는 그 주방 담당자는 어느 날 음식을 만들기 위해 밀가루 반죽을 프라이팬 위에 올려놓고 있었는데 마침 그의 형이 이야기를 걸어왔다. 윌 켈로그가 형과 이야기를 나누는 사이에 그만 프라이팬 위에 올려 놓았던 밀가루 반죽이 굳어버렸다.

혹시나 하는 마음에 굳은 반죽을 롤러에 넣어보았지만 모두 부서지고 말았다. 부서진 밀가루 조각을 두고 고심하던 윌 켈로그는 그 조각들을 뜨거운 기름에 넣어보았다. 그러자 반죽 조각들은 연한 갈색을 띠며 기름 위에 떠올랐다. 튀겨진 반죽 조각을 건져 먹으니 고소한 맛이 일품이었다. 이렇게 탄생한 것이 바로 '켈로그 콘프레이크'였다.

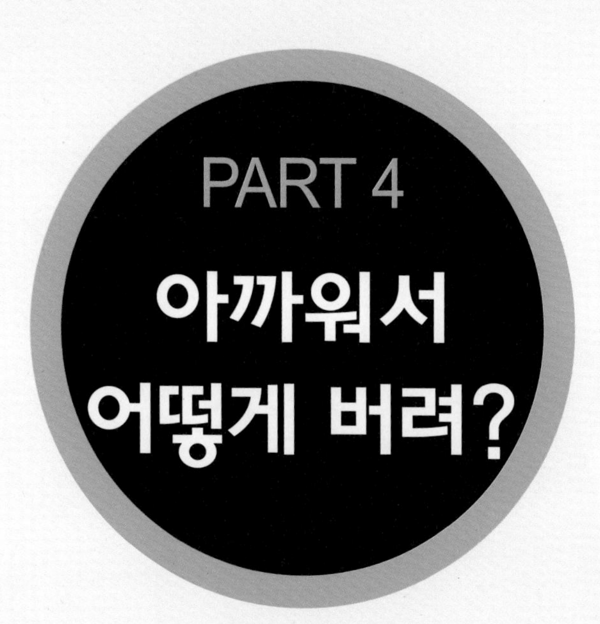

PART 4
아까워서 어떻게 버려?

저수조 정화 및 저수 시스템

원심력을 이용한 편리한 정화와 절약

획기적 아이디어로 저수조 정화는 물론
물 절약까지, 일석이조!

사람은 몸 속의 물을 1~2퍼센트 정도 잃으면 심한 갈증을 느끼고 5퍼센트 정도 잃으면 절반의 혼수 상태에 빠지며 12퍼센트를 잃으면 생명을 잃는답니다.

이쯤 되니, 우리가 마시는 물이 얼마나 소중한지 아무리 강조해도 지나치지 않을 것입니다. 그렇다면 우리가 일상적으로 마시는 물은 과연 얼마나 안전할까요? 무엇보다도 수돗물을 저장해두는 저수조는 어떨까요?

범철이는 어느 날 우연히 저수조 안을 들여다보았다가 저수조 내벽에 붙어 있는 온갖 찌꺼기들을 보고는 그만 아찔해졌다고 합니다.

그래서 범철이가 발명하게 된 것이 바로 '저수조 정화 및 저수 시스템'이랍니다. 자, 지금부터 간단한 장치 하나로 획기적인 저수조 정화 및 저수 시스템을 개발해낸 범철이의 발명 이야기를 들어봅시다.

정말 시끄러워 못 살겠네

"에잇! 정말 시끄러워 못 견디겠네."

욕실에서 세수를 하려던 범철이는 물을 틀자마자 들려오는 기분 나쁜 소리에 신경이 곤두섰습니다. 하루이틀 일도 아니건만, 마침 시험 기간이라 예민해진 탓일까요. 아침부터 기분을 망친 범철이는 투덜대며 욕실문을 쾅 닫고 나왔습니다.

"늘 그래온 걸 갖고 오늘따라 유독 왜 신경질이냐?"

주방에서 아침상을 차리시던 어머니가 한소리 하셨습니다.

"아니, 정말 저건 왜 저런대요? 수도만 틀었다 하면 이상한 쇳소리를 내잖아요."

"어제 오늘 일이냐, 어디. 소리 좀 나는 것만 빼면 불편한 것도 없는데 뭘 그래."

출근 준비를 서두르시던 아버지까지 거드셨어요. 아버지 말씀처럼 범철이네 집 욕실에서 수도꼭지를 틀면 어김없이 들리는 이 소리는 이사 오던 날부터 시작되었답니다.

사실 고등학교 3학년이 되기 전까지는 크게 신경쓰지 않았던 범철이였습니다. 하지만 수험생이 되고 난 뒤로는 그 소리가 부쩍 싫어지고 신경이 쓰이니, 아마도 수험생 스트레스 중의 하나인가 봅니다.

"아무튼 내가 이번 시험만 끝내놓고 나면 저 녀석을 가만두지 않을 거예요. 두고 보세요."

잔뜩 얼굴을 찌푸리며 강조하는 범철이를 바라보시는 아버지의 표정은 시큰둥하셨어요. 지난번 저수조 청소하던 업체에서 나온 사람에게 이야기했을 때에도 뾰족한 방법이 없다는 답변만 돌아왔기 때문이었지요.

범철이의 집에서 나는 이 소리의 정체는 바로 저수조에서 물이 빠져나가는 동시에 보충되는 물 소리랍니다. 그러니 저수조를 사용하지 않는다면 모를까, 이렇다 할 해결책이 없는 셈이었지요.

"그럼 어디 우리 아들 솜씨 한번 믿어볼까?"

고등학교에 올라가면서 크고 작은 발명품을 만들고 또 학교나 외부기관에서 상도 받았던 범철이를 떠올리며 어머니가 응원을 보내셨습니다. 어머니의 말씀에 아버지도 "시험 끝나고 아버지와 함께 방법을 찾아보자"고 하셨지요.

아침의 작은 소동으로 평소보다 늦게 집을 나선 범철이는 학교로 바쁜 발걸음을 옮겼습니다.

적을 알고 나를 알면…

며칠 후 드디어 시험이 끝났습니다. 범철이는 토요일 학교 수업을 마치고 돌아오자마자 인터넷을 연결하였습니다. 범철이의 책상 위에는 지난 주 도서관에서 대여해 온 저수조 관련 참고 서적들도 쌓여 있었지요.

"저수조 구조부터 알아야 해답을 찾지. 물이 방출될 때마다 채워지는 구조, 바로 그게 문제인 것 같거든?"

저수조의 원리 및 구조

- 저수조는 항상 물이 채워져 있어야 하기 때문에 저수조로 공급되는 수도 밸브는 언제나 열려 있다.
- 볼탑(balltop)이라는 기구를 사용해서 일정 수위에 도달하면 자동적으로 물의 공급이 막힌다.
- 저수조의 물이 넘치는 경우를 대비해서 넘치는 물을 다시 내려보내는 장치(오버 플로어)도 있다.
- 수위가 내려가면 또 물이 공급된다.

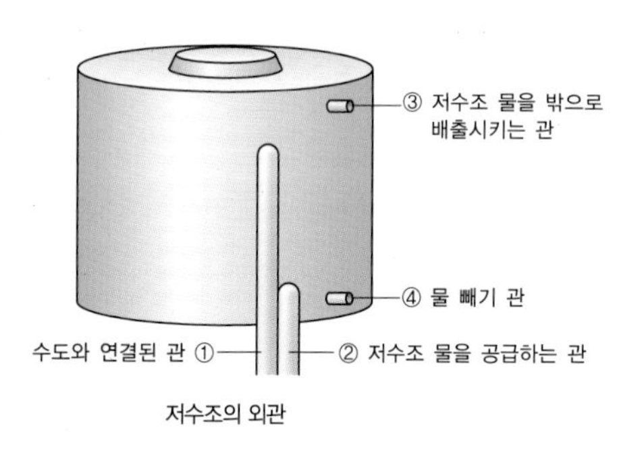

저수조의 외관

① 수도가 직접 연결되어 저수조에 물이 채워지는 배관(볼탑에 의하여 자동으로 개폐됨)
② 저수조에 있는 물을 각 세대로 공급해주는 수도관
③ 저수조 내부에 있는 물이 가득 찼을 때 밖으로 배출시키는 배관(오버 플로어관), 볼탑의 고장으로 물이 넘치는 것에 대비해 설치한 비상용 배관
④ 바닥 배수관(드레인 배수관)으로 청소 등을 위하여 저수조의 물을 모두 빼야 하는 경우에 사용하는 물 빼기 관

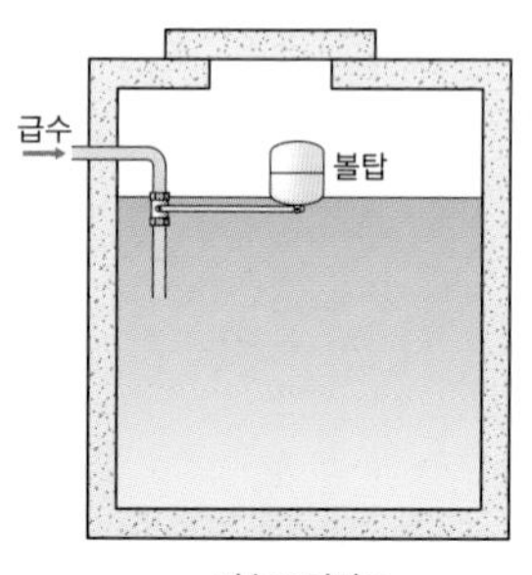

저수조 단면도

①번 관으로부터 물이 채워지는데 이 물이 한정 없이 계속 받아지면 안 되기 때문에 자동으로 잠가주는 밸브가 있다. 이 밸브가 바로 '볼탑' 인데 이 볼탑은 부력에 의하여 작동하고 공 모양이 올라가면서 배관을 막는다.

백문이 불여 일견

저수조 장치에 대한 기본적인 공부를 마친 범철이는 이제 본격적인 아이디어 개발 작업에 착수했습니다. 범철이가 판단하기에 욕실에서 수도꼭지를 열었을 때 소리가 나는 것은 물이 너무 자주 채워지기 때문인 것 같았습니다.

"저수조에 물이 채워지는 횟수를 줄이는 거야. 음~, 볼탑이라는 공처럼 생긴 것이 물 높이에 따라 밸브를 자동으로 조절한다고 했지? 그럼, 볼탑이 연결된 관을 길게 만들면 어떨까?"

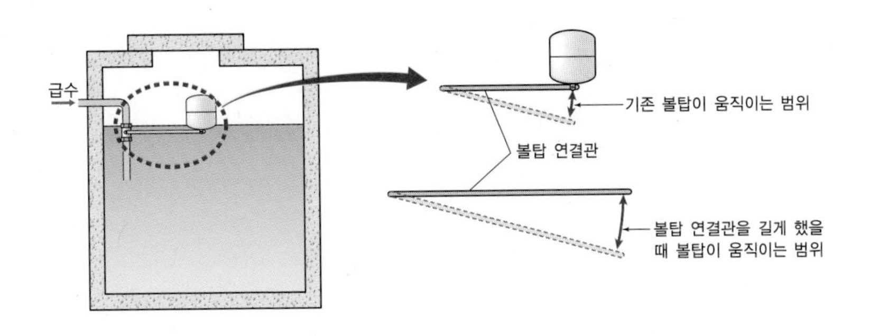

범철이가 생각해낸 방법은 볼탑이 움직이는 범위를 늘려 배수관으로 빠져나간 만큼의 물이 채워지는 시간 간격을 늘려주자는 것이었습니다. 예를 들어 10분에 한 번 채워지던 물이 50분에 한 번 채워진다면 소리가 발생하는 횟수도 줄어들 것이라는 계산이었던 것입니다.

"아니야, 아니야. 이렇게 되면 저수조 가로 폭이 지금보다 훨씬 커져야 하잖아. 음, 그래도 해결책은 결국 배수를 조절하는 밸브에 있어.

저수조의 물이 어느 정도 비워졌을 때 비로소 밸브가 작동하도록 하면 될 거야."

다시 새로운 방법을 생각해보기로 하고 자료를 뒤적이는데, 문득 범철이 머릿속에 떠오르는 문장이 있었습니다.

'백문이 불여 일견. 이럴 게 아니라 저수조 안을 직접 들여다보는 게 어떨까?'

헉! 문제는 소리가 아니었어

범철이는 당장 팔을 걷어붙이고 나섰습니다. 6개월 전, 저수조를 청소했다는 사실을 알고 있던 범철이는 큰 걱정 없이 저수조 뚜껑을 들고 그 안을 들여다보았습니다.

아니, 그런데 이게 웬일입니까. 저수조 안은 범철이가 상상한 것 이상으로 지저분했습니다. 저수조 내벽으로 이끼를 비롯해 이름모를 것들이 잔뜩 묻어 있고 바닥 여기저기에는 모래며 흙 등이 제 세상을 만난 듯 널브러져 있는 게 아니겠습니까.

"헉! 소리가 문제가 아니었구만. 이거 정화 저수조 맞아?"

분명 저수조에는 정화 시설이 있어 공급받은 수돗물을 자체적으로 정화한다고 알고

있었는데, 이게 과연 정화된 물인가 싶었습니다. 이제 범철이가 싸워야 할 대상은 이상한 쇳소리에서 깨끗하지 못한 물까지 더해졌습니다.

저수조를 보고 온 범철이의 머릿속에는 이미 소리에 대한 스트레스는 저만큼 물러가 있었습니다. 대신 그 자리에 물의 정화 시스템에 대한 고민이 자리를 잡았습니다.

"좋아, 그렇다면 한 번에 두 가지 문제를 다 해결하는 수밖에 없지. 물의 정화력도 강화시키고 소리도 잡는 방법을 찾아보는 거야."

스스로 다짐하긴 했지만 어디서부터 어떻게 해야 할지 전혀 감이 잡히지 않았습니다. 그날 저녁, 범철이는 퇴근하신 아버지에게 오늘 있었던 일에 대하여 이야기했습니다.

"으흠, 정화 시스템이라고? 사실 지금 쓰고 있는 저수조는 딱히 정화 시스템이 있다기보다 찌꺼기나 이물질이 자연적으로 침강하는 방법을 이용하기 때문에 위생상 그다지 좋지는 못하지."

"깨끗한 물을 걸러내는 필터를 장착하면 어떨까요? 우리가 쓰는 정수기처럼요."

"그러자면 비용이 상당히 들걸. 그보다는 화학적 재료로 물을 정화시키는 방법을 찾아보는 건 어떨까?"

"음, 그러면 물을 정화시킬 수는 있겠지만, 사실 저는 이번 기회에 소리까지 잡고 싶거든요."

"소리와 위생, 두 마리 토끼를 잡겠다는 말씀?"

"네, 그렇지요. 저수조의 구조 자체를 바꾸어야 위생이든 소리든 근본적으로 해결되지 않을까요?"

그래, 해답은 구심력과 원심력!

일주일이 넘도록 뾰족한 해결책을 찾지 못하여 초조해하는 범철이를 지켜보던 아버지가 친구분이 운영하는 양식장에 바람을 쐬러 가자고 제안하셨습니다. 한 시간 여를 달려 목적지에 도착하였습니다. 아버지 친구분은 작업복 차림으로 달려나와 반기셨습니다.

"어이, 어서 오게나. 그러나 저러나 진즉 연락을 좀 주지 그랬나."

"아니, 왜, 바쁜가?"

"가는 날이 장날이라고, 오늘이 하필이면 양식장 저수조 청소하는 날일세."

옆에서 두 분의 대화를 듣던 범철이의 귀가 번쩍 뜨인 건 바로 그때였어요.

'저수조 청소라고?'

그런 범철이의 마음을 알아차리셨는지, 아버지가 친구분께 저수조 청소하는 모습을 볼 수 있겠느냐고 부탁을 하셨습니다. 친구분은 흔쾌히 허락하셨고요.

양식장 저수조는 20톤 용량으로 그 규모가 굉장했습니다. 두 분을 따라 저수조 안으로 들어가자마자 범철이는 환호성을 질렀습니다.

"우왓! 아버지! 바로 저거예요, 저거!"

"왜, 왜 무슨 일인데?"

"저거요, 저거! 가만히 보세요. 가운데

저수조 청소법

1. 호스로 강하게 물줄기를 쏘아주면 물이 저수조 내벽을 강하게 훑으면서 벽에 붙은 찌꺼기를 제거한다.
2. 원심력에 의해 내벽이 깨끗해지고 이때 벽에서 떨어져나간 찌꺼기들은 구심력에 의해 가운데로 모인다.

로 부유물들이 모여들고 있잖아요."

그때 아버지 친구분이 말씀하셨습니다.

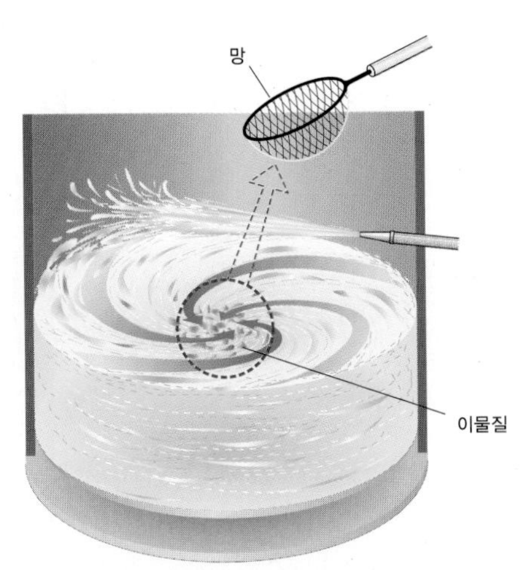

물줄기가 벽면에 강하게 부딪히면서 벽면에 붙은 이물질을 씻어내린다. 강한 힘으로 분출되는 물줄기의 회전에 의한 구심력에 의해 가운데로 모인 부유물을 망으로 걷어낸다.

"아하, 원래 저수조 청소는 이렇게 하는데 처음 보는 모양이로구나? 저렇게 호스로 강하게 물을 쏘아주면 물이 저수조 내벽을 강하게 훑으면서 벽에 붙은 찌꺼기를 제거한단다. 원심력에 의해 깨끗하게 청소가 되는 것이지. 또 벽에서 떨어진 찌꺼기들은 구심력에 의해 저렇게 가운데로 모여들고."

"저렇게 모여든 찌꺼기들은 어디로 빠져나가나요?"

"가운데로 모인 찌꺼기들을 커다란 망으로 건져낸단다."

발명가들의 공통점 ② – 불편함을 찾고, 될 것이라고 상상한다

'필요는 발명의 어머니'라는 말이 있지만, 비행기·자동차·전기 등은 '필요'에 의해 발명되었다기보다는 '될 것이다'라고 상상하는 속에서 만들어진 것이다. 그리고 몇 해가 지나서야 일반인들의 인식에 그것들은 '필요한' 물건이 되었다. 발명을 위해 불만과 불평은 필수다. 발명가들은 '하던 대로' 유지하는 것을 거부한다. 생활 속의 크고 작은 불편함과 단점을 찾아 집요하게 파고드는 것이다.

그 다음은 상상이다. '새처럼 하늘을 날 수는 없을까?' '열려라, 참깨! 하는 주문만으로 문을 열 수는 없을까' 등의 상상이 오늘날의 편리한 생활을 가능케 한 것임을 잊지 말자. 자칫 어리석고 바보스러워 보이는 상상과 호기심이라 해도 가볍게만 보아넘기지 말고 한번 더 곱씹어보는 자세가 필요하다.

'저수조 정화 및 저수 시스템'이 필요해!

기존 저수조 정화 및 정수 시스템의 문제점

현재 가정에서 사용되는 저수조의 수도 공급 방식과 저장 방식은 매우 단순한 구조로 비효율적이다.

- 수도 공급 방식
  → 단순한 구조의 플로트 스위치 사용으로 물이 계속 공급된다.
- 저장 방식
  → 단순하게 물을 저장하는 역할밖에 못한다.

새로운 저수조 정화 및 저수 시스템의 장점

- 수도 공급 방식
  → 다른 형태의 플로트 스위치를 사용하여 저수조 용량의 1/3 이상 사용하여야 물이 공급된다.
- 저장 방식
  → 물을 저수조에 공급할 때 물을 강제로 회전시켜 원심 분리한다. 원심 분리된 물의 불순물은 저수조의 바닥 구조에 따라 가운데로 모이게 되고 모인 불순물은 저수조의 밖으로 배출시킨다.

정화와 정수, 어떻게 둘 다 만족시킬까?

원리부터 찾아라

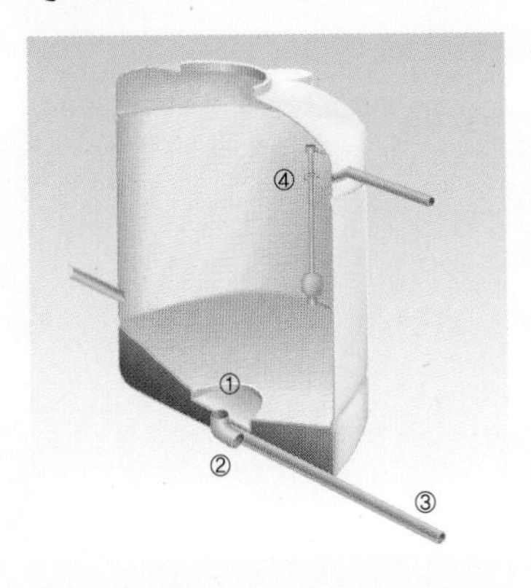

※ 원형 5톤급 저수조에 가상으로 본 고안을 적용시켜본 모습이다.

①은 맨 아래 부분으로 원심 분리로 인해 불순물을 모으는 홀이 위치하고 있으며 ②는 불순물을 저수조 밖으로 배수하는 드레인 배수관이다.

③은 가정으로 물을 공급하는 밸브이며 ④는 기계식 플로트 스위치이다.

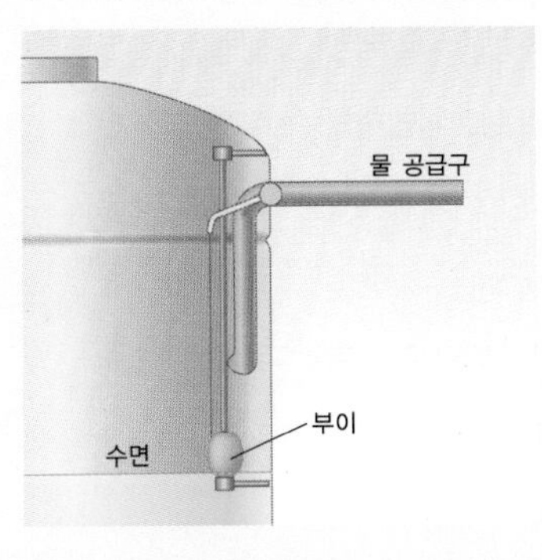

이 부분은 볼탑으로 수위를 조절하는 부분이며, 부이(buoy : 적당한 무게를 가진 부표)가 밸브 스위치(valve switch)를 작동시키는 부분이기도 하다.

작동 원리는, 물을 특정 수위까지 사용하였을 때 옆의 그림과 같이 부이가 밸브 스위치와 연결된 와이어를 부이 자체의 무게에 의해 당기게 된다. 그러면 밸브 스위치는 내려가게 되고 이때 물이 입수된다.

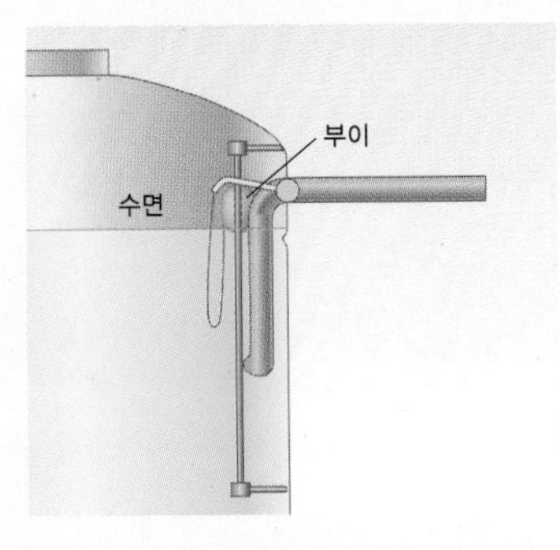

물이 특정 수위까지 공급되었을 때는 부이가 물에 뜨는 힘으로 밸브 스위치를 밀어 올리게 된다. 그러면 입수는 정지된다.

원 운동에서의 짝힘, 구심력과 원심력

어떤 물체가 원 운동을 할 때 그 원 운동에 대하여 원의 중심 방향으로 작용하는 힘이 있는데 이 힘이 바로 구심력입니다. 구심력으로 인하여 원 운동이 가능해지는 것이지요. 그런데 이 구심력에 대하여 반대 방향인 원의 바깥쪽으로 작용하는 힘이 있습니다. 이것을 원심력이라고 하지요.

■ 구심력과 원심력

끈의 한쪽에 돌을 매달고 반대쪽 끝을 손에 쥐고 돌리면 돌은 원을 그리며 돌게 됩니다. 여기서 끈을 잡고 있는 손이 바로 원의 중심이 되는데, 이때 돌이 밖으로 나가지 못하도록 중심을 향하여 당기고 있는 것을 느낄 수 있습니다. 이처럼 회전하는 물체에서 중심을 향하여 작용하는 힘을 구심력이라고 하며, 원 운동하는 물체에는 이 구심력이 작용됩니다.

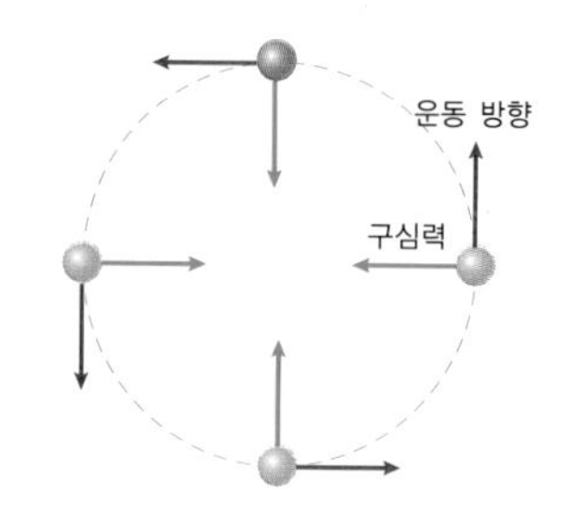

원심력은 회전하는 물체에 작용하는 힘이며 회전의 중심으로부터 바깥쪽으로 향합니다. 원 운동하는 물체에 작용하는 원심력의 크기는 구심력의 크기와 같은데, 이때 회전 운동하는 물체의 질량이 클수록, 또 회전 속도가 빠를수록 구심력과 원심력 모두 커지게 됩니다.

■ 원심력의 원리

자동차가 오른쪽으로 돌면 우리 몸은 왼쪽으로 기울게 되고 다시 왼쪽으로 돌면 오른쪽으로 기울게 되지요. 이처럼 원 운동하는 물체는 회전하는 방향과 반대쪽 방향으로 벗어나려는 성질이 있습니다.

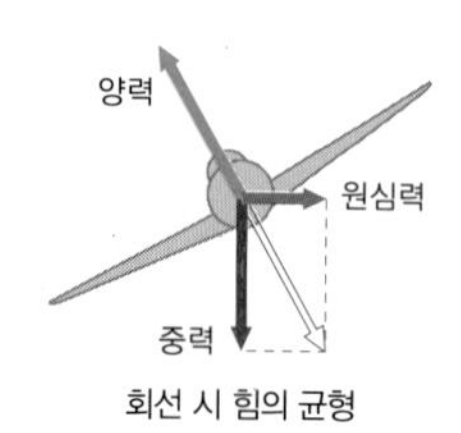

회선 시 힘의 균형

즉, 원심력은 '물체가 돌아갈 때 중심에서 멀어지려는 힘'으로 회전하는 물체가 무겁고 심하게 구부러진 곳을 빠르게 돌수록 세어집니다. 트럭이 구부러진 길을 갈 때 싣고 가던 자갈을 떨어뜨리는 일을 종종 보게 되는데 이 역시 원심력 때문입니다.

세탁기의 탈수 기능 역시 원심력을 이용한 것이지요. 세탁물을 빠르게 돌려 물을 빼는 것이랍니다. 물에 젖은 세탁물을 빠르게 돌리면 원심력에 의해 물이 세탁물에서 떨어지는 것입니다. 그러는 과정에서 물이 옷 밖으로 빠져나오는 것이지요. 이렇게 나온 물은 탈수통의 구멍을 통해 흘러내리게 됩니다.

잠깐! 원심력은 가상의 힘?

원심력은 실제로 작용하는 힘이 아니다. 다만 힘의 평형을 맞추기 위한 가상의 힘일 뿐이다. 예를 들어 자동차를 타고 모퉁이를 돌 때 바깥쪽으로 몸이 쏠리는 듯한 느낌을 받는 것은 몸의 직선 운동과 자동차의 회전 운동이 부딪혀 몸이 회전하는 바깥쪽으로 쏠리게 되는 것이다. 따라서 원 운동에 한하여 원심력은 단지 구심력의 관성력으로만 정의내릴 수 있다.

■ 원심 분리기

원심 분리기는 고속 회전에 의하여 발생하는 원심력을 이용하여 서로 용해되지 않은 물질들을 분리하는 장치입니다. 전기 세탁기의 탈수기처럼 수분을 제거할 수도 있고 미세한 고체 입자가 섞인 액체에서 고체와 액체를 분리하기도 합니다.

이러한 원심 분리기는 크게 원심 침강기와 원심 여과기로 나뉩니다. 둘 다 회전 운동을 한다는 것에서는 차이가 없지만 회전 원통에 구멍이 없는 것은 침강기이고 구멍이 있는 것은 여과기입니다.

분리기 비중의 차이를 이용합니다. 고속 회전을 통한 우유의 탈지, 혈장의 분리 등에 응용됩니다.

여과기 세탁기의 탈수 기능, 설탕 결정의 분리, 주스 등의 액체를 맑고 깨끗하게 하는 데 이용됩니다.

사이클론 방식을 추가해볼까?

어제 나는 발명 보고서를 과학 선생님께 보여드렸다.

선생님은 기존의 내 아이디어도 좋지만 여기에 '사이클론 원리'를 더하면 더욱 좋겠다는 말씀을 하셨다. 그리고 사이클론은 원심력을 이용하여 벽면에 붙은 찌꺼기를 가운데로 모아내는 데 보다 효과적일 것이라고 덧붙이셨다.

선생님과 이야기를 나누던 중 나는 또 하나의 아이디어를 생각해냈다. 그것은 저수조 안에 또 하나의 저수조를 만드는 것이었다. 이를테면 배수관을 통하여 공급된 물을 저수조 안에 있는 또 하나의 저수조로 통하게 하여 그 안에서 강한 원 운동을 유발시키는 것이다.

구심력과 원심력을 이용하고 여기에 선생님이 말씀하신 사이클론 원리까지 적용하면 찌꺼기를 더욱 효과적으로 침강시킬 수 있다. 그리고 가운데 아래로 모인 찌꺼기는 오목한 밑 부분에 고여 밖으로 배출된다.

이런 방법으로 저수조 안의 또 하나의 저수조에서 확실히 정화된 물은 어느 정도 시간이 지나면 위로 넘쳐나게 된다. 이렇게 원래 저수조로 넘쳐나온 물을 우리가 식수로 사용하게 된다면 지금까지보다 훨씬 깨끗한 물을 마실 수 있다.

잠깐!

사이클론

사이클론은 원심력을 이용하여 혼합되어 있는 입자를 분리시키는 장치를 말한다. 사이클론에는 건식 처리용과 습식 처리용이 있는데, 이 중에서 건식 사이클론은 집진기로 많이 사용된다. 기계식 사이클론 집진기는 소형일수록 집진 효율이 좋다. 따라서 처리할 가스량이 많을 때에는 여러 개의 작은 사이클론을 병렬로 배치하여 사용한다. 이렇게 하면 압력의 손실이 거의 없어 보다 효율적이다.

최종 아이디어를 3D로 먼저 제작

사이클론 방식을 추가하기로 한 후 나는 선생님의 도움을 받아가며 최종 아이디어를 3D(3차원 CAD)로 설계해보았다. 평소 3D 그림을 자주 그려본 덕분에 그리 어렵지 않게 만들 수 있었다. 우선, 그림을 보다 입체적으로 표현하기 위하여 중앙 부분을 잘라내어 그렸다.

왼쪽에 사이클론을 장착한 저수조를, 오른쪽에는 원형 자체의 형상만을 이용하는 저수조를 그려보았다. 모형의 물 공급을 위한 수조 내부에 있는 펌프들은, 모형이 제대로 작동하는지의 여부를 알기 위하여 소형 40W짜리 모터를 장착한 펌프들을 설치하기로 했다.

입수 펌프의 펌핑에 의하여 물은 플로트의 상부 밸브를 통하여 입수되고, 입수되는 물은 저수조 내의 물 높이가 1/3 정도까지 내려갔을 때 플로트의 작동에 의하여 입수된다.
물론, 저수조 내의 물이 3/4 정도까지 상승되면 플로트의 작동에 의하여 밸브는 닫히게 되고, 그 동안에 입수되는 물은 사이클론 혹은 원형의 통에 의하여 회전하면서 고형 부유물은 고형물 침전실로 모이게 된다.

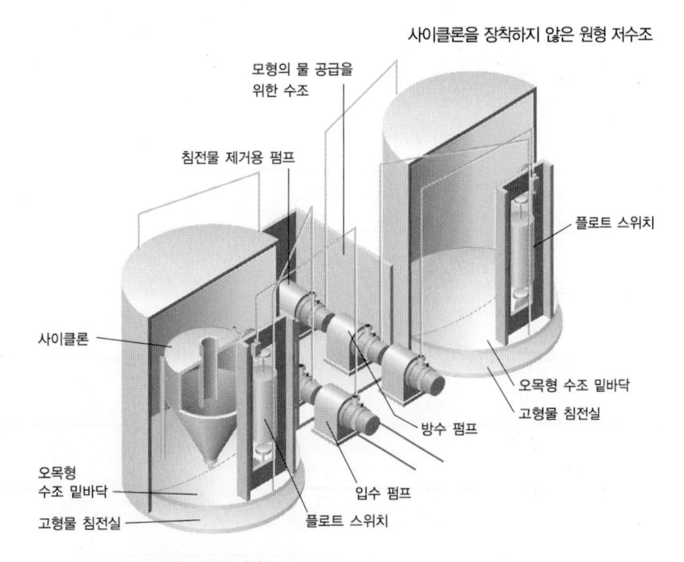

사이클론을 장착한 원형 저수조

원통형 저수조 모형을 제작하다

먼저 원통형 저수조의 모형을 제작하기로 했다. 처음 발명 아이디어를 떠올렸을 때 커다란 생수통을 이용하여 혼자 만들어보았기 때문에 자신이 있었다.

가장 적합한 재료로는 투명 아크릴이 거론되었다. 성능을 확인할 수 있도록 투명한 재질이면서도 제작이 간편해야 하기 때문이었다.

저수조 자체의 형상은 원통형으로 하고 그 밑바닥을 오목하게 만듦으로써 물의 방향을 원통의 내부 접선 방향으로 입수시키는 방식을 택했다. 그렇게 해야 입수될 때 원통 내에서 소용돌이가 형성되는 동시에 입수의 직선적인 흐름이 원심력으로 작용될 수 있기 때문이다. 이 원심력에 의하여 물 속의 이물질이 바닥 아래로 모이게 된다.

기본 설계를 마친 상태이기 때문에 아크릴로 저수조 틀을 만드는 것쯤은 어렵지 않을 것 같았다.

하지만 오늘 아크릴을 전문으로 판매하는 곳을 방문하여 사장님께 아이디어를 설명했더니 사장님은 최소한 두께가 1cm는 되어야 하지 않겠느냐며, 그 정도 두께의 아크릴은 일반인이 다루기 쉽지 않다고 말씀하셨다.

하는 수 없이 이 부분에 대한 제작은 사장님께 부탁드리기로 했다. 하지만 아이디어를 제안한 사람으로 나도 직접 해보고 싶었다. 다행히 나의 바람은 이루어졌다. 드릴과 그라인더 등 여러 공구를 이용하여 아크릴을 잘라보았다. 직선으로 자르는 것도 쉽지 않은데 둥근 모양으로 자르자니 이마에서 식은땀이 다 났다. 그래도 여러 번의 실패 끝에 결국 성공할 수 있었다.

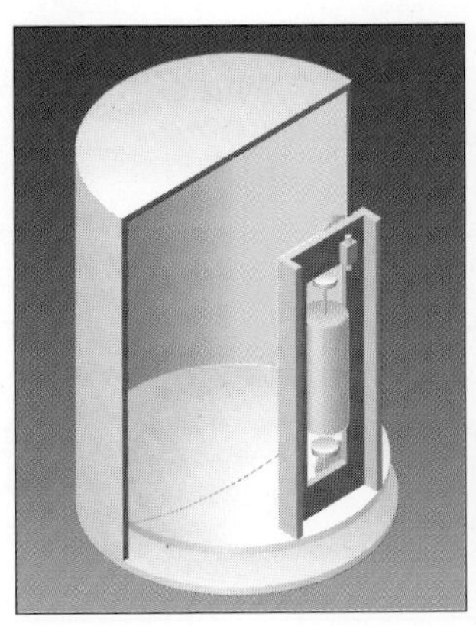

원형 저수조 CAD 그림

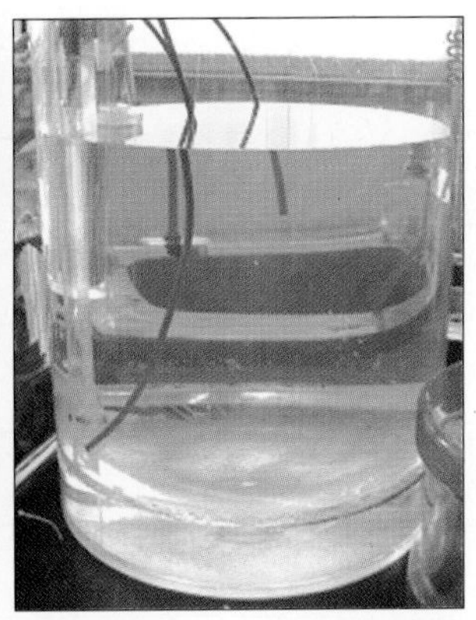

아크릴로 제작된 원형 저수조

또 하나의 저수조 '사이클론' 만들기

오늘은 저수조 안의 또 하나의 저수조인 사이클론을 제작하기로 한 날이다. 아크릴을 자르고 클로로폼을 이용하여 접합하는 일이 이제는 제법 익숙해졌다. 처음 원통형 저수조를 만들 때보다 훨씬 능숙해졌다고 칭찬까지 받았다. 무엇이든 처음 할 때가 어렵다.

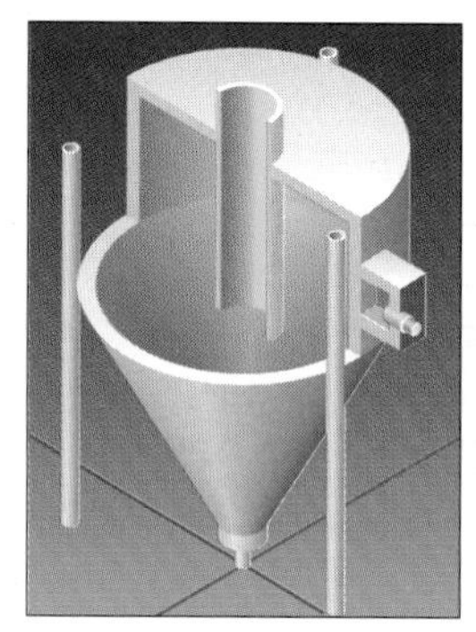

사이클론 CAD 그림

아크릴로 제작된 사이클론

사이클론을 설치하고 나면 입수되는 물이 사이클론의 상부 원통 접선 방향으로 흘러들어가 와류가 형성되게 된다. 그렇게 되면 물의 부유물과 찌꺼기들이 원심 침강되고, 확실히 정화의 효과를 두 배는 높일 수 있는 것이다.

잠깐! 정화 관련 용어 익히기

pH(수소 이온 농도) 산과 알칼리의 정도를 표시하는 단위이다. pH 7인 물을 중성이라고 하고 이를 기준으로 하여 pH가 7보다 작으면 산성, 7보다 크면 알칼리성이 된다. pH의 범위는 보통 0~14까지 나타낸다.

DO(용존 산소) 물 또는 용액 속에 녹아 있는 분자 상태의 산소를 말한다. 이 용존 산소가 부족하면 어패류가 죽을 수도 있다.

BOD(생물학적 산소 요구량) 물의 오염 정도를 나타내는 기준이다. 수중의 유기물이 미생물에 의해 정화될 때 필요한 산소의 양으로 나타낸다. PPM이라는 단위를 쓰는데, 이 수치가 높을수록 물의 오염이 심한 것이다.

SS(부유 물질) 물 속에서 녹지 않는 물질로, 물을 흐리게 하는 원인이 된다. 이 부유 물질이 많으면 물고기가 살 수 없다.

플로트 스위치와 실험

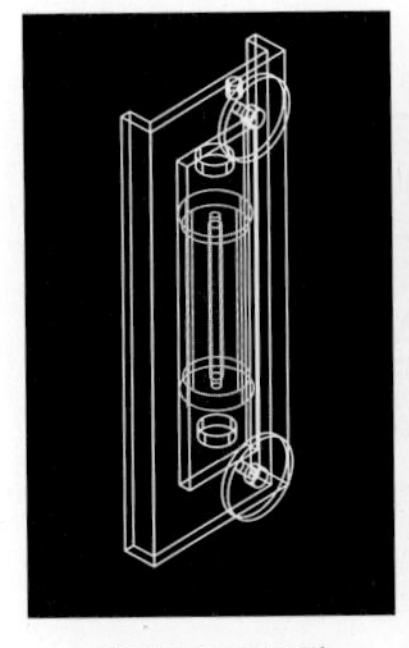
플로트 CAD 그림

아크릴로 제작된 플로트

드디어 오늘, 나를 그토록 괴롭혔던 '소리' 문제를 해결할 차례가 왔다. 기존의 단순한 플로트 스위치를 대체할 단계. 내가 새롭게 설계한 플로트 스위치는 저수조 내의 물 높이가 1/3 정도에 도달했을 때 비로소 물이 들어오도록 했다. 물론 상한선도 정해야 한다. 약 3/4의 수위 범위에서 입수가 차단되는 밸브를 만드는 것이 바로 새로운 플로트 스위치의 핵심이다.

이렇게 하면 한 번 입수가 시작되면, 가능한 한 많은 양의 물이 저수조 안에 있는 또 다른 저수조, 그러니까 사이클론 장치로 흘러들어가 보다 원활한 원심 침강이 일어날 수 있는 것이다.

중앙의 플로트는 그 자체의 무게와 물에 부유되었을 때의 부력이 같아지도록 제작했다. 작동 원리는 저수조 안에 들어온 물이 1/3선까지 왔을 때 중앙 플로트의 중량에 의해 플로트 밑의 아래 원판을 밑으로 밀게 되고 이 힘은 도르래를 거쳐 윗부분의 밸브에 전달되어 밸브가 열리고 이어 물이 저수조 내로 들어오는 방식이다.

잠깐!
플로트 스위치

레벨 스위치라고도 하며, 공기가 차 있어 물에 쉽게 떠 있을 수 있는 부레와 밸브를 막을 수 있는 잠금 장치로 이루어져 있다. 만약 물이 차서 부레가 자연스럽게 위로 떠오르면 부레에 연결된 금속 장치의 각도가 꺾이거나 기타 작용으로 물의 유입을 막게 되는 것이다. 플로트 스위치의 용도는 수세식 화장실, 보일러, 자판기 등 매우 다양하다.

마침내 완성, 그리고 성공적인 실험

마침내 새로운 구조를 갖춘 저수조 정화 및 저수 시스템이 완성되었다. 투명하게 빛나는 나의 발명품을 바라보니 지난 시간 동안 내가 흘린 땀방울이 더욱 가치 있게 느껴졌다. 아, 물론 함께 도와주신 선생님과 옆에서 격려해주신 부모님도 잊을 수 없다.

사이클론을 장착한 저수조는 원형의 저수조에 비해 부유물을 침강시키는 효과가 훨씬 뛰어나다. 따라서 물 속의 찌꺼기들을 제거하는 데 효과적이었다.

자, 이제 마지막 단계를 통과해야 한다. 테스트에 성공해야 진정한 발명품으로 인정받을 수 있는 법이니까. 내가 제작한 저수조는 실제 5톤 저수조를 1/100가량 축소시킨 것으로 약 50리터의 물을 사용할 수 있도록 하였다. 실험의 포인트는 사이클론을 통하여 원심 침강이 어느 정도 잘 이루어지는가이다. 이미 플로트 스위치의 효능은 지난번에 확인한 후이므로.

결과는? 성공이었다. 원형 자체의 형상을 이용한 저수조보다는 사이클론을 장착한 저수조에서 부유물의 침강과 배출이 훨씬 효과적으로 이뤄진다는 사실을 확인할 수 있었다.

다만 아쉬운 점은, 원심 침강 효과를 극대화하기 위해서는 공급되는 물의 세기가 매우 강해야 하는데 실제 실험에서는 그렇게 강한 힘을 공급받기 어려웠다는 점이었다.

발명품 요모조모 뜯어보기

범철이가 이번에 발명한 '저수조 정화 및 저수 시스템'의 강점은 바로 기존 원형 저수조의 변형은 물론 별도의 에너지원 없이 기존 저수조의 문제를 극복했다는 데 있습니다.

즉, 입수 방향을 바꾸고 저수조 내의 수위에 상한선과 하한선을 두는 입수 장치, 그리고 사이클론을 부착한 정화 장치만 추가함으로써, 수시로 물이 공급되면서 생기던 물의 낭비도 막았을 뿐 아니라 보다 깨끗한 물을 공급받을 수 있도록 한 점입니다. 앞으로 제작될 원형 저수조나 기존의 저수조에도 충분히 활용 가능하리라 기대되는 '저수조 정화 및 저수 시스템'을 다시 한 번 소개합니다.

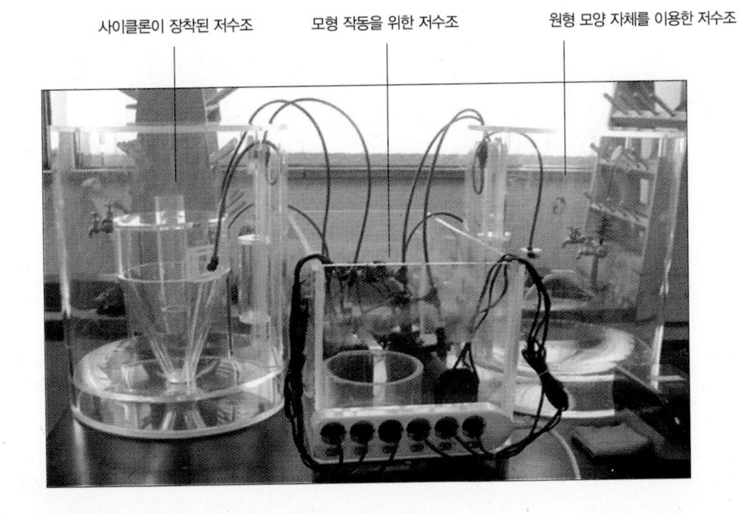

사이클론이 장착된 저수조(왼쪽)는 단순한 원형 저수조(오른쪽)에 비해 저수조 내 부유물의 침강과 배출에 보다 큰 효과를 나타낸다는 사실이 실험으로 입증되었다.

주사기 물감

주사기 안에 물감을 담아라

마지막 한 방울까지 남김 없이 쓰는 알뜰살뜰 노하우

물감이나 치약 등을 짜서 쓰다 보면 마지막까지 쓸 수 없어 안타까울 때가 종종 있습니다. 짠순이나 짠돌이 친구들은 마지막 한 방울까지 쓰기 위해 칼로 용기를 자르기도 하지요. 하지만 번거롭기도 하고 또 어린이들에게는 위험하기도 한 일입니다.

단아는 물감 때문에 어머니께 꾸중을 들었답니다. 단아의 힘으로는 도저히 물감이 짜지지 않는데 어머니는 충분히 더 쓸 수 있는데 늘 새것만 사려 한다며 꾸중을 하신 거지요.

그래서 단아가 생각해낸 깜찍한 아이디어 물감 용기가 있답니다. 바로 바로 '주사기 물감'! 주사기의 원리를 물감 용기에 적용시킨 것입니다. 귀여운 단아의 주사기 물감 발명 이야기가 궁금하지 않나요?

즐거운 미술 시간, 하지만…

오늘은 단아가 좋아하는 미술 시간이 들어 있는 날입니다. 준비물은 물감과 붓, 팔레트, 물통, 그리고 스케치북. 아버지는 아침부터 들떠 있는 단아를 보시더니 대뜸 그 이유를 알아맞히십니다.

"우리 단아, 오늘 미술 시간 있나 보네?"

"어? 아빠가 그걸 어떻게 아셨어요?"

"하하. 척하면 척이지. 단아가 미술 좋아하는 걸 아빠가 왜 모르겠니?"

단아는 준비물을 하나하나 챙기기 시작했습니다. 그런데 저런, 물감이 거의 다 떨어졌다는 사실을 깜빡 잊고 있었습니다. 지난주 미술 시간에 팔이 빠지도록 물감을 짜내던 기억이 떠오른 단아는 주방에 계신 어머니에게 달려갔습니다.

"엄마, 엄마! 나 물감 사야 돼요."

"물감? 벌써 다 썼어? 산 지 얼마 안 됐잖아."

"아이~, 다 썼어요."

"어디 한번 가져와봐. 엄마가 먼저 보구…."

단아는 어머니 앞에서 힘겹게 물감을 짜 보였어요. 단아 말처럼 물감은 나오지 않고 바람만 피융~ 하고 나올 뿐이었습니다.

"어디, 엄마가 한번 짜보자."

그런데 이게 어떻게 된 일일까요? 어머니가 힘을 조금 들여 물감 끝을 잡고 누르니 '찌익~' 하며 물감이 나오는 게 아니겠어요?

"어? 내가 했을 때는 안 나왔는데?"

"이것 봐. 이게 물감이 아니고 뭐니? 아직 충분히 쓸 수 있으니 새 물감은 좀 나중에 사자."

새 물감을 살 생각에 가슴이 부풀었던 단아는 어머니의 말에 입이 삐죽 나왔답니다.

"미술 시간에 물감 짜다 시간 다 보낸단 말예요."

"어허, 그래도! 어서 준비물 챙겨서 학교에 가!"

"엄마는 너무해"

기다리고 기다리던 미술 시간을 알리는 종이 울렸습니다. 그렇지만 단아는 하나도 기쁘지 않았어요. 툴툴거리며 책상 위로 스케치북을 던지듯 올려놓고 그 옆으로 문제의 물감과 붓, 물통, 팔레트 등을 올려놓았습니다.

"여러분, 오늘 시간에는 자기의 꿈에 대해 그릴 거예요. 자기가 이다음에 커서 어떤 사람이 되고 싶은지 생각해보고 그 모습을 상상해서 그려보도록 해요."

단아는 물감 생각을 뒤로 하고 자신의 미래 모습에 대해 골똘히 생각해보았습니다. 선생님을 보면 선생님이 되고 싶고, 지금처럼 미술 시간에는 그림 그리는 화가도 되고 싶고, 텔레비전에서 뉴스를 진행하는 근사한 아나운서도 되고 싶고….

얼마 후 단아는 스케치북에 연필로 밑그림을 그리기 시작했습니다. 20년 후 멋진 미술 선생님이 되어 있는 자신의 모습을 상상하며…. 이

옥고 밑그림이 완성되었어요. 이제 물감으로 색깔을 입힐 시간이 되었습니다. 자신이 좋아하는 분홍색을 먼저 집어 들고 짜기 시작하였습니다. 그러나 역시 단아의 힘으로는 더 이상 물감을 짤 수가 없었습니다.

"이것 봐! 안 나오잖아. 엄마는 정말 너무해."

안간힘을 써보았지만 분홍색 물감은 나올 기미가 보이지 않았어요. 단아는 어머니가 원망스러웠습니다. 그래도 꼭 그림 속 미래 자신의 옷은 분홍색으로 그리고 싶었던 단아는 결국 칼로 물감 아래 부분을 자르기로 하였답니다.

"조심하면 될 거야."

그러나 잠시 후 교실에 울려 퍼진 단아의 비명 소리를 듣고 달려오신 선생님은 구급 약통에서 소독약을 꺼내 바르고 밴드를 붙여주셨습니다.

"단아야, 왜 이렇게 위험한 행동을 했니?"

단아는 차마 물감이 안 나와서 그랬다고 대답하지 못했습니다. 창피했기 때문이지요.

주사기 안에 물감을 담자

미술 시간을 망쳐버린 단아는 너무 속이 상했습니다. 오늘 이 상처를 어머니에게 보여드리고 꼭 새 물감을 사겠다고 결심을 했답니다. 그리고 다음 과목인 과학 시간.

"오늘 배울 것은 피스톤 주사기를 이용하여 공기가 어떻게 흐르는가 하는 겁니다. 각자에게 주사기를 두 개씩 나누어줄 거예요. 두 주사기 사이에 투명 관을 연결해서 공기의 흐름을 알아볼 건데요. 공기의 흐름은 눈으로 보이지 않으니까 주사기 안에 물감을 탄 물을 넣어보도록 해요."

단아는 선생님의 설명을 듣고 차근차근 실험을 해나갔습니다.

투명 관 양쪽에 주사기를 꽂고 보이지 않는 공기에 의해 피스톤이 움직이는 것을 관찰하였지요. '공기의 힘이 이렇게 세다니.' 단아는 공기의 위력을 새삼 느꼈답니다. 다음은 선생님 말씀처럼 물감을 탄 물을 넣어 공기의 움직임을 살폈습니다.

한쪽에서 밀어주니 다른 한쪽의 피스톤이 공기의 힘에 의해 밀려 나가는 것을 알 수 있었습니다. 이번에는 양손에 주사기를 잡고 밀어보기로 했어요. 두 개를 동시에 눌러보기도 하고 한 번씩 번갈아 눌러보기도 했지요.

한창 실험에 몰두해 있던 단아가 갑자기 "맞아!" 하고 외쳤습니다. 피스톤으로 주사기 안에 있는 물감을 밀어내면서 불현듯 조금 전, 미술 시간에 힘겹게 분홍 물감을 짜내던 자신의 모습이 떠오른 것이었지요.

"맞아! 물감을 이렇게 짜내면 정말 좋겠어."

피스톤 주사기와 물감

피스톤 주사기는 압력을 이용해 주사기 안의 액체를 밖으로 밀어낸다.
-> 주사기 안에 물감을 담아 피스톤으로 밀어내면 물감을 훨씬 쉽게 짜낼 수 있다.

주사기 물감에 대한 아이디어

집으로 돌아오는 길에 단아는 문방구에 들러 피스톤 주사기를 하나 샀습니다. 오늘 당장 주사기 안에 물감을 담아 써보고 싶었거든요. 미술 시간만 해도 손가락 다친 일을 어머니께 말하고 새 물감을 사달라고 할 참이었지만, 지금은 생각이 바뀌었습니다. 생각해보면, 칼로 위험한 일을 했다고 도리어 어머니께 혼이 날 것 같기도 하였지요.

책상 앞에 앉자마자 가방에서 물감을 꺼내 사온 주사기 안에 담기 시작하였습니다. 하지만 물감을 주사기 안에 담기란 생각처럼 쉽지 않았어요. 아까 과학 시간에 담았던 물감은 물을 아주 많이 탔기 때문에 쉬웠던 것이지요. 그래도 인내심을 갖고 물감을 담아보았습니다.

이윽고 물감을 담는 데 성공한 단아는 직접 성능을 시험해보기로 했어요. 팔레트에 주사기 앞 부분을 대고 피스톤을 눌러 물감을 짜보았습니다.

"앗호, 좋았어! 이젠 물감을 끝까지 쓸 수 있어."

단아는 자신이 발명한 주사기 물감을 들고 거실로 달려나가 어머니께 보여드렸습니다.

"엄마, 이거 어때요? 주사기 안에 물감을 담은 거예요. 이러면 끝까지 쓸 수 있으니까 좋겠지요?"

"주사기 물감? 오호, 그렇구나. 우리 단아 대단한데? 이러면 속에 담긴 물감 색도 한눈에 알 수 있고 일석이조네? 그런데 뚜껑은 없니?"

"어? 정말로 뚜껑이 없네? 흠… 뚜껑은 만들면 되죠. 뚜껑만 만들어 끼우면 정말 멋진 발명품이 되겠죠?"

어머니는 색깔도 구별될 뿐 아니라 물감도 리필해 쓰고 사용하기에도 편할 것 같다며 칭찬을 아끼지 않았답니다.

발명가들의 공통점 ③ – 문제는 해결하기 위해 존재한다

매사에 불평과 불만을 쏟아놓기만 하고 문제를 문제로만 본다면 그는 '투덜이'에 그칠 뿐이다. 투덜이와 발명가의 차이점은 바로 문제를 '부정적'으로 바라보느냐 '긍정적'으로 바라보느냐에 있다. 문제를 긍정적으로 바라보는 사람만이 문제 해결의 실마리를 찾을 수 있기 때문이다.

발명가들은 생활 속의 불편함과 불만을 개선하기 위한 방법을 적극적으로 찾아나선다. 발명가들은 불평과 불만거리를 개선하여 창조적으로 바꾸어나가는 사람들이다. 문제를 문제로만 바라보지 않고 '해결하기 위해 존재하는 것'으로 바라보는 습관은 발명가가 되기 위해 반드시 익혀야 하는 필수 항목이다.

'주사기 물감'이 필요해!

기존 물감의 문제점

1. 지금까지 물감은 조금 남아 있어도 끝까지 짜서 쓸 수가 없고 쉽게 굳어버린다.
2. 다 쓴 물감 케이스는 그대로 쓰레기가 된다.
3. 물감을 짤 때 힘이 많이 들어간다.

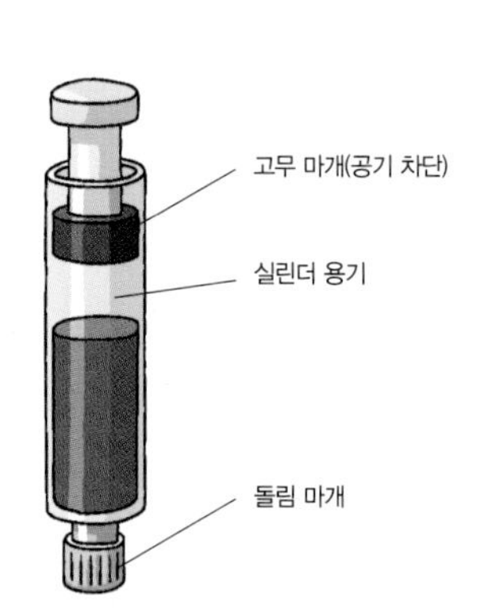

주사기 물감의 특징

1. 주사기와 같은 원리로 피스톤의 기능을 이용하여 물감을 쉽게 짠다.
2. 아무리 조금 남아도 끝까지 쓸 수 있어서 물감이 절약된다.
3. 용기를 투명하게 하여 물감 색을 한눈에 알 수 있다.
4. 물감의 리필이 가능하다. 물감 케이스를 버리는 일이 없어진다.

뚜껑은 어떻게 할까?

- 주사기 입구에 돌림 마개를 이용하여 물감이 새는 것을 막는다.
- 음료수병 뚜껑처럼 돌림 마개를 만들되 주사기 구멍에 크기를 맞춘다.

주사기 안에 색색가지 물감을 담으면 어떤 점이 좋을까?

원리부터 찾아라

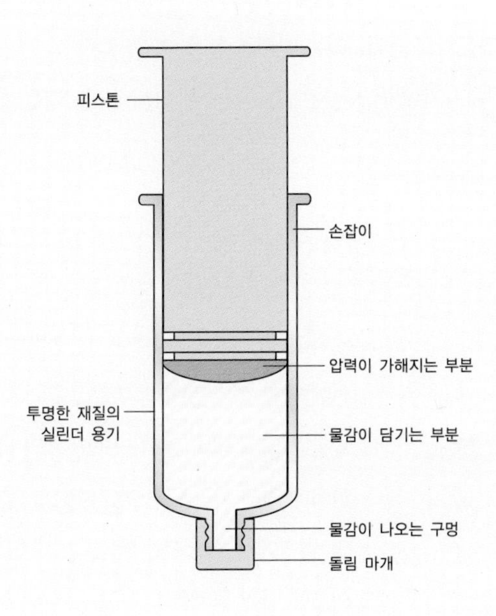

- 주사기 입구 부분의 돌림 마개를 사용하여 물감이 새는 것을 방지한다.
- 피스톤의 원리를 이용하여 물감을 남김 없이 쓸 수 있다.
- 밖으로부터의 공기 유입을 차단하여 사용 후 장기간 보관해도 물감이 굳거나 변질되지 않는다.
- 투명 용기를 사용하여 무슨 색인지 색표기를 찾지 않고도 쉽게 눈으로 확인할 수 있다.
- 물감을 다 사용하면 물감을 리필할 수 있어 물감 용기를 재활용할 수 있다.
- 휴대와 보관이 용이하다.

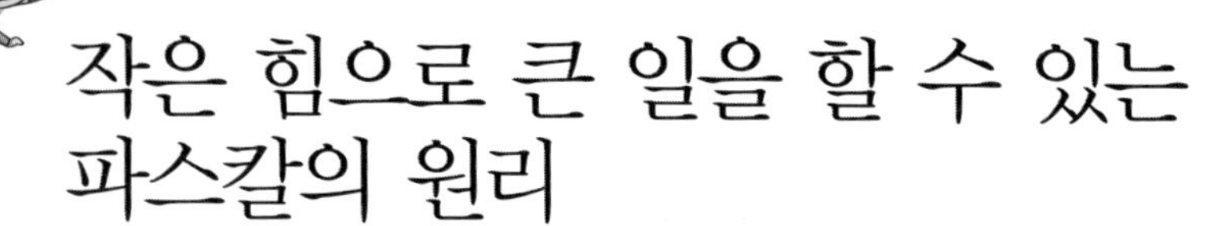

작은 힘으로 큰 일을 할 수 있는 파스칼의 원리

양치질을 하기 위해 치약의 밑 부분을 누르면 위 구멍으로 치약이 나옵니다. 또 자동차 정비소에 가면 무거운 자동차를 들어올리는 기계를 볼 수 있습니다.
별로 상관없어 보이는 이 두 가지 일이 사실은 같은 원리에 의해 일어난다는 사실을 혹시 알고 있나요?

■ 파스칼의 원리

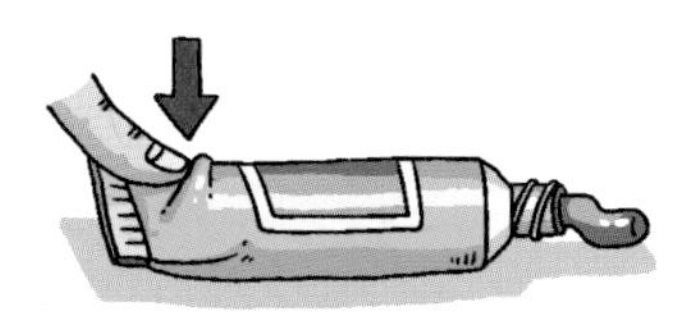

치약의 밑 부분을 누르면 그 압력이 튜브 안에 담긴 치약 전체에 똑같이 전해집니다. 물론 치약 뚜껑이 열려 있으면 치약 내부의 압력에 의해 치약이 밖으로 나오게 되지요.
또 병원에서 행해지는 응급 처치 방법 중 식도에 걸린 물체를 다시 입으로 나오게 하기 위하여 사람의 배를 강하게 누르는 것이 있습니다. 이때 배를 누르는 압력이 사람 몸 속에 전달되어 식도에 걸린 물체가 입으로 나오게 되는 것입니다.

바로 이것이 '파스칼의 원리'인데, 즉 밀폐된 용기 안에 있는 유체(기체와 액체)의 일부분에서 생긴 압력의 변화는 유체 내 모든 곳, 모든 방향으로 변함 없이 전달된다는 것입니다.

잠깐!
파스칼

파스칼(1623~1662)은 프랑스의 수학자이자 물리학자, 종교가였다. 그는 물과 포도주의 비교 실험, 머리 부분의 모양이 서로 다른 유리 기둥들을 사용한 비교 실험 등을 통하여 이 원리를 깨달았고 1653년에 '파스칼의 원리'를 발표하였다. 안타깝게도 서른아홉의 젊은 나이에 요절한 그는 평소 신앙심이 깊었다. 마차 사고에서 기적적으로 살아난 후 수학 연구를 접고 수도원에서 명상에 몰두하였다. "인간은 생각하는 갈대"라는 유명한 말을 남긴 그의 명상록 『팡세』도 이때 집필하였다.

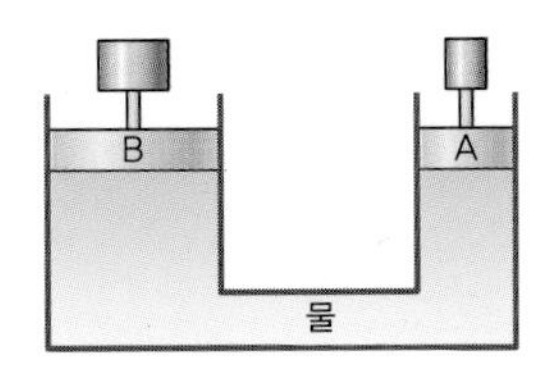

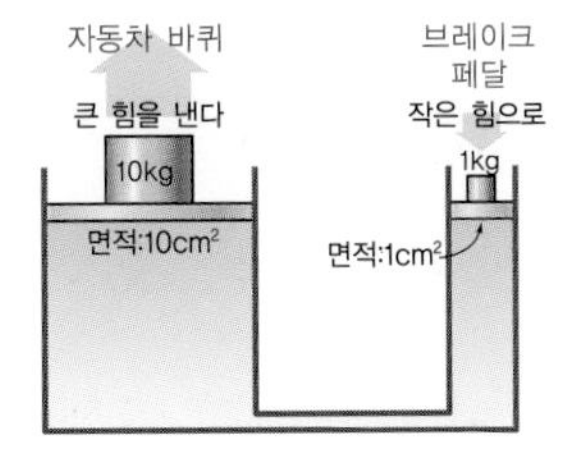

■ 유압 시스템

파스칼의 원리는 큰 힘을 필요로 하는 유압 시스템의 가장 중심적인 원리입니다. 옆의 그림에서 피스톤 A에 의해 물에 가해진 압력은 U자 모양의 밀폐된 용기에 담긴 물의 각 부분에 전달되는데, 피스톤 B의 단면적을 A의 10배로 하면 B에는 A에 가한 압력의 10배에 해당하는 힘이 작용합니다. 이러한 원리를 이용한 것이 바로 유압 시스템이지요.

자동차에 사용되는 유압 브레이크 역시 "유체 속 일부에 가해진 압력은 모든 방향으로 똑같이 작용한다"는 파스칼의 원리로 만들어진 것입니다. 압력은 면적에 반비례하므로 좁은 면과 넓은 면을 유체로 연결하면 작은 힘을 큰 힘으로 바꿀 수 있게 되는 것이지요.

브레이크 페달과 바퀴의 브레이크 사이가 유체로 연결되어 있고 브레이크 페달은 좁은 면적, 바퀴의 브레이크는 넓은 면적이라면 페달에 가해진 작은 힘은 바퀴에서 큰 힘으로 바뀐답니다.

유압 시스템은 비행기의 날개를 움직이기도 하며 아주 무거운 물체를 드는 기중기의 팔을 움직이기도 합니다.

잠깐! 압력이란?

압력은 단위 면적을 수직으로 누르는 힘을 말한다. 우리가 똑바로 서 있을 때에는 발바닥에 작용하는 체중에 의해 압력이 나타나고, 용기에 담긴 액체는 액체가 접한 안쪽 면에 압력을 준다. 또한 기체의 경우에는 기체 분자들이 활발하게 운동하여 기체가 담긴 그릇의 벽에 충돌하면서 그릇 안쪽 벽에 압력으로 나타난다.

이처럼 압력은 우리가 일상에서 느끼지 못할 뿐 고체와 액체, 기체 등 물질의 모든 상태에서 나타난다. 참고로, 압력의 단위인 Pa($Pa = N/m^2$)은 파스칼의 이름을 딴 것으로 '파스칼'이라고 읽는다.

발명 특허? 너무 떨려요…

내 아이디어에 대하여 퇴근하신 아빠에게 이야기하였다. 아빠는 정말 굉장한 아이디어라며 이럴 게 아니라 '발명 특허'를 신청하는 게 어떻겠냐고 하셨다. 엄마와 나는 아빠의 말을 믿을 수 없었다. 정말로 내 아이디어로 발명 특허를 받을 수 있을까?

아빠는 내게 발명 특허에 대해 자세히 설명해주셨다. 이야기를 듣고 보니 그렇게 어려운 것 같지도 않았다. 나도 특허라는 것을 갖고 싶다. 내 이름으로….

엄마는 부녀가 김칫국부터 마시고 있다며 발명품을 제대로 만드는 일에 더 집중해야 하는 것 아니냐고 따끔하게 충고하셨다. 맞다. 아직 제품을 만들기도 전에 아빠와 나는 마치 발명 특허를 따기라도 한 것처럼 들떠 있었다.

우리는 기존의 주사기를 활용하여 물감 저장 케이스의 출구 부분을 별도로 만들고 돌림 마개를 설계하여 제작하기로 했다. 알아보니 주사기의 용량은 1cc, 3cc, 5cc, 10cc짜리가 있다고 한다. 그래서 일반적으로 사용되고 있는 용량 5cc짜리 주사기를 택하였다.

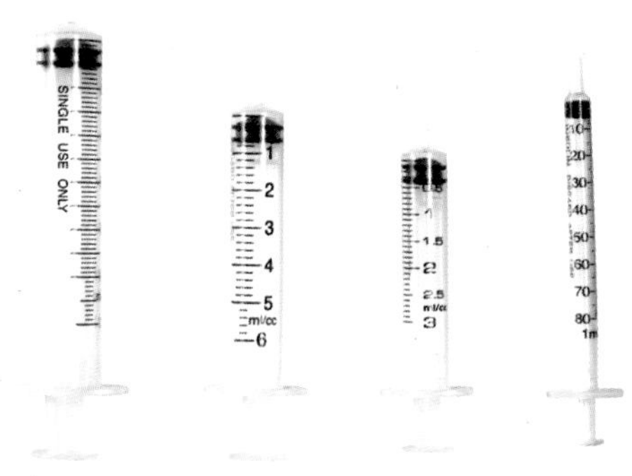

시중에 판매되는 피스톤 주사기의 종류들. 그 중에서 일반적으로 사용되면서 물감 하나의 용량과 같은 5cc짜리 주사기를 선택했다.

도면 설계를 마치다

잠깐!

피스톤

피스톤은 왕복 운동을 하는 엔진 등에서 볼 수 있는 것으로, 원통형 실린더 내부의 벽면에 느슨하게 밀착하여 미끄러지듯 왕복 운동하는 원기둥을 말한다. 실린더 속을 왕복 운동함으로써 유체의 압력을 받아 기계적 에너지로 변환하거나 가해진 기계적 에너지에 의하여 유체에 압력을 가하거나 팽창시키는 역할을 한다.

오늘은 물감 저장 부분의 케이스 도면을 그렸다. 수치는 아빠와 의논하여 정하고 실제 도면을 그리는 건 아빠가 해주셨다. 피스톤 및 고무 부분, 실린더(저장 케이스), 마개 부분을 각각 설계했다. 나는 주사기의 크기가 일반 그림 물감보다 조금 더 컸으면 좋겠다고 생각했다.

- 피스톤 부분 – 물감을 밀어내는 역할을 하고 물감이 뒤로 새어나가지 못하게 막는 역할을 한다.
- 실린더 용기 – 실린더 용기 내에 물감을 저장할 수 있을 뿐만 아니라 투명한 재질로 색깔의 식별이 가능하도록 한다.
- 고무 튜브 – 피스톤에 고무를 장착함으로써 피스톤 운동 시(물감을 밀어낼 때) 물감이 실린더 용기로 새지 않도록 설계한다.
- 물감 마개 – 물감 사용 후 물감이 굳어버리지 않도록 외부의 공기를 차단하는 돌림형 마개로 설계한다.

물감 마개

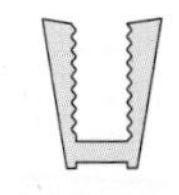
물감 마개의 단면

일정 온도 하에서 기체의 부피는 압력에 반비례

기체는 스스로 이용할 수 있는 모든 공간으로 팽창할 수 있습니다. 또한 더 작은 부피로 압축될 수도 있지요. 이는 기체가 자유롭게 움직이는 분자들로 이루어져 있기 때문입니다. 여기서는 기체의 부피와 압력과의 관계에 대하여 알아봅시다.

■ 보일의 법칙

일정한 온도 아래에서 기체의 부피는 가해지는 압력에 반비례한다는 것이 바로 보일의 법칙입니다. 기체는 불안정해서 압력의 변화에 민감하기 때문인데요. 예를 들어 실린더 안에 일정량의 공기가 들어 있는 상태에서 실린더 끝 부분을 피스톤으로 막고 피스톤을 누르면(즉, 압력을 가하면) 피스톤 안의 기체는 부피가 줄어들게 됩니다.

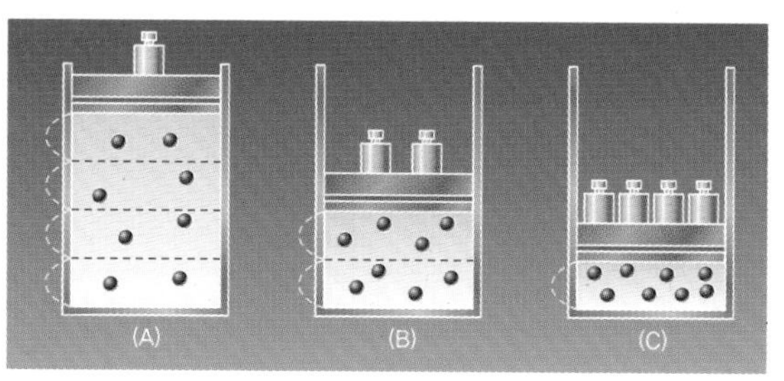

일정 온도 아래에서 기체의 부피는 압력에 반비례한다. 즉 위에서 누르는 압력(추)이 1인 경우(A)와 2인 경우(B), 압력(추)이 4인 경우(C) 각각의 부피는 압력에 반비례해 줄어들게 된다.

잠깐! 샤를의 법칙

보일의 법칙과 단짝 친구인 샤를의 법칙은 "기체의 부피와 온도의 관계로서 압력이 일정할 때 기체의 부피는 온도에 비례한다"는 법칙이다. 그 이유는 온도가 높아지면 기체 안의 분자 운동이 활발해지고, 분자들이 충돌하면서 압력이 커지므로 압력을 일정하게 유지하려면 기체의 부피가 커질 수밖에 없기 때문이다.
즉, 초를 이용하여 가열하였을 때 기체의 온도가 올라가는데 기체의 온도가 2배(B), 3배(C)가 되면 부피는 2배(B), 3배(C)가 된다. 단, 이때의 온도는 절대 온도를 사용함에 주의해야 한다.

※ 절대 온도(K)=섭씨 온도+273

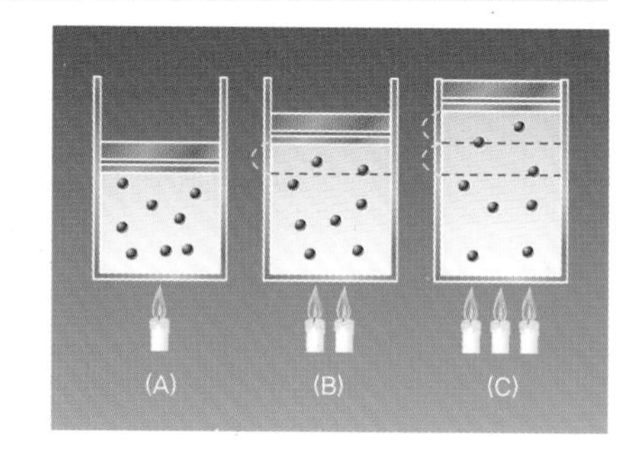

드디어 발명품이 완성되었다!

오늘 드디어 나의 '주사기 물감'이 완성되었다. 이번 발명은 기존의 주사기를 그대로 활용하고 물감이 나오는 부분과 뚜껑 부분만 별도로 제작하면 되었기 때문에 특별히 어려울 게 없었다. 처음 설계 때 정밀하게 작업했기 때문인 것 같다.

주사기 물감에 물감을 담아 직접 사용해보았다. 생각했던 대로 물감을 짜는 데 전혀 불편함이 없었다. 물론 마지막 한 방울까지 다 쓸 수 있었다. 뚜껑도 잘 고정되어 물감이 새어나오지 않았다.

그런데, 물감을 가득 담았을 때 피스톤 부분이 밖으로 많이 돌출되어 있어야 해서 전체 길이가 길어지는 점이 조금 마음에 안 들었다. 하지만 이 부분은 뾰족한 방법이 없다. 전체 물감 케이스를 크게 제작하는 수밖에 없을 것 같다.

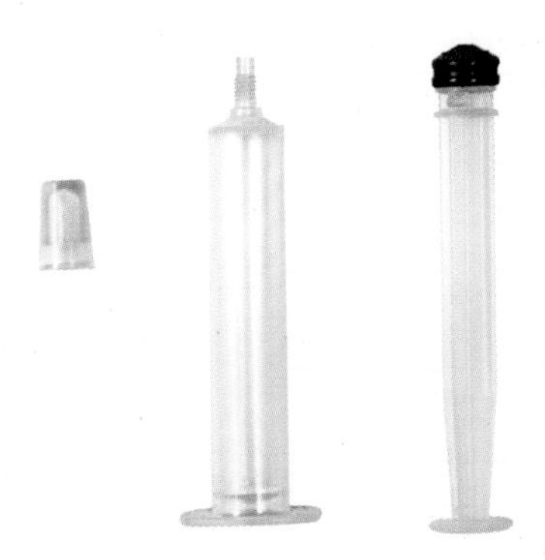

내 이름으로 특허를 출원하다

처음 아이디어를 내고 아빠가 특허 출원을 이야기하실 때까지만 해도 그냥 '내 이름으로 특허를 가졌으면 좋겠다'는 바람을 가졌을 뿐이었다. 그런데 정말로 아빠는 '주사기 물감'으로 특허 출원을 준비하셨고 드디어 오늘 등록을 마쳤다. 정말 믿어지지 않는다. 내 이름으로 된 특허를 갖게 되다니….

등록사항   등록원부신청   출 력   ×

※ 본 사이트를 통해 "조회" 또는 "출력"된 등록정보는 법적증빙자료로 사용할 수 없고 단지 정보로만 활용할 수 있으며, 데이터 이관에 따른 소요기간(1일)으로 인하여 특허청 등록원부와 일부 차이가 발생할 수 있음을 알려드립니다.

※ 법적증빙자료로 활용하시려면 특허청에서 제공하는 온라인제증명신청을 통해 등록원부를 발급받아 사용하시기 바랍니다.

실용신안 등록번호	20-0434775-0000

권 리 란

표시번호	사 항
1번	출원 연월일 : 2006년 09월 27일 등록결정(심결)연월일 : 2006년 12월 20일 유 별 : B44D 3/08 고안의 명칭 : 주사기 물감용기 존속기간(예정)만료일 : 2016년 09월 27일 출 원 번 호 : 20-2006-0026151 청구범위의 항수 : 4 등록의 구분 : 2006년 12월 20일 등록

실 용 신 안 권 자 란

순위번호	사 항
1번	(등록권리자) 정단아 경기 안산시 단원구 원곡*동 ***-* 동국*차 아파트 A동 ***호 2006년 12월 20일 등록

발명품 요모조모 뜯어보기

단아에게 이번 발명은 정말 잊지 못할 경험이었습니다. 아이디어를 내게 된 동기는 소박했지만 이번 발명으로 단아는 당당히 발명 특허권을 가진 소녀가 되었으니까요.

주사기와 물감이라는, 어떻게 보면 별로 연관이 없어 보이는 물건들을 연결시켜 '주사기 물감'이라는 근사한 발명품을 만들어낸 단아에게 박수를 보내고 싶습니다. 발명이라는 것이 특별한 누군가만 할 수 있는 게 아니라는 사실을 확실하게 보여준 단아의 '주사기 물감'. 색색가지 물감으로 채워진 주사기 물감의 완성품을 함께 감상해보실까요?

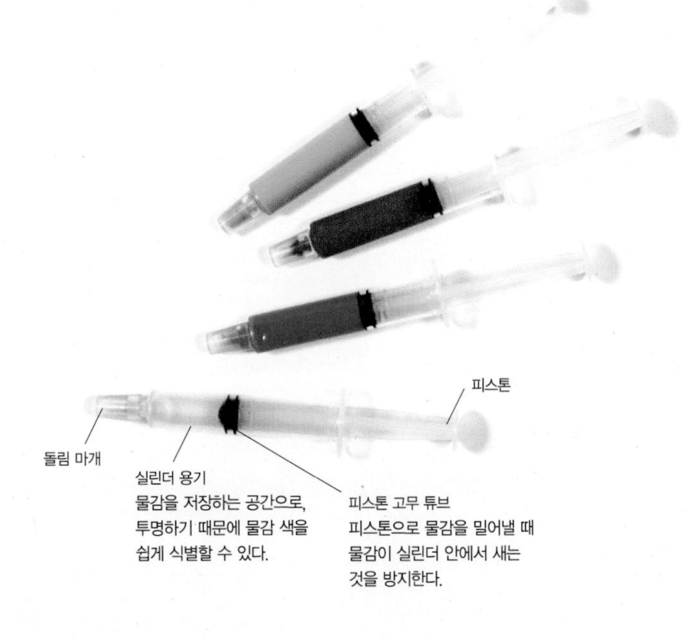

알뜰 색대

수매 포대의 구멍을 보다 좁게

농부의 정성 생각하면 한 톨도 버릴 수 없죠

여러분, 혹시 '색대'가 어디에 쓰이는 물건인지 알고 있나요? 색대란 가마니나 섬 속에 들어 있는 곡식이나 소금 등의 물건을 찔러서 빼내어 보는 데 사용하는 기구랍니다. 보통 대통이나 쇠통의 끝을 어슷하게 베어서 만들지요.

그런데 일반적으로 쓰고 있는 색대는 일자형의 막대 모양이어서 가마니에 넣었다 뺐을 때 구멍이 제법 크게 납니다. 문제는 그 구멍 사이로 곡식이나 소금 등 내용물이 필요 이상으로 쏟아져나온다는 것이지요.

효주는 우연히 할아버지가 농사 지으신 벼를 수매하는 현장에 갔다가 쌀알이 함부로 버려지는 것을 막을 수 있는 색대를 만들겠다고 결심했답니다.

과연 효주의 머리와 손을 거쳐 탄생한 새로운 색대는 어떤 모습일까요? 지금부터 효주의 발명 이야기 속으로 들어가보겠습니다.

학원 대신 시골 할아버지 댁?

"효주야, 이번 주말에 시간 좀 내자꾸나."

"무슨 일인데요, 아빠?"

"시골 할아버지 댁에 가보려고. 간만에 아빠가 짬도 나고 하니…."

이번 주말은 학원에서 보충 수업을 듣기로 정해놓았던 효주는 잠시 갈등이 되었어요. 오랜만에 할아버지, 할머니도 뵙고 사촌 언니도 만나면 좋겠다 싶으면서도 또 한편으로는 혼자만 진도가 떨어지지나 않을까 고심이 되었던 것이지요.

머뭇거리는 효주를 바라보시던 아버지는 "엄마와 아빠만 다녀오마" 하셨습니다.

다음 날, 학원에 들른 효주는 학원 게시판에 적힌 글을 읽게 되었어요.

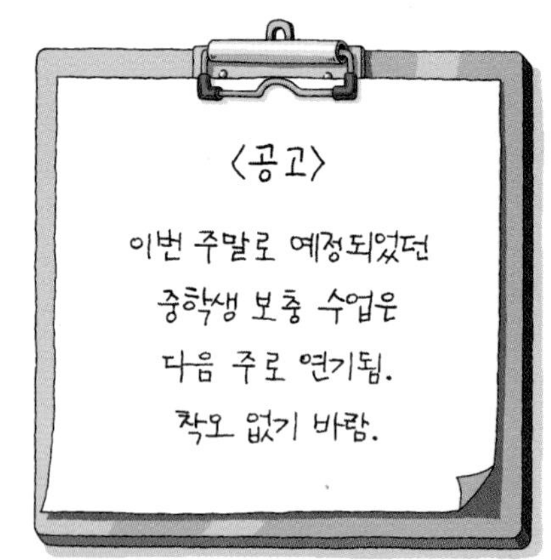

"왜 미뤄졌대?"

"학원 내부 수리를 해야 한다나봐. 이 건물이 좀 낡았잖냐."

친구는 마침 잘됐다며 효주에게 오랜만에 시내로 쇼핑을 나가자고 했습니다. 옆에 있던 다른 친구들도 좋다며 박수를 치고 야단입니다. 어차피 부모님께는 보충 수업이 있다고 미리 이야기해놓았으니 '공짜로 생긴 시간'이라는 것이었지요.

효주는 집으로 돌아오는 내내 갈등의 연속이었습니다.

친구들에게는 함께 시내로 가겠다고 약속한 효주였지만, 마음이 편할 수는 없었습니다. 양심을 속이는 것 같아서지요. 그래도 여중생의 마음이란 또 그런 게 아니랍니다. 예쁜 옷이랑 아기자기한 액세서리가 가득한 시내 구경을 단칼에 거절하기가 어디 쉬운 일이던가요.

"아, 몰라 몰라~."

할아버지, 일 년 동안 고생하셨어요

효주는 오후 내내 갈등을 했습니다. 하지만 효주의 이런 갈등은 저녁 식사 후 걸려온 한 통의 전화로 말끔히 해소되었지요. 할머니의 전화를 효주가 직접 받았거든요. 효주에게 할머니는 여느 할머니가 아닌, 매우 특별한 존재랍니다.

어린 시절, 어머니와 아버지가 함께 일을 하시느라 효주는 초등학교에 입학하기 전까지 할머니 손에서 자라났습니다. 그러니 효주에게 할머니는 어린 시절 어머니를 대신하는 고맙고도 소중한 분이지요.

"에구~, 우리 강아지로구나. 그래, 밥은 먹었구?"

"그럼요, 할머니. 할머니는 식사하셨어요?"

"오냐. 그래, 이번 주말에 엄마 아빠랑 같이 올 거지? 우리 강아지 얼굴 못 본 지 너무 오래 되었구나."

"저…, 네, 그럼요, 할머니. 주말에 뵐게요."

수화기를 어머니에게 넘기려는데 효주를 바라보는 어머니의 시선에 의혹이 담겨 있습니다. 분명 학원 보충 수업 때문에 못 간다고 했던 효주였는데 말이지요. 효주는 어머니에게 빙긋이 웃어 보이고 제 방으로 들어갔습니다.

효주는 자신이 대견스럽게 생각되었습니다. 친구들과의 나들이 유혹을 이겨냈다는 사실 때문이었지요. 늘 할머니 은혜에 보답하겠다고 말만 앞세웠던 자신이 새삼 반성되기도 했답니다.

이윽고 토요일 아침, 아버지 어머니와 함께 일찌감치 길을 나선 효주는 정오가 좀 못 되어 할아버지 댁에 도착할 수 있었습니다. 이미 늦가을로 접어든 논에는 수확을 마치고 쌓아둔 볏단이 여기저기 보였습니다. 할아버지 집으로 들어와 밥상을 앞에 두고 효주가 말을 꺼냈습니다.

"할아버지 할머니, 농사 짓느라고 정말 고생 많이 하셨어요."

"허허, 우리 효주가 다 컸구나. 오~냐."

"내일 이 할애비랑 쌀 수매하는 데 함께 가보지 않으련? 너 어릴 적 좋아하던 경운기 타고 말이다."

일요일 아침 일찍 할아버지와 아버지를 따라 쌀 수매하는 현장에 가기로 한 효주는 일찌감치 자리에 들었습니다. 시골 밤은 참으로 고요합니다. 멀리서 들려오는 귀뚜라미 소리만이 늦가을 밤의 정적을 깨우고 있습니다.

버려지는 쌀이 너무 아까워요

다음 날 새벽녘, 문 밖에서 들리는 사람들 목소리와 발자국 소리에 잠에서 깬 효주는 눈을 부비며 시계를 보았어요.

"엥? 뭐야. 아직 다섯 시도 안 됐잖아. 아~함, 졸려~."

다시 자리에 누우려는데 어머니가 들어오셨습니다. 어른들 모두 일어나 움직이기 시작하셨으니 서둘러 일어나라는 것이었지요.

'아니, 아직 해도 뜨기 전인데 왜들 이렇게 일찍 서두르시는 건지….'

물먹은 솜마냥 축 늘어진 눈꺼풀을 가까스로 열어젖히고 자리를 빠져나온 효주는 살그머니 문을 열었습니다. 이미 마루와 마당에서는 할아버지와 아버지가 바삐 움직이고 계셨습니다. 할머니와 어머니는 부엌에서 아침 식사 준비에 여념이 없으셨지요.

"우리 강아지 일어났냐? 어여 씻고 아침 먹자꾸나. 오늘 벼 수매하는 데에 같이 가겠다고 했다면서…."

비몽사몽간에 아침 식사를 마친 효주는 할아버지와 아버지를 따라나섰습니다. 어린 시절 신나게 타고 놀았던 경운기에 몸을 싣고 서늘한 아침 공기를 가르며 달리는 기분은 생각보다 훨씬 낭만적이었습니다.

이윽고 벼 수매하는 곳에 도착했습니다. 벌써 많은 분들이 벼 가마니를 트럭과 경운기에 가득 싣고 서 있었습니다. 잠시 후 한 아저씨가 기다란 막대기 같은 것을 들고 나타났습니다. 그러더니 그 막대기로 벼 가마니를 '푹~푹' 찔러보는 게 아니겠어요? 그 아저씨가 가마니를 찌를 때마다 '후드득~'하고 낟알들이 땅으로 떨어졌습니다.

"아빠, 저게 뭐예요?"

"음, 벼의 품질을 살펴보는 것이지. 저 막대기는 색대라고 한단다."

"그런데, 저렇게 구멍을 내버리면 낟알들이 마구 떨어질 텐데, 좀 조심하지 않구요?"

"하하, 왜 아깝니? 저 사람들이 하루에 검사해야 하는 포대가 수천 개나 된다 하니 어디 조심조심 할 수야 있겠니?"

그래도 효주는 마음이 좋지 않았습니다. 할아버지와 할머니가 정성 들여 수확하신 쌀알들이 너무 홀대받는 기분이었지요. 두 분의 땀방울이 아무렇지도 않게 취급되는 것 같아 가슴이 아팠습니다.

'색대라고 했지? 낱알을 조금만 떨어뜨리는 색대는 없을까? 게다가 포대에 나는 구멍이 너무 큰 거 아냐?'

효주의 가슴 속에는 지금 쓰고 있는 색대를 대신할 색대를 만들어야겠다는 의욕이 꿈틀거렸습니다.

색대 앞부분에 각도를 주는 거야

집으로 돌아온 효주는 하루 종일 제 방에서 꼼짝도 하지 않았습니다. 대체 무슨 일인가 궁금한 아버지가 효주의 방문을 두드린 건 저녁때가 다 되어서였지요.

"효주야, 무슨 일이냐. 할아버지 댁에 다녀와서는 방에서 꼼짝도 하지 않으니…."

"아빠, 사실은요, 아까 봤던 그 색대를 좀더 효과적으로 바꿀 방법을 찾고 있었어요. 포대에 뚫리는 구멍을 작게 해서 버려지는 낱알이 없도록 말이에요."

"오호, 우리 효주가 아주 기특하구나. 그래, 어디까지 진전되었니?"

효주는 오후 내내 끙끙대며 생각해낸 아이디어를 아버지께 보여드렸습니다.

"먼저, 색대 앞에 턱을 만드는 거예요. 마치 고깔처럼 원추형 뿔을 만들어 달면 포대에 나는 구멍이 좀 작아지겠죠? 이렇게요.
또 아까 보니까 바닥으로 떨어지는 낱알이 상당했는데요, 그건 벼가 담겨지는 끝에 일정한 각도를 주어 벼가 흘러내리는 것을 막는 거예요. 이렇게요. "

"으흠, 일단, 네 아이디어의 핵심은 포대에 나는 구멍을 작게 만드는 것에 있다고 생각되는데, 그러자면 저렇게 원추형 뿔만으론 좀 약하지 않을까. 음~, 들어가는 구멍은 작지만 포대

안에서 낱알을 빼내는 데에는 지장이 없고 빼낼 때에 다시 작은 구멍으로 나올 수 있게 하는 방법이 없을까?"

"아하, 우산을 폈다 접었다 하는 원리를 응용하면 어떨까요? 우산은 접었을 때는 각이 좁다가 폈을 때 각이 넓어지잖아요. 우산을 폈다 접었다 하는 건, 용수철의 힘을 이용하는 거지요?"

"으흠, 레버라는 걸 사용하면 되겠다. 손잡이 부분에 레버를 장착해 포대로 색대를 넣을 때는 앞부분의 각이 좁아지게 하고 포대 안에서는 넓어졌다가 나올 때는 다시 좁아지도록 하는 거지."

아버지와의 대화를 통해 효주는 레버를 이용하면 뭔가 해결책이 나올 것이라고 확신할 수 있었습니다. 레버의 탄성을 이용하여 포대로 들어갈 때는 폭이 좁아졌다가 포대 안에서는 낱알을 담을 수 있을 만큼 넓어지고 나올 때는 다시 좁아지는 방법을 활용해보기로 한 것입니다.

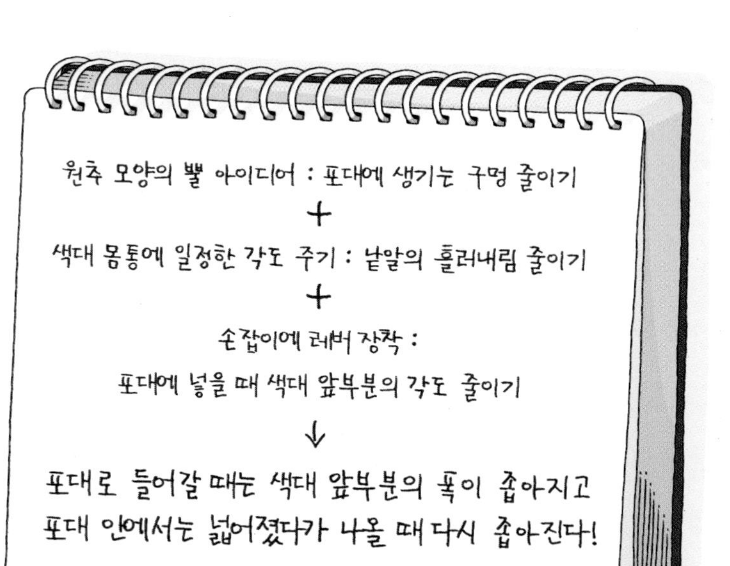

'알뜰 색대'가 필요해!

기존 색대의 문제점

1. 일자형의 색대로 포대를 찌르면 구멍이 크게 나서 낟알이 많이 떨어진다.
2. 구멍을 줄이는 기구가 있지만 번거로워서 대부분 사용하지 않는다.

새로운 색대의 특징

1. 색대 끝을 고깔 모양의 원추형으로 만들고 벼가 담겨지는 부분에 각을 준다.
   → 적정한 각도는 실험을 통해 찾는다.
2. 레버를 이용하여 색대가 포대에 들어갈 때와 나올 때 구멍 크기를 달리한다.
   → 포대를 찌르면서 뚫리는 구멍을 최소화하여 버려지는 낟알을 줄일 수 있다.

3. 색대가 들어간 길이를 측정할 수 있도록 눈금자를 붙인다.
   → 적당한 길이만큼 색대를 넣도록 하여 일의 능률을 높인다.
4. 손잡이 부분에 구멍을 줄이는 기구를 부착한다.
   → 색대로 구멍을 뚫은 후 그 자리에서 바로 사용할 수 있다.

버려지는 쌀알을 최소화하는 색대를 어떻게 만들까?

원리부터 찾아라

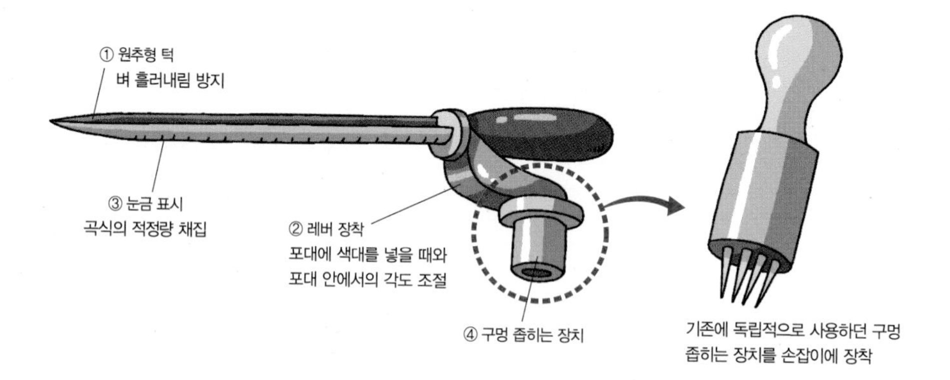

- 색대를 사용할 때 벼가 흘러내리는 것을 방지하기 위해 색대 앞부분에 원추형으로 턱을 만든다.
  → 턱의 각도 변화에 따라 벼가 흘러내리는 양을 측정하였다. 10도, 20도, 30도로 실험해본 결과 20도일 때 벼의 흘러내림이 가장 적었다.
- 색대를 하고 난 후 생기는 벼 포대 구멍을 최소화하기 위하여, 우산을 펴고 접을 때 각의 크기가 커지고 작아지는 원리를 이용하여 벼 포대 구멍 막는 장치를 만든다.(레버 이용)
  → 포대를 찌를 때 철심이 펴지고 손잡이를 당기면 철심이 좁게 모아져 벼 수매 포대의 구멍을 막게 되어 벼의 손실을 크게 줄일 수 있다.
- 수매 검사 시 필요한 벼의 적정량은 15g이다. 따라서 색대에 눈금 표시를 하여 정확한 양을 채집하여 검사할 수 있게 한다.
- 색대에 편리성을 더한다.
  → 색대의 길이를 짧게 하여 무게를 줄인다. 색대질을 오래 하면 손에 통증이 온다.(보통 하루에 3000번 이상 한다고 한다.) 이러한 고통을 덜기 위하여 손잡이에 연질의 고무판을 부착한다.

두 힘의 사잇각이 작을수록 커지는 합력

효주가 생각해낸 알뜰 색대에는 '합력'이라는 과학 원리가 숨어 있답니다. 두 힘이 작용하는 사잇각이 작으면 작을수록 합력의 힘은 커지게 됩니다. 여기서는 합력의 원리에 대해서 알아봅시다.

■ 합력이란?

합력이란 일반적으로 흩어진 힘을 한데 모으는 것을 말합니다. 하지만 물리에서 말하는 합력은 둘 이상의 힘이 동시에 작용할 때와 똑같은 효과를 나타내는 하나의 힘입니다.

아래 그림은 방향이 같은 두 힘의 합력과 방향이 반대인 두 힘의 합력을 나타냅니다. 즉, 두 힘이 같은 방향으로 가해졌을 때 합력은 두 힘의 크기를 합한 것과 같고, 두 힘이 반대 방향으로 가해졌을 때에는 힘의 크기는 큰 것에서 작은 것을 뺀 것과 같고, 방향은 처음 큰 힘의 방향으로 작용하는 것이지요.

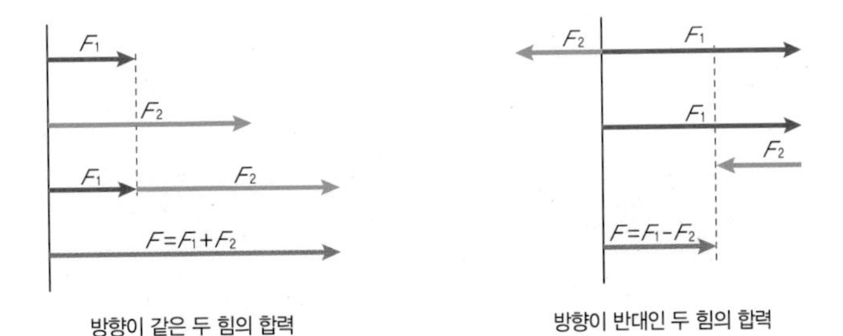

방향이 같은 두 힘의 합력

방향이 반대인 두 힘의 합력

■ **두 힘이 작용하는 사잇각이 작을수록 커진다**

무거운 물체를 두 사람이 양쪽에서 함께 들 때 특정 각도에서 물체의 무게가 덜 나가는 듯한 느낌을 받은 적이 있지요? 그림에서처럼 각기 다른 방향에서 힘이 가해질 때 두 힘이 이루는 사잇각의 크기가 작을수록 합력의 힘은 강해집니다. 옆의 그림에서 두 힘 F_1과 F_2가 주어졌을 때 두 힘이 이루는 평행사변형의 대각선이 합력이 되는 것이지요. 두 힘의 사잇각의 크기에 따른 합력의 크기는 평행사변형을 그려보면 쉽게 알 수 있습니다.

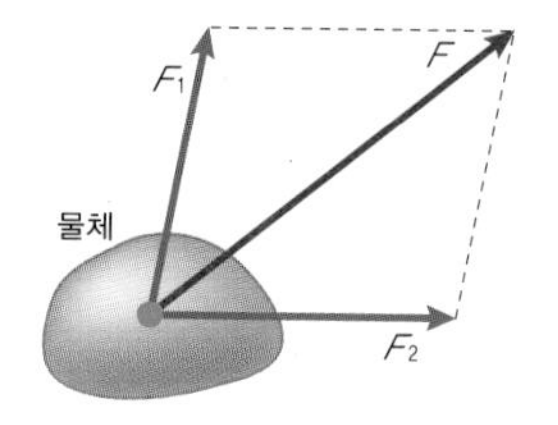

숨은 과학 원리를 찾아라 ② – **마찰력**

마찰력은 수직 항력에 비례한다

마찰력이란 한 물체가 다른 물체와 접촉한 상태에서 운동을 할 때 접촉면 사이에서 물체의 운동을 방해하는 힘입니다. 이 마찰력은 물체의 운동을 방해하는 힘이기 때문에 물체의 운동 방향과 반대 방향으로 작용하지요.

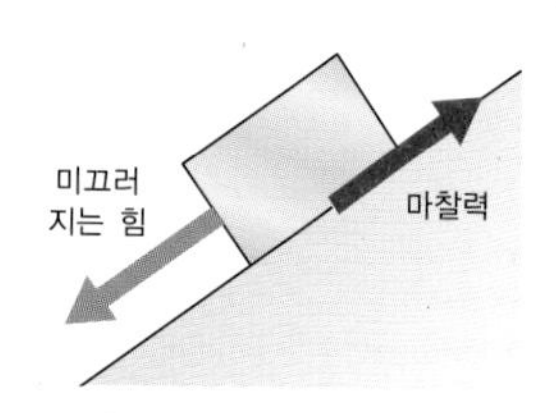

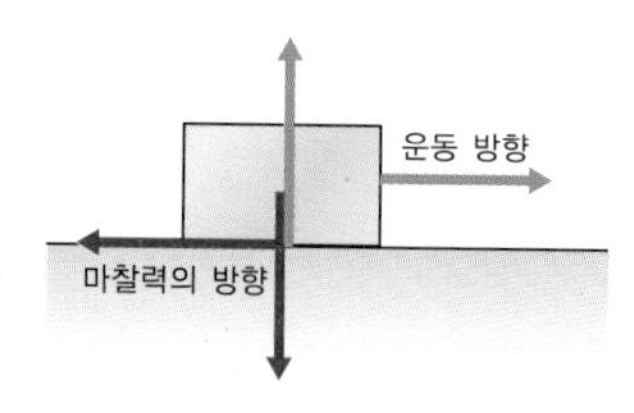

1차 발명품 완성, 하지만…

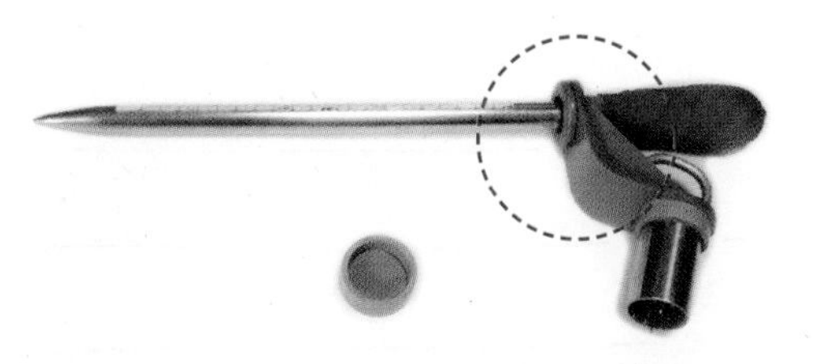

기존의 구멍 좁히는 기구와 색대 손잡이를 연결하는 부분에 레버를 제작해 장착하였다. 지렛대 원리를 이용하여 색대를 찌를 때 레버를 당겼다가 나올 때 풀어주면 가마니의 구멍이 좁아지는 효과를 거둘 수 있다.

일주일 동안 아버지와 나는 우리의 아이디어가 담긴 알뜰 색대를 만드는 데 집중하였다. 재질을 무엇으로 할까 고민한 결과 강한 재질이 좋겠다고 판단하여 강철로 만든 관과 PVC 재질을 사용했고 손잡이는 고무 재질로 만들었다. 색대 손잡이 아래 쪽에 구멍을 좁히는 구조를 갖춘 새로운 색대가 탄생된 것이다.

그런데 실험을 거듭할수록 손잡이에 감은 고무가 녹아서 끈적거렸다. 그래서 떠올린 방법은 테니스 라켓에 감는 그립 테이프였다. 게다가 이 그립 테이프는 약간 푹신한 느낌이어서 오래 쥐고 있어도 손에 물집이 잘 생기지 않을 것 같았다.

가마니를 구해와 새로운 색대로 구멍을 찔러보았다. 과연 구멍의 크기는 확실히 줄어들었다. 그러나, 문제가 좀 있었다. 구멍은 확실히 줄어들었으나 레버를 움직일 때 힘이 너무 많이 들어갔다. 또 손잡이 부분에 설치한 구멍 좁히는 장치를 사용해보니 별도의 작업 시간이 필요했다. 비록 1~2초 정도이지만, 검사원 한 명이 하루에 3000회 정도 색대 작업을 한다고 하니 결코 무시하지 못할 시간인 셈이다.

다시 처음으로 돌아가서…

조금 더 쉽게 힘을 덜 들이고 쓸 수 있는 방법이 없을까. 일단 재질을 바꾸어보자. 철로 만든 관은 아무래도 너무 무겁다. 알루미늄으로 해도 될 것 같다. 한 손으로 들고 해야 하니 알루미늄 정도면 부담이 없겠지?

하지만 알루미늄으로 한다고 해도 지금처럼 레버를 사용하면 접었다 폈다 할 때 여전히 힘이 많이 들어갈 것이다. 기본적인 원리를 다시 점검해야 한다.

먼저 전동 드라이버, 나사못 등 어딘가에 구멍을 뚫는 도구들을 떠올렸다.

전동 드라이버처럼 나선을 갖도록 몸체를 만들면 어떨까. 이 스크류가 가마니로 들어가면서 회전을 하게 되면 동일한 두께로 된 것보다 훨씬 쉽고 효율적일 것 같다.

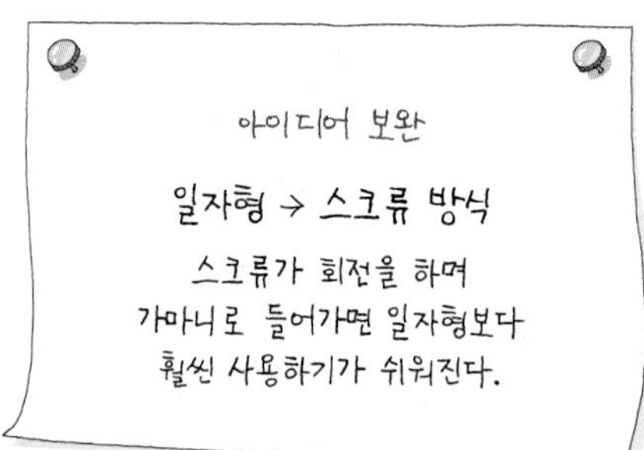

전동 드라이버에 사용되는 이 기구는 스크류 방식이라 견고한 콘크리트 벽을 보다 수월하게 뚫을 수 있다.

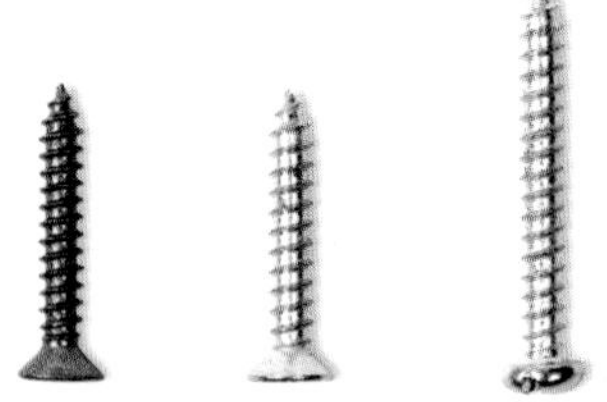
나사못은 일반 못과 달리 나선 형태라 못을 박는 데 힘이 덜 드는 장점이 있다.

스크류 방식의 색대로 바꾸어보자

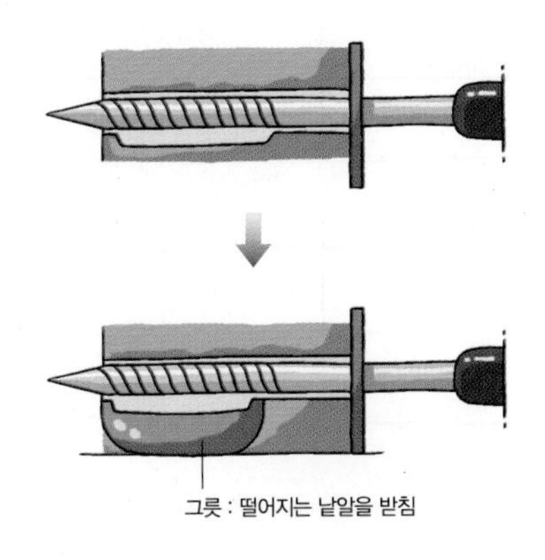
그릇 : 떨어지는 낱알을 받침

이런 형태라면 훨씬 효율적이다. 아, 그런데 이게 돌아가게 되면 낱알들이 스크류 홈으로 빠질 수 있겠다. 아, 그 문제는 간단히 해결할 수 있다. 밑에 그릇을 받치면 된다! 가벼운 재질의 플라스틱으로 그릇을 만들어 밑에 대자.

낱알을 볼 수 있도록 투명하게 만들면 좋겠다. 투명한 그릇으로 하면 손잡이 쪽으로 구멍을 뚫어 그쪽으로 낱알을 받아서 살펴볼 수도 있겠다. 이렇게….

그런데, 스크류를 어떻게 만들지? 깎기도 어렵고 중심을 잡는 것도 어려울 텐데 어떻게 할까. 시중에 팔고 있는 전동 드라이버를 구입해 살펴보자. 그것을 분해해서 부품으로 사용할 수 있을지도 모른다.

잠깐! **빗면의 원리**

빗면의 각이 증가할수록 필요한 힘이 증가한다. 반면 각이 줄어들면 힘도 적게 든다. 그러나 같은 높이를 움직이는 데에 필요한 에너지는 같다. 힘이 적게 들면 그만큼 긴 거리를 이동해야 하는 것이다.

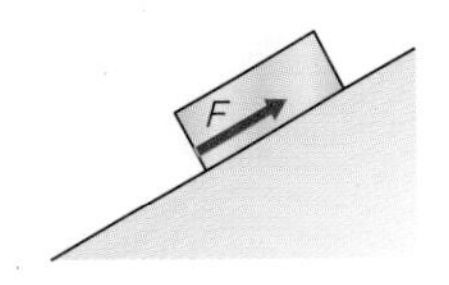

아빠의 새로운 아이디어

지난번 생각해낸 스크류 방식의 색대 아이디어를 오늘 아빠에게 보여드렸다. 그런데 아빠도 그 동안 생각해둔 게 있다고 하시며 그림을 하나 보여주셨다.

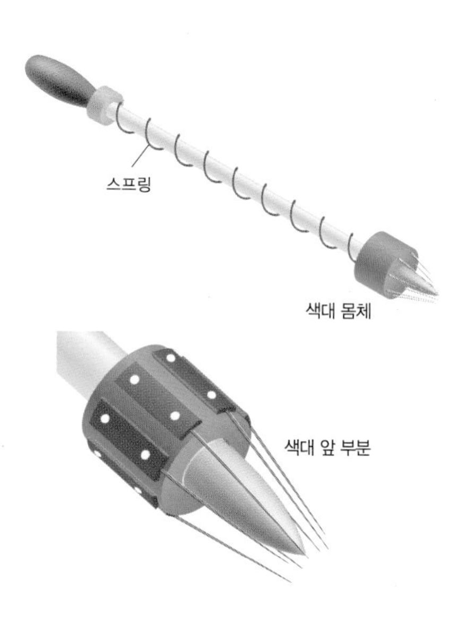

아빠가 생각하신 아이디어의 핵심은 기존 색대를 그대로 활용하되 앞 부분에 철사를 심어놓는 것과 색대 몸체에 용수철을 달아 탄력을 이용하여 색대를 포대 안으로 밀어넣는다는 것이다. 그런데 앞 부분의 철사는 어떻게 작동하는 것일까. 아빠는 그림을 그려 보이며 설명하셨다.

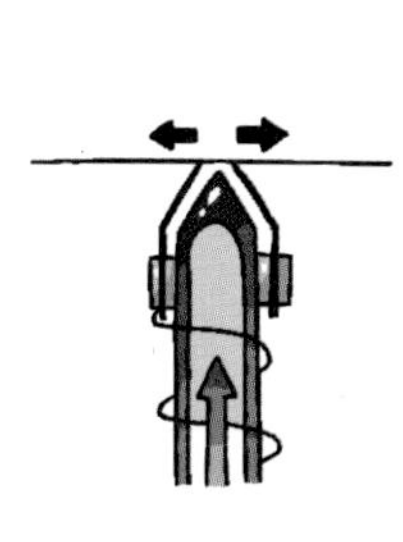

색대를 포대에 삽입하는 모습이다. 이 과정에서 색대 앞부분에 설치된 철사가 주변을 고정시켜 포대가 훼손되는 것을 방지하게 된다.

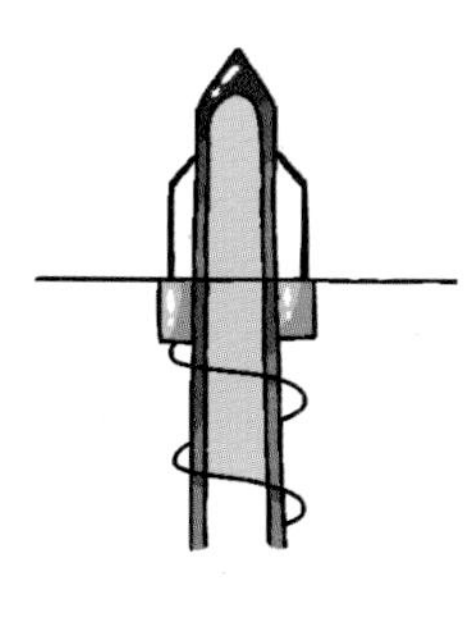

포대에는 색대 몸체만 삽입된다.

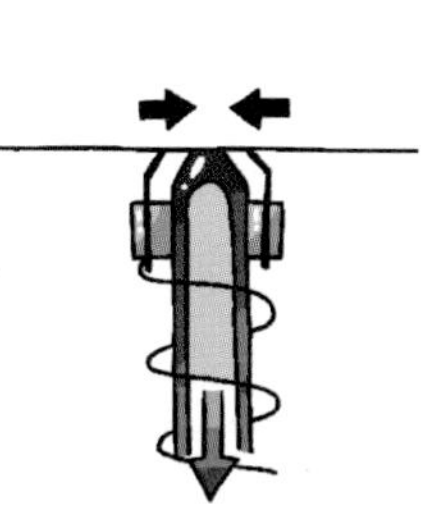

색대가 빠져나오면 철사가 다시 구멍을 좁혀준다.

가하는 힘만큼 늘어나는 탄성, 후크의 법칙

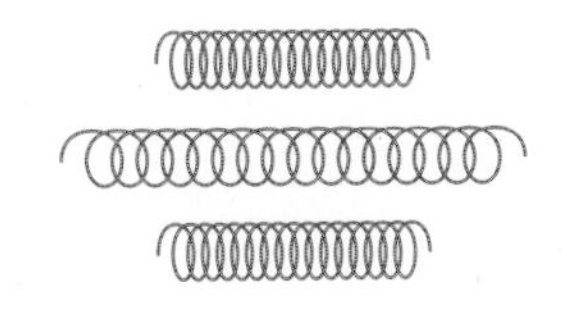

탄성을 지닌 대표적 물체인 고무줄과 용수철

탄성이란 어떤 물체에 힘을 주었다가 제거하면 그 물체가 처음의 모양으로 되돌아오는 성질을 말합니다. 효주 아버지가 제안한 아이디어의 핵심은 '용수철의 탄성'을 이용한 것이지요. 여기서는 탄성에 대해 알아보고, 이와 관련된 후크의 법칙에 대해서도 알아보겠습니다.

■ 탄성과 탄성 한계

탄성에는 두 가지가 있지요. 축구공처럼 부피가 줄었다가 다시 원래의 부피로 돌아오는 체적 탄성과 용수철처럼 모양이 변하면서 생기는 형상 탄성이 그것입니다.

우리 생활에서 탄성과 탄력을 이용한 도구들을 떠올려 볼까요? 대표적인 것으로는 서류나 물건을 움직이지 않도록 고정시켜주는 집게가 있겠지요. 또 손톱깎이의 손톱을 깎는 부분이나 족집게, 안전핀과 머리핀도 탄성과 탄력을 이용한 것이랍니다. 용수철의 탄성을 이용한 용수철 저울의 눈금은 물체를 내려놓으면 눈금이 0으로 돌아오지요. 볼펜의 용수철도 이와 같습니다.

탄성이 생기려면 먼저 힘을 받아야 합니다. 그런데 일정 정도 이상의 힘을 받으면 탄성이 사라져 원래 모양으로 돌아오지 못합니다. 이때 원래의 모양으로 돌아올 수 있는 최대한의 힘이 있는데 이를 '탄성 한계'라고 합니다. 예를 들어 볼펜의 용수철을 적당히 잡아당겼다 놓으면 원래 모양으로 돌아가지만, 있는 힘껏 잡아당겼다 놓으면 긴 철사가 되고 맙니다. 이는 물체에 탄성 한계 이상의 힘을 가했기 때문입니다.

잠깐!

돌도 탄성이 있다?

거의 모든 물체는 탄성을 갖는다. 물론 돌도 탄성을 갖는다. 다만 가하는 힘에 비하여 형태의 변형이 매우 작기 때문에 우리 눈에는 보이지 않을 뿐이다.

■ 용수철과 후크의 법칙

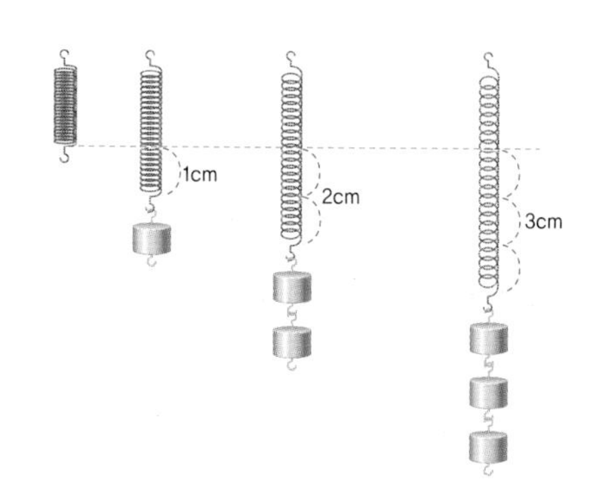

용수철은 탄성을 가진 강철선을 나선형으로 꼬아서 만든 것이지요. 용수철은 처음의 길이에 비하여 상당한 복원력을 발휘한답니다. 물론 힘이 클수록 모양이 많이 변하는 성질을 갖고 있지요.

옆의 그림에서 용수철에 저울 추를 한 개 매달았을 때 용수철의 길이가 1cm 늘어났다고 합시다. 그렇다면 같은 무게의 추를 두 개 매달면 용수철의 길이는 얼마나 늘어날까요? 그렇습니다. 2cm 늘어납니다. 용수철의 탄성 한계를 벗어나지 않는 범위 내에서 추의 양을 늘리면 그만큼 용수철의 길이도 늘어난다는 것이 바로 후크의 법칙입니다.

■ 후크의 법칙

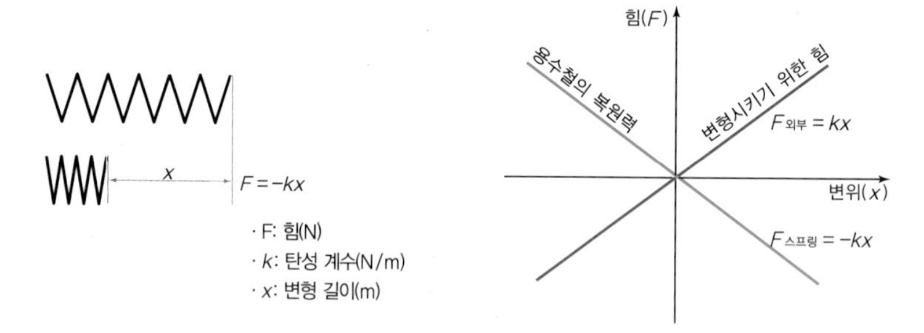

잠깐! 로버트 후크

'후크의 법칙'이라는, 기계 공학의 기초가 되는 매우 중요한 법칙을 발견한 로버트 후크(1635~1703)는 미술가적인 재능을 살려 자신이 직접 설계해 제작한 현미경을 이용하여 관찰한 식물의 세포 조직 등을 그린 수많은 도안들을 모아 발표하였다.

그는 하루에 서너 시간밖에 자지 않고 항상 실험실에서 보냈다고 한다. 수많은 과학 장치들을 발명하고 개선했는데 그의 발명품으로는 망원경의 조준기, 미세 나사 조정 장치, 시계가 부착된 망원경 받침대 등이 있다.

완성된 2차 발명품, 테스트 통과!

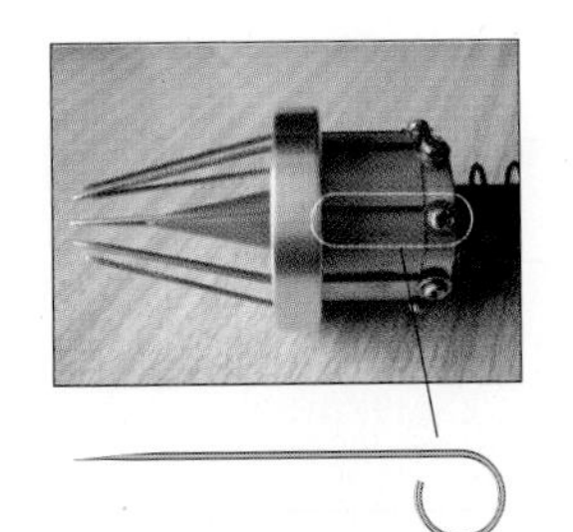

색대 앞 부분에 철사를 구부려 바로 스크류를 고정한다.

아빠의 아이디어가 내 아이디어보다 훨씬 더 효율적일 것이라고 판단한 우리는 제작을 의뢰하기로 하였다. 이 부분은 아버지가 맡아서 만들어주실 분을 찾아 설계 도면대로 제작을 부탁했다.

그런데 며칠 전 색대의 앞 부분에 철사를 고정시키는 작업이 곤란하다는 연락을 받고 철사 고정 문제를 다시 생각하기로 하였다. 그래서 아빠와 내가 찾은 방법은 철사를 구부려 거기에 바로 스크류를 고정하는 식이었다. 또 링을 끼워 고정하는 위치를 가변적으로 하여 최종적으로 제일 성능이 좋은 위치에 고정하도록 여유를 주었다.

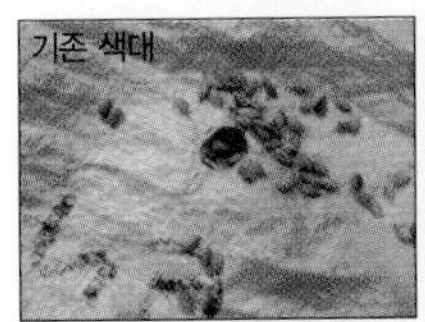

기존 색대에 비해 포대에 생기는 구멍이 현저하게 줄어든 새로운 색대. 또한 떨어지는 낟알의 수도 많이 줄었다.

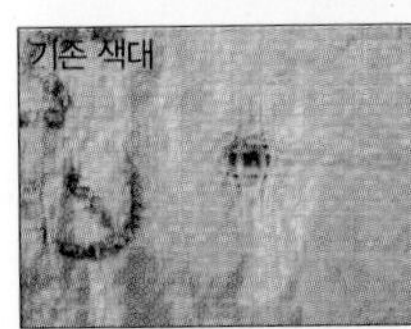

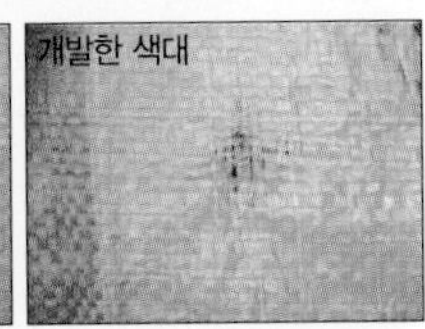

두 개의 색대로 포대에 구멍을 낸 지 10시간 후의 모습이다. PP 재질의 포대는 약간의 탄력이 있어 시간이 지나면 복원력을 갖는데, 구멍의 복원력 면에서 새로운 색대의 효과가 훨씬 뛰어났다.

그리고 오늘 드디어 완성품을 받아볼 수 있었다.

우리는 실제로 벼가 담긴 포대를 이용하여 테스트를 해보았다. 그 결과 색대를 뽑을 때 마지막에 바늘이 포대의 올을 모아주면서 나오기 때문에 구멍이 좁아지는 효과가 나타나는 것을 확인할 수 있었다.

또한 기존 색대와 새롭게 개발한 색대로 구멍을 낸 지 10시간 후 살펴보았더니 역시 새롭게 개발한 색대의 효과가 훨씬 뛰어났다.

발명품 요모조모 뜯어보기

여러 차례의 테스트를 통하여 새로운 색대의 효과를 확인한 효주의 '알뜰 색대'는 성능은 물론이고 사용하는 사람이 매우 편안하게 쓸 수 있도록 설계되었습니다. 기존 색대는 찌르는 순간 힘의 변화가 매우 큽니다. 따라서 이때 손목에 무리를 주지요. 또한 색대를 뽑을 때에 힘의 방향이 급작스럽게 바뀌어 이 또한 무리를 주게 된답니다. 그러나 효주가 발명한 '알뜰 색대'는 용수철이 압축되면서 충격을 완화하여 찌르는 순간에 충격이 적고 힘이 서서히 증가하게 됩니다. 또한 색대를 뽑을 때에도 용수철이 다시 복귀하면서 힘의 크기가 완만하게 감소합니다.

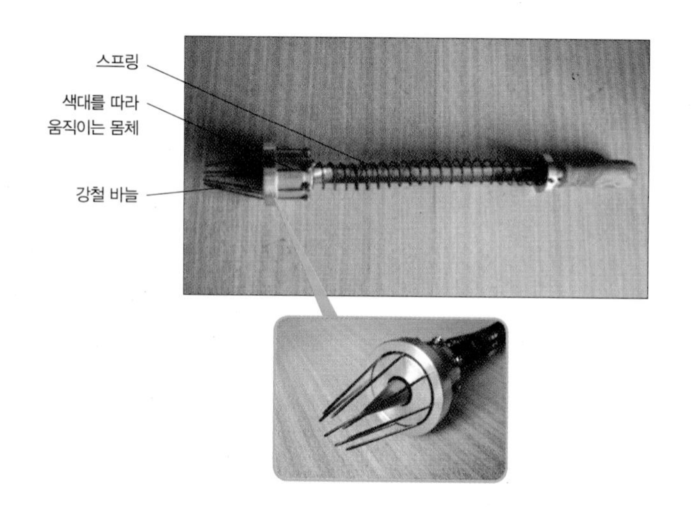

색대 앞부분에 가운데로 모여 있는 강철 바늘이 포대의 구멍을 최소화시킨다. 또 이 강철 바늘은 스프링이 장착된 색대가 포대 안에 들어가 낟알을 담아 포대 밖으로 나오는 동안 처음의 그 자리를 지킴으로써 포대 구멍에 생기는 흔적을 최소화하는 역할을 한다.

"특허, 어떻게 받을 수 있을까?"

특허에도 기준이 있다!

첫째, 자연 법칙을 이용한 기술 사항이어야 한다. 단순한 발견이나 자연 법칙에 위배되는 발명은 특허로 인정받을 수 없다. 둘째, 산업상 이용 가능한 것이어야 한다. 셋째, 사회 일반에 알려지지 않은 새로운 발명이어야 한다. 따라서 출원 전에 그 기술 사항이 없었는지 따져보아야 한다. 넷째, 기술자 및 연구자가 용이하게 발명할 수 없는 것이어야 한다. 즉 새로운 발명 기술이 기존에 있던 기술로는 할 수 없는 것이어야 하는 것이다. 다섯째, 이미 출원된 발명 기술이 아니어야 한다.

특허받는 과정 알아보기

특허를 얻기 위해서는 자신의 발명 아이디어를 서류로 자세히 기재하여 특허청에 제출해야 한다. 이때 출원료와 등록료 등 소정의 수수료가 부가된다.

① **선행 특허 등록 조사** 자신의 발명과 같은 발명이 먼저 출원, 등록되었는지 확인한다. 특허청 특허 전자도서관, 특허청 서울사무소, 특허 정보지원센터 및 특허청 홈페이지(www.kipo.go.kr)와 한국특허정보원(www.kipris.or.kr)에서 확인이 가능하다.

② **각종 서류 작성 및 제출** 출원 서류(요약서, 명세서, 청구 범위, 도면 등)에 발명 관련 기술을 충실히 기재하여 '출원인 코드 부여 신청서'와 함께 특허청 출원과로 제출한다.
※ 특허청에 제출하는 서식 : 특허청 홈페이지→사이버 민원→온라인 민원 신청→민원 서식에서 다운받을 수 있다.
※ 수수료 납부 : 우편 접수의 경우 소액환으로 교환하여 출원 서류에 첨부하여 납부하고 방문이나 온라인 접수는 접수증의 접수 번호를 특허청 영수증 용지에 기재하여 접수한 다음날까지 납부한다.

③ **방식 심사 및 자진 보정** 특허청에 제출된 각종 서류가 올바르게 작성되었는지 심사하여 잘못되었을 경우 출원인에게 보정을 요청한다. 보정 명령을 받은 출원인은 출원일로부터 1년 3개월 내에 요지를 변경하지 않는 범위 내에서 자진 보완, 수정이 가능하다.

④ **출원 번호 통지** 접수일로부터 약 10~15일 이내에 우편으로 출원 번호를 통지받는다. 출원 번호는 출원 등록 절차가 종료될 때까지 보관해야 한다.

⑤ **출원 공개** 출원된 서류는 출원일로부터 18개월이 지나면 자동으로 공개된다. 조기 출원 공개를 신청하면 약 3~4개월 후에 공개되지만 그렇다고 심사 기간이 단축되는 것은 아니다.

⑥ **심사 청구 및 심사** 심사를 통해 등록 결정 여부가 결정되며, 거절 이유 발견 시 출원인에게 의견 제출 통지서가 전달된다(심사 청구일로부터 약 24개월 소요).

⑦ **등록료 납부** 등록 결정서를 송달받은 날로부터 3개월 내(이후 추납 기간은 6개월, 등록료는 2배)에 설정 등록료 납부서를 특허청에 접수한 후 접수증의 접수 번호를 특허청 영수증 용지에 기재하여 특허료(등록료)를 국고 수납 은행에 납부한다. 단, 우편 납부 시 소액환으로 바꾸어 설정 등록료 납부서와 함께 특허청에 송부한다.

⑧ **등록 공고** 등록료를 납부함에 따라 설정 등록 후 자동으로 공개된다.

⑨ **이의 신청** 등록 공고 후 3개월 내에 누구나 이의 신청이 가능하다.

⑩ **특허증 발송** 등록일로부터 독점적 권리 행사가 가능하다.

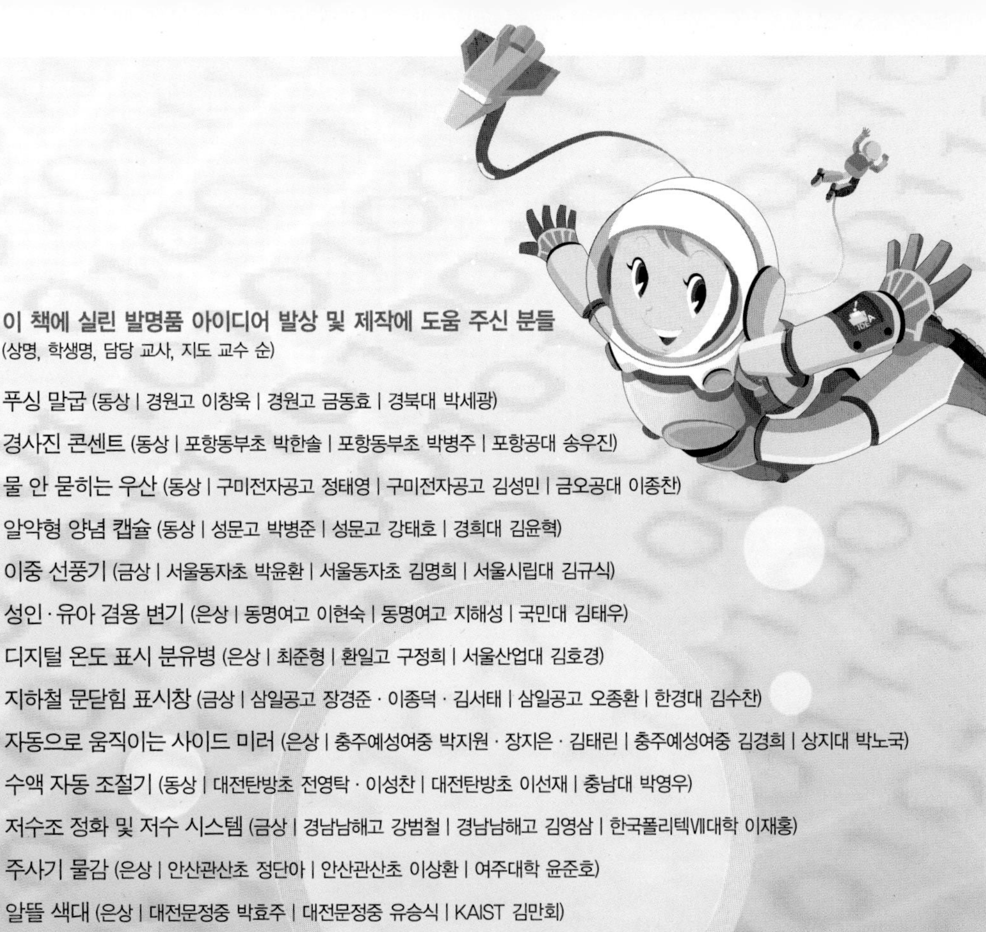

이 책에 실린 발명품 아이디어 발상 및 제작에 도움 주신 분들
(상명, 학생명, 담당 교사, 지도 교수 순)

푸싱 말굽 (동상 | 경원고 이창욱 | 경원고 금동효 | 경북대 박세광)

경사진 콘센트 (동상 | 포항동부초 박한솔 | 포항동부초 박병주 | 포항공대 송우진)

물 안 묻히는 우산 (동상 | 구미전자공고 정태영 | 구미전자공고 김성민 | 금오공대 이종찬)

알약형 양념 캡슐 (동상 | 성문고 박병준 | 성문고 강태호 | 경희대 김윤혁)

이중 선풍기 (금상 | 서울동자초 박윤환 | 서울동자초 김명희 | 서울시립대 김규식)

성인·유아 겸용 변기 (은상 | 동명여고 이현숙 | 동명여고 지해성 | 국민대 김태우)

디지털 온도 표시 분유병 (은상 | 최준형 | 환일고 구정희 | 서울산업대 김호경)

지하철 문닫힘 표시창 (금상 | 삼일공고 장경준 · 이종덕 · 김서태 | 삼일공고 오종환 | 한경대 김수찬)

자동으로 움직이는 사이드 미러 (은상 | 충주예성여중 박지원 · 장지은 · 김태린 | 충주예성여중 김경희 | 상지대 박노국)

수액 자동 조절기 (동상 | 대전탄방초 전영탁 · 이성찬 | 대전탄방초 이선재 | 충남대 박영우)

저수조 정화 및 저수 시스템 (금상 | 경남남해고 강범철 | 경남남해고 김영삼 | 한국폴리텍Ⅶ대학 이재홍)

주사기 물감 (은상 | 안산관산초 정단아 | 안산관산초 이상환 | 여주대학 윤준호)

알뜰 색대 (은상 | 대전문정중 박효주 | 대전문정중 유승식 | KAIST 김만회)

이 밖에 한소영 학생이 만든 '드릴 먼지 위생기' 외 17개 발명품은 지면 관계상 싣지 못했습니다.

Thanks to

디자인 | 장선숙

검토 | 김근성(수도전기공업고등학교) 김지희(백마고등학교)

사진 촬영 | 김대식 **일러스트** | 박준우 **도안** | 김석규

교정 | 강성필, 장현숙

그 밖에 최준호·조미룡(한국산업기술재단), 박영신(산업자원부), 김은경(대학산업기술지원단) 님이 도와주셨습니다.

도움 받은 책
강인구, 『창의력 증진 길라잡이』, 세창출판사, 1999.
유다정, 『발명, 신화를 만나다』, 창비, 2006.
유재복, 『번뜩이는 아이디어로 발명·특허로 성공하기』, 새로운제안, 2004.
유재복, 『이런 아이디어도 특허가 되나요?』, 도서출판 형설, 2004.
윤만희, 『호기심 하나, 발명 셋』, 도서출판 윤컴, 1999.
이상희, 『발명왕에 도전하기』, 과학과문화, 2001.
이영민, 『머리가 좋아지는 발명 이야기』, 중앙M&B, 2000.
이희경, 『청소년을 위한 아이디어 노트 작성법』, 도서출판 아이필드, 2006.
왕연중, 『나도 발명왕②』, 을유문화사, 1997.
왕연중, 『발명가가 되는 60가지 방법』, 키출판사, 1999.
펠릭스 모레노·후안 이그나시오 메디나, 『발명, 세상을 바꾼 아이디어』, 을파소, 2003.
필 게이츠, 『자연이 준 놀라운 발명품』, 문공사, 2003.
함윤미, 『요건 몰랐지? 발명·발견』, 진선출판사, 2003.

세상에서 가장 쉬운 발명교과서

초판 1쇄 2007년 4월 25일
초판 8쇄 2019년 7월 30일

엮은이 | 이언영
펴낸이 | 송영석

주간 | 이진숙 · 이혜진
기획편집 | 박신애 · 정다움 · 김단비 · 심슬기
외서기획편집 | 정혜경
디자인 | 박윤정 · 김현철
마케팅 | 이종우 · 김유종 · 한승민
관리 | 송우석 · 황규성 · 전지연 · 채경민

펴낸곳 | (株)해냄출판사 · 해냄주니어
등록번호 | 제10-229호
등록일자 | 1988년 5월 11일(설립일자 | 1983년 6월 24일)

04042 서울시 마포구 잔다리로 30 해냄빌딩 5 · 6층
대표전화 | 326-1600 **팩스** | 326-1624
홈페이지 | www.hainaim.com

ISBN 978-89-7337-843-2

파본은 본사나 구입하신 서점에서 교환하여 드립니다.
이 책은 산업자원부와 한국산업기술재단의 지원을 받아 만들어졌습니다.